高等院校土建类专业“互联网+”创新规划教材

钢结构设计(第2版)
(附施工图)

主　编　胡习兵　张再华
副主编　陈伏彬　袁智深　尹志明

北京大学出版社
PEKING UNIVERSITY PRESS

内 容 简 介

本书主要依据土木工程专业本科生培养方案内容进行编写，并对相关知识点的教学内容进行了适当调整。本书主要讲述钢屋盖结构设计、门式刚架轻型钢结构设计、多高层钢框架结构设计、钢管结构设计和钢网架结构设计。书末附录列出了设计需要的各种数据和系数，以供查用。各章还列举了必要的设计例题、软件操作、施工图表达和工程应用相关知识，以便学生学习和掌握。

本书可作为土木工程专业本科生和专科生的教材，也可作为相关工程设计人员的学习参考书。

图书在版编目(CIP)数据

钢结构设计：附施工图/胡习兵，张再华主编．—2版．—北京：北京大学出版社，2023.1

高等院校土建专业“互联网+”创新规划教材

ISBN 978-7-301-33533-8

Ⅰ．①钢…　Ⅱ．①胡…②张…　Ⅲ．①钢结构—结构设计—高等学校—教材
Ⅳ．①TU391.04

中国版本图书馆CIP数据核字(2022)第197791号

书　　名　钢结构设计（第2版）（附施工图）
GANGJIEGOU SHEJI（DI-ER BAN）(FU SHIGONGTU)
著作责任者　胡习兵　张再华　主编
策划编辑　卢　东　吴　迪
责任编辑　林秀丽
数字编辑　蒙俞材
标准书号　ISBN 978-7-301-33533-8
出版发行　北京大学出版社
地　　址　北京市海淀区成府路205号　100871
网　　址　http://www.pup.cn　新浪微博：@北京大学出版社
电子信箱　pup_6@163.com
电　　话　邮购部010-62752015　发行部010-62750672　编辑部010-62750667
印 刷 者　三河市博文印刷有限公司
经 销 者　新华书店
787毫米×1092毫米　16开本　20.5印张　492千字
2012年11月第1版
2023年1月第2版　2023年1月第1次印刷
定　　价　58.00元（附施工图）

第2版

前言

《钢结构设计》（附施工图）第1版自2012年出版以来，市场反应良好，被全国多所高校土木工程专业作为钢结构课程的教材。编者根据读者反馈的意见和建议，结合钢结构教学的新要求，并依照国家现行标准对本书进行了修订。

这次修订主要做了以下工作。

(1) 遵循《高等学校土木工程本科指导性专业规范》和教育部原高等学校土木工程专业指导委员会关于“土木工程专业本科（四年制）培养方案”的要求，并依照《钢结构设计标准》（GB 50017—2017）等国家现行标准对相关内容进行了更新。

(2) 深入浅出地阐述了各类钢结构的设计理论和计算方法、设计软件应用和施工图表达，注重实用性和可操作性，以达到解决工程实际问题的目的。

(3) 参照近年来注册结构工程师资格考试的内容设置课后思考题和习题。

(4) 通过二维码链接各种资源，方便学生理解专业知识，有助于学生开阔视野。

本书由中南林业科技大学胡习兵和湖南城市学院张再华担任主编，长沙理工大学陈伏彬、中南林业科技大学袁智深和湘潭大学尹志明担任副主编。本书具体分工为：第1章由陈伏彬编写，第2章由尹志明编写，第3章由张再华编写，第4章由袁智深编写，第5章由胡习兵编写。全书由胡习兵统稿。

由于编者能力有限，书中难免有不当之处，恳请广大读者批评指正。

编　者

2022年3月

资源索引

目录

第1章 钢屋盖结构设计

思维导图

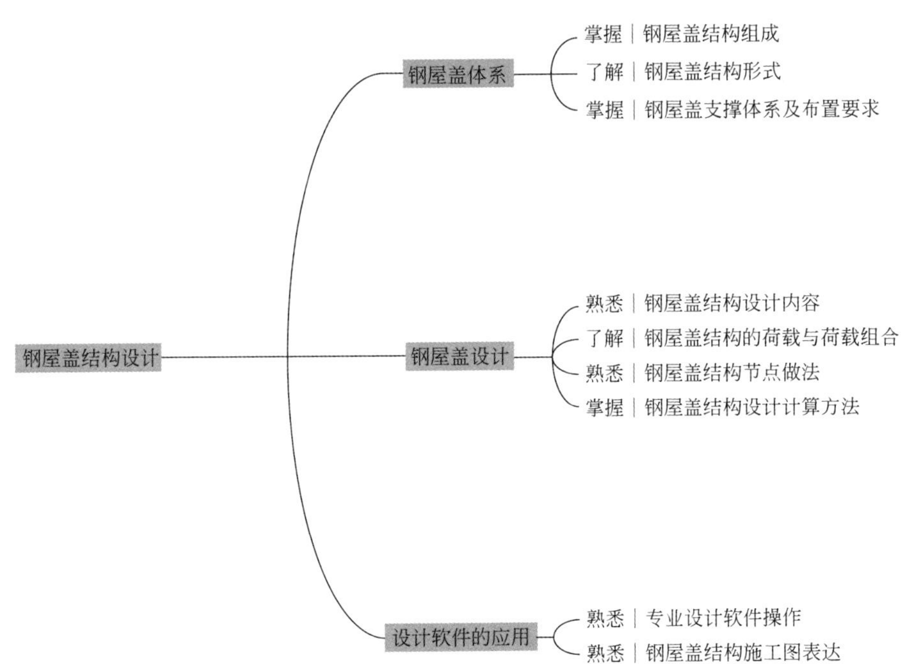

引例

平面桁架式钢屋盖结构是钢结构工程的一种结构类型，常用于单层厂房和多层框架结构顶楼大空间等结构的屋盖。因其跨度较大、制作加工方便、构造相对简单、工业化程度高、施工周期短而在工程中广泛应用。

该结构通常由屋面、屋架、支撑三部分组成，要使结构能良好地工作，必须整体考虑屋面、屋架和支撑三部分的配合。如考虑不当，往往会引发严重的工程事故。一跨度为38m的钢屋盖结构在施工过程中发生坍塌（图1.1），照片显示该屋盖结构为一平面桁架式钢屋盖，屋架已经整体坍塌。

图1.1　钢屋盖结构坍塌现场

引发钢屋盖结构发生工程事故的原因多种多样，有设计选型、结构布置与设计计算不合理等，也有施工质量控制不严、施工工序不规范等。希望通过本章的学习，能对该类传统结构的结构形式及构造做法有较全面的了解，避免类似工程事故的发生。

1.1　钢屋盖结构组成与体系分类

1.1.1　钢屋盖结构组成

钢屋盖结构做法及种类非常多，本章内容仅限于屋架构件截面采用角钢设计的平面桁架式钢屋盖。该类钢屋盖结构通常由屋面板、檩条、钢屋架、托架、天窗架、支撑等构件组成。

1.1.2　钢屋盖体系分类

依据屋面板形式的不同，钢屋盖体系分为无檩钢屋盖体系与有檩钢屋盖体系两种，图1.2分别显示了这两种钢屋盖体系的基本组成形式。

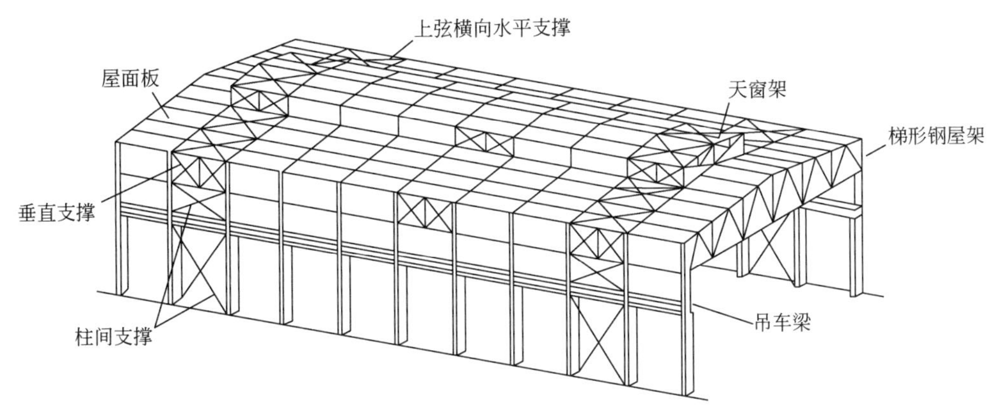

(a) 无檩钢屋盖体系

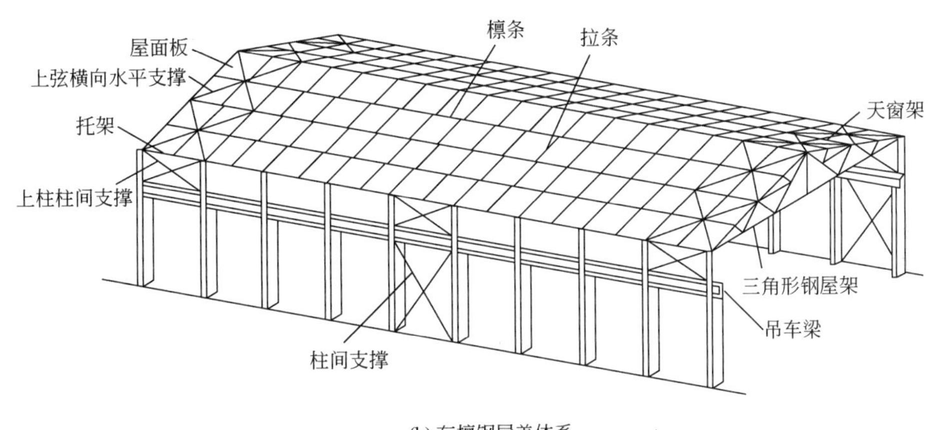

(b) 有檩钢屋盖体系

图 1.2　两种钢屋盖体系的基本组成形式

钢屋盖结构中，屋架的跨度和间距取决于柱网布置，柱网布置取决于建筑工艺要求和经济要求。屋架跨度较大时，为了便于采光和通风，屋盖上通常设置天窗。柱网间距较大时，若超出屋面板长度，应设置中间屋架和柱间托架，中间屋架的荷载通过柱间托架传给柱。

无檩钢屋盖体系和有檩钢屋盖体系各自均具有一定的优点与不足：无檩钢屋盖体系的屋面荷载直接通过大型屋面板传递给屋架［图 1.2（a)］，屋盖横向刚度大、整体性好、构造简单、施工方便等，但屋盖自重大，不利于抗震，其多用于有桥式吊车的厂房屋盖中。有檩钢屋盖体系适用于轻型屋面板，如石棉瓦、瓦楞铁、压型钢板和铁丝网水泥槽板等，其屋面荷载通过檩条传递给屋架［图 1.2（b)］，构件质量轻、用料省，但屋盖构件数量较多、构造较复杂、整体刚度较差。

1.2　钢屋架的选型与结构特点

钢屋架是由各种直杆相互连接组成的一种平面桁架构件。在竖向节点荷载作用下，各杆件产生轴心压力或轴心拉力，因而杆件截面应力分布均匀，材料利用充分，具有用钢量小、自重轻、刚度大和便于加工成形等特点。

1.2.1 钢屋架选型基本原则

钢屋架选型时，应遵循以下基本原则。

(1) 使用要求。应满足排水坡度、建筑净空、天窗、吊顶及悬挂吊车等的需要。

(2) 受力合理性要求。从受力的角度看，钢屋架的外形应与其受荷载作用下的弯矩图相似，杆件受力均匀；应尽可能使短杆件受压、长杆件受拉；荷载作用在节点上，以减小弦杆的局部弯矩；钢屋架中部应有足够高度，以满足刚度要求。

(3) 施工要求。钢屋架的杆件和节点数量宜较少，规格、构造宜简单，尺寸应划一，夹角宜为30°～60°，跨度和高度应避免超宽、超高。

设计时，应按照上述基本原则和钢屋架的主要结构特点，在全面分析的基础上根据具体情况进行综合考虑，从而确定钢屋架的合理形式。

1.2.2 不同形式钢屋架的结构特点

1. 三角形钢屋架

三角形钢屋架适用于陡坡屋面（坡度＞1/3）的有檩钢屋盖体系，且通常与柱铰接连接。因这种钢屋架在荷载作用下的弯矩图呈抛物线分布，与钢屋架的三角形外形相差悬殊，致使屋架弦杆受力不均，支座处内力较大、跨中内力较小，钢屋架弦杆的截面不能充分发挥作用，而且支座处上下弦杆的夹角过小、内力又较大，支座节点构造比较复杂。

三角形钢屋架的腹杆布置常采用芬克式［图1.3 (a)、(b)］和人字式［图1.3 (c)］。芬克式屋架的腹杆虽然节点较多，但它的压杆短、拉杆长，受力相对合理，且可分为两个小桁架制作与运输，较为方便。人字式屋架腹杆的节点较少，但受压腹杆较长，适用于跨度较小（$L\leqslant18$m）的情况。但是，人字式屋架腹杆的抗震性能优于芬克式屋架，所以在地震烈度较高的地区，即使跨度大于18m，也常用人字式腹杆的屋架。单斜式腹杆的屋架［图1.3 (d)］，其腹杆和节点数目均较多，只适用于下弦需要设置吊顶的屋架，一般情况较少采用。由于某些屋面材料要求檩条的间距很小，不可能将所有檩条都放置在节点上，因而使上弦产生局部弯矩，因此，三角形钢屋架在布置腹杆时，要同时处理好檩条间距和上弦节点之间的关系。

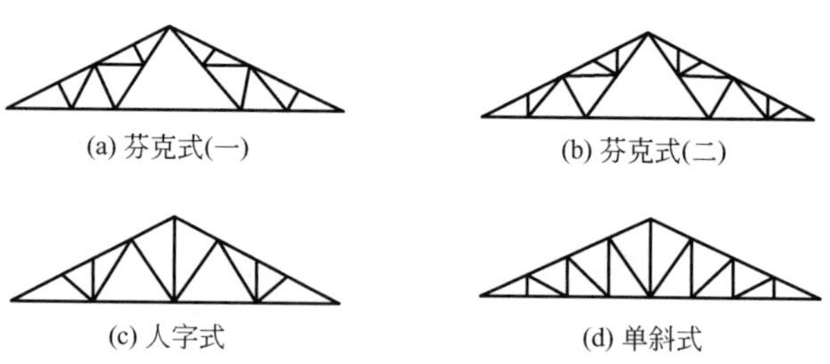

图1.3 三角形钢屋架

从内力分配观点看，三角形钢屋架的外形尽管存在明显的不合理性，但是从建筑的整体布局和用途出发，在屋面材料为石棉瓦、瓦楞铁皮及压型钢板等，且上弦坡度较陡的情况下，往往还是采用三角形钢屋架。当屋面坡度为 1/3～1/2 时，三角形钢屋架的高度 $H=(1/6\sim1/4)L$，L 为屋面跨度。

2. 梯形钢屋架

梯形钢屋架适用于屋面坡度较为平缓的无檩钢屋盖体系，它与简支受弯构件的弯矩图比较相似，弦杆受力较为均匀。梯形钢屋架与柱的连接可以做成铰接也可以做成刚接。刚接可提高建筑物的横向刚度。

梯形钢屋架的腹杆布置可采用人字式、单斜式和再分式(图 1.4)。人字式按支座斜杆与弦杆组成的支承点在上弦或下弦分为下承式［图 1.4 (a)］和上承式［图 1.4 (b)］两种。一般情况下，与柱刚接的屋架宜采用下承式，与柱铰接的屋架可采用下承式或上承式。由于下承式可使排架柱计算高度减小又便于在下弦设置屋盖纵向水平支撑，故以往较多采用。上承式使钢屋架重心降低，支座斜腹杆受拉，且给安装带来很大的便利，故近年来逐渐得到推广使用。当桁架下弦要做吊顶时，需设置吊杆［图 1.4 (a) 虚线所示］或者采用单斜式［图 1.4 (c)］；当上弦节点间长度为 3m，而大型屋面板宽度为 1.5m 时，常采用再分式［图 1.4 (d)］将节点间长度减小至 1.5m，有时节点间长度也采用 3m 而使上弦承受局部弯矩（虽然构造较为简单，但因耗钢量增多，一般很少采用）。

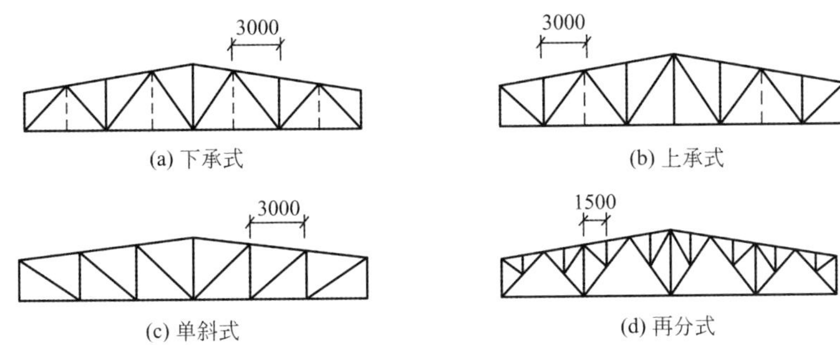

图 1.4　梯形钢屋架的复杆布置

3. 平行弦钢屋架

当钢屋架的上下弦杆平行时，称为平行弦钢屋架（图 1.5)。这种形式的钢屋架多用于单坡屋架和双坡屋架［图 1.5 (a)、(b)］，或用作托架、支撑体系［图 1.5 (c) ～ (f)］。平行弦钢屋架的腹杆体系可采用人字式、单斜杆式、菱形、K 形和交叉式。人字式屋架［图 1.5 (a)、(b)］受力性能较好，可适应不同的屋面坡度。单斜杆式腹杆体系［图 1.5 (c)］的斜长杆受拉，短腹杆受压，较经济。菱形腹杆体系［图 1.5 (d)］的两根斜杆受力，腹杆内力较小，用料多。K 形腹杆体系［图 1.5 (e)］常用于桁架高度较高的情况，可减小竖杆的长度。交叉式腹杆体系［图 1.5 (f)］常用于受反复荷载的桁架中，有时斜杆可用柔性杆。平行弦钢屋架的同类杆件长度一致、节点类型少，符合工业化制造的要求。

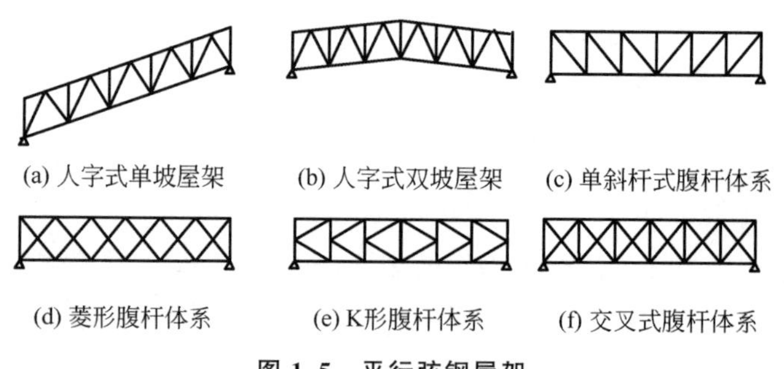

图 1.5 平行弦钢屋架

4. 三铰拱钢屋架

三铰拱钢屋架（图 1.6）由两根斜梁（桁架梁）和一根水平拉杆组成，其外形如图 1.6（a）所示。斜梁的截面形式可分为平面桁架［图 1.6（b）］和空间桁架［图 1.6（c）］两种。这种屋架的特点是杆件受力合理，斜梁的腹杆长度一般为 0.6～0.8m，这对杆件受力和截面的选择十分有利。这种结构能充分利用普通圆钢和小角钢，且具有便于拆装和安装的特点。但由于三铰拱钢屋架的杆件多采用圆钢，不用节点板连接，故存在节点偏心，设计中应注意。

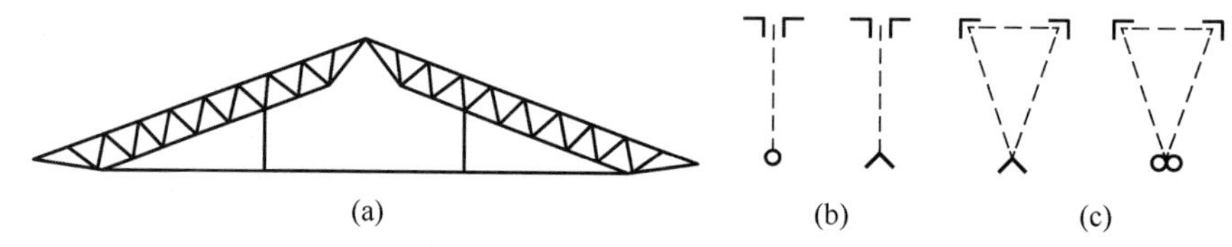

图 1.6 三铰拱钢屋架

1.3 钢屋盖支撑体系

大型屋面板与钢屋架牢固连接，则屋面板的平面内刚度可以保证上弦平面内的几何不变。但由屋架、檩条和屋面材料等构件组成的有檩钢屋盖是几何可变体系，钢屋架的受压上弦杆虽然用檩条连接，但所有钢屋架的上弦杆有可能向同一方向以半波的形式屈曲（图 1.7），这时上弦杆的计算长度就等于钢屋架的跨度，所以钢屋架的承载能力极低。下弦杆虽是拉杆，但当侧向无支撑约束时，在某些不利的因素作用下，如厂房吊车运行时的振动，会引起较大的水平振动和变位，增加杆件和连接中的受力。房屋两端的钢屋架往往要传递由山墙传来的风荷载，仅靠弦杆来承受和传递风荷载是不够的。根据以上分析，要使钢屋架具有足够的承载能力，保证钢屋架结构有一定的空间刚度，应根据结构布置情况和受力特点设置各种支撑体系，把平面结构形式屋架联系起来，使屋架形成一个整体刚度较好的空间结构体系，所以，屋盖支撑体系是钢屋盖结构中不可缺少的组成部分。

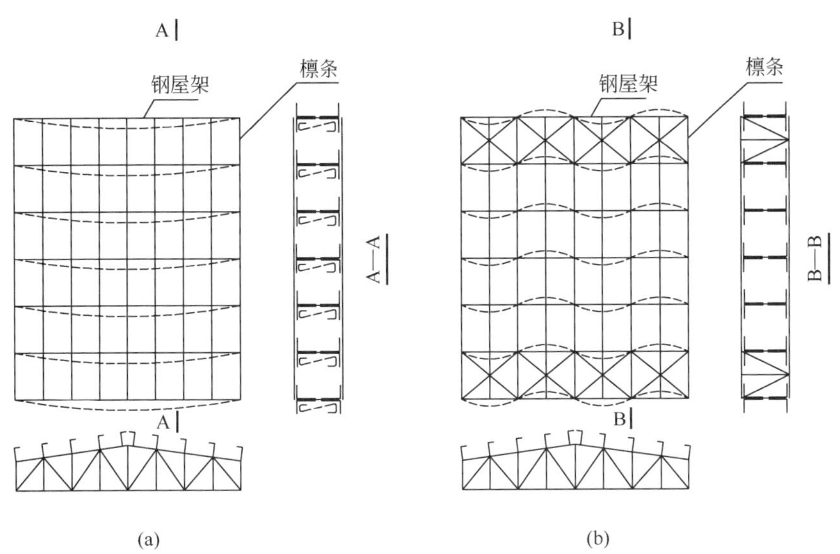

图 1.7 钢屋架上弦杆屈曲

1.3.1 钢屋盖支撑的类型、作用与布置

1. 钢屋盖支撑的类型及作用

钢屋盖支撑类型包括：上弦横向水平支撑、下弦横向水平支撑、下弦纵向水平支撑、垂直支撑和系杆，图 1.8 所示为典型的钢屋盖支撑的布置。

钢屋盖支撑主要具有如下作用：①保证钢屋盖结构的整体稳定；②增强钢屋盖的刚度；③增强钢屋盖的侧向稳定；④承担并传递钢屋盖的水平荷载；⑤便于钢屋盖的安装与施工。

钢屋架安装

2. 钢屋盖支撑的布置

(1) 上弦横向水平支撑。

上弦横向水平支撑是钢屋架上弦杆的侧向支承点，可减小上弦杆在平面外的计算长度，并减小动力荷载作用下的屋架平面外的受迫振动。它是以斜杆和系杆作为腹杆，两榀相邻钢屋架的上弦作为弦杆组成的水平桁架，将两榀竖放钢屋架在水平方向联系起来。在没有横向支撑的开间，则通过系杆的约束作用将钢屋架在水平方向连成整体，以保证钢屋架的侧向刚度和钢屋盖的空间刚度，减少上弦杆在平面外的计算长度及承受并传递山墙的风荷载。

在钢屋盖体系中，一般都应设置上弦横向水平支撑（包括天窗架的横向水平支撑）。上弦横向水平支撑布置在房屋两端或在温度缝区段两端的第一柱间或第二柱间，如果布置在第二柱间，则必须用刚性系杆将钢屋架与上弦横向水平支撑的节点连接，以保证钢屋架的稳定和传递风荷载。上弦横向水平支撑的间距不宜大于 60m，当房屋长度大于 60m 时，还应另加设上弦横向水平支撑。

(2) 下弦横向水平支撑。

下弦横向水平支撑能作为山墙抗风柱的支点，承受并传递水平风荷载、悬挂吊车的水平制动力和地震引起的水平力，减小下弦杆的计算长度，从而减少下弦杆的振动。

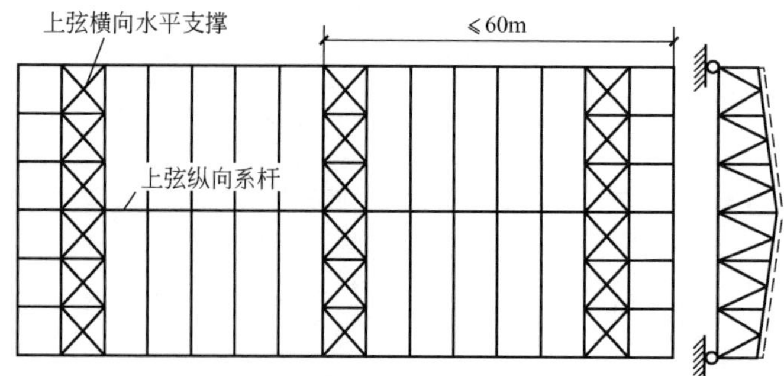

(a) 上弦横向水平支撑及上弦纵向系杆

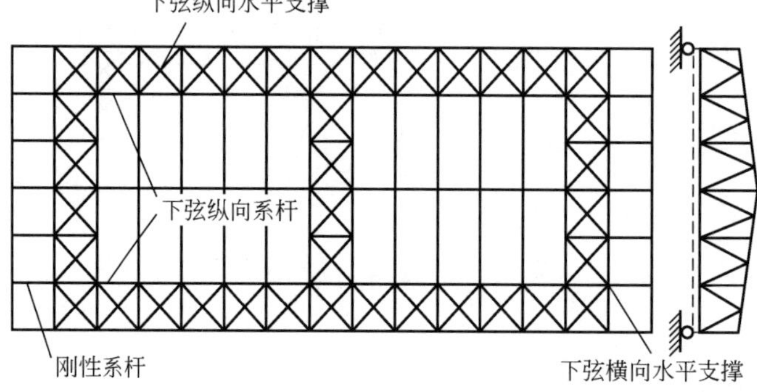

(b) 下弦横向和纵向水平支撑及下弦纵向系杆

(c) 垂直支撑

图1.8 典型的钢屋盖支撑的布置

凡属下列情况之一者，宜设置下弦横向水平支撑。

① 屋架跨度不小于18m。

② 屋架跨度小于18m，但屋架下弦设有悬挂吊车。

③ 厂房内设有吨位较大的桥式吊车或其他振动设备。

④ 山墙抗风柱支承于屋架下弦。

⑤ 屋架下弦设有通长的纵向支撑。

下弦横向水平支撑应与上弦横向水平支撑在同一柱间内，以便形成稳定的空间结构体系。

(3) 下弦纵向水平支撑。

下弦纵向水平支撑的作用主要是与下弦横向水平支撑一起形成封闭的支撑体系，以增强钢屋盖的空间刚度，并承受和传递吊车横向水平制动力。当有托架时，在托架处必须布置下弦纵向水平支撑，并由托架两端各延伸一个柱间（图1.9），以保证托架在平面外的稳定。

凡属下列情况之一者，宜设置下弦纵向水平支撑。

① 厂房内设有重级工作制吊车或起重吨位较大的中、轻级工作制吊车。

② 厂房内设有锻锤等大型振动设备。

③ 钢屋架下弦设有纵向或横向吊轨。

④ 设有支承中间屋架的托架和无柱间支撑的中间屋架。

⑤ 房屋高度较高，跨度较大，空间刚度要求较高。

下弦纵向水平支撑设在屋架下弦端节间内，与下弦横向水平支撑组成封闭的支撑体系，提高了钢屋盖的整体刚度。

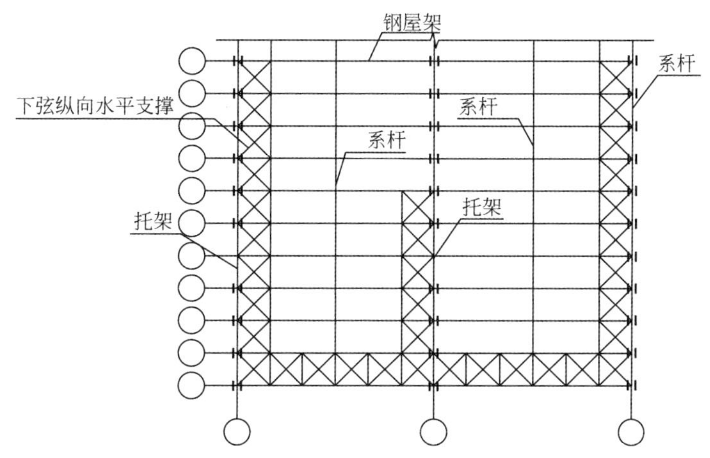

图 1.9 托架处下弦纵向水平支撑布置

(4) 垂直支撑。

垂直支撑的作用是使相邻两榀钢屋架形成空间几何不变体系，保证钢屋架在使用与安装时的侧向稳定。垂直支撑应布置在设有上弦横向水平支撑的开间内，并按下列要求布置(图 1.10)。

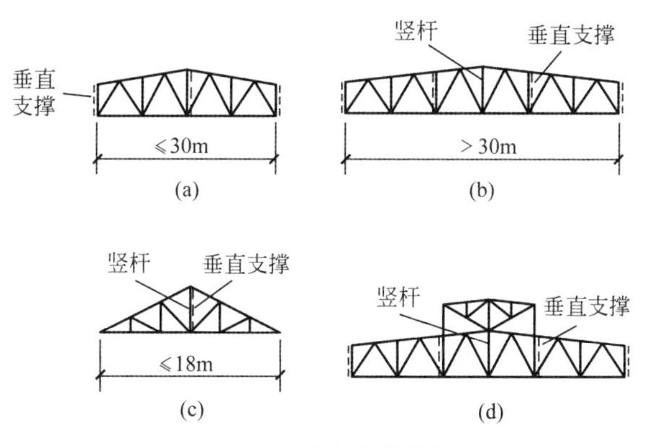

图 1.10 垂直支撑布置

① 梯形钢屋架。

当屋架跨度≤30m 时，应在屋架跨中和两端的竖杆平面内各布置一道垂直支撑。

当屋架跨度>30m，无天窗时，应在屋架跨度 1/3 处和两端的竖杆平面内各布置一道垂直支撑；有天窗时，垂直支撑应布置在天窗架侧柱的两侧。

② 三角形钢屋架。

当屋架跨度≤18m时，应在跨中竖杆平面内设置一道垂直支撑。

当屋架跨度>18m时，应根据具体情况布置两道垂直支撑。

屋架安装时，应每隔4～5个柱间设置一道垂直支撑，以保持安装稳定。

（5）系杆。

系杆的作用是充当屋架上下弦的侧向支撑点，保证无横向支撑的其他屋架的侧向稳定。

系杆有刚性系杆和柔性系杆两种，只能承受压力的为刚性系杆，只能承受拉力的为柔性系杆。系杆在上下弦杆平面内按如下原则布置。

① 在一般情况下，垂直支撑平面内的屋架上下弦节点处应设置通长的系杆。

② 在屋架支座节点处和上弦屋脊节点处应设置通长的刚性系杆。

③ 当屋架横向支撑设在屋盖两端或温度缝区段的第二开间时，则在支撑节点与第一榀屋架之间应设置刚性系杆，其余可采用柔性系杆或刚性系杆。

在屋架支座节点处如设有纵向联系钢梁或钢筋混凝土圈梁，则支座处下弦刚性系杆可以省去。在有檩钢屋盖体系中，檩条可以代替上弦水平系杆。在无檩钢屋盖体系中，大型屋面板可以代替上弦刚性系杆。

1.3.2 钢屋盖支撑的形式、计算和构造

钢屋盖支撑一般均为平行弦桁架形式(图1.11)。上弦横向水平支撑、下弦横向水平支撑和下弦纵向水平支撑的腹杆大多采用十字交叉体系。下弦纵向水平支撑桁架的节间以组成正方形（一般为6m×6m），或长方形（如6m×3m）为宜；上弦横向水平支撑节点间距为上弦节点间距的2～4倍。支撑斜腹杆按拉杆设计，可采用单角钢；对于跨度较小，起重量不大的厂房，支撑斜腹杆可用圆钢，圆钢直径d≥16mm，且宜用花篮螺栓拉紧。

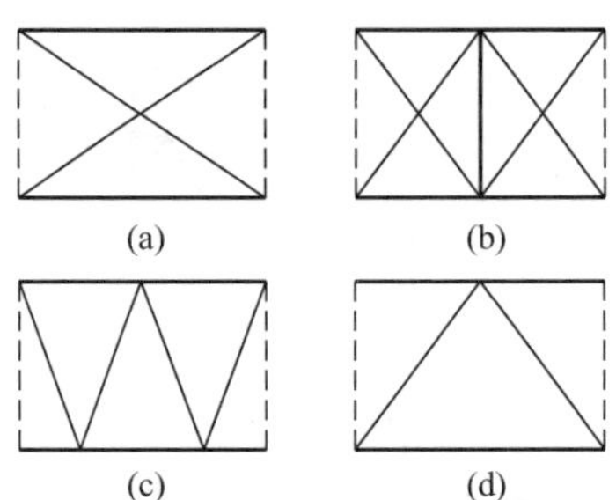

图1.11　平行弦桁架形式

垂直支撑的腹杆形式见图1.11，图1.11（a）、（b）的交叉斜腹杆按拉杆计算。上下弦杆应采用双角钢组成T形截面，上弦杆可由檩条代替。支撑中的刚性系杆按压杆计算，采用双角钢组成十字形或T形截面；柔性系杆按拉杆计算，采用单角钢即可。

钢屋盖支撑的受力较小，截面尺寸大多由杆件的容许长细比和构造要求而定。按压杆设计的容许长细比为200；按拉杆设计的容许长细比为400，但在有重级工作制吊车的厂房中拉杆容许长细比为350。

当屋架跨度较大、屋架下弦标高大于15m、基本风压大于0.5kN/m^{2}时，屋架各部位的支撑杆件除应满足容许长细比的要求外，还应根据所受的荷载按桁架体系计算出内力，

杆件截面按计算的内力确定。计算支撑杆件内力时，可将屋面支撑展开为平面桁架，假定在水平荷载作用下，每个节间只有一个受拉的斜杆参加工作（图 1.12)。图 1.12 中 W 为支撑节点上的水平节点荷载（由风荷载或吊车荷载引起）。

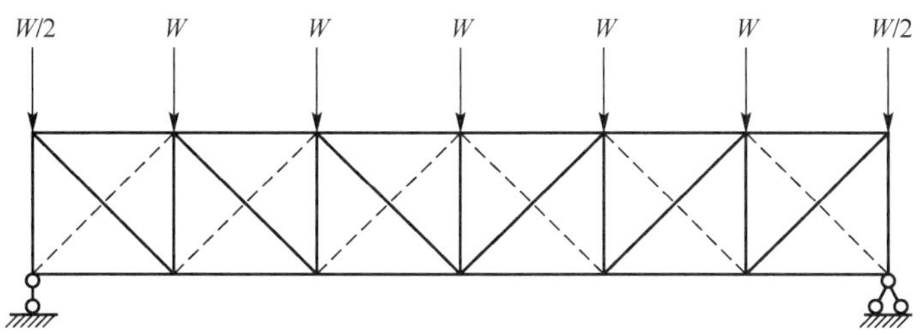

图 1.12 水平荷载作用下的支撑杆件内力计算简图

支撑与屋架的连接构造要简单，安装应方便。角钢支撑与屋架一般采用螺栓连接，螺栓一般为 M20，杆件每端至少有两个螺栓。在有重级工作制吊车或较大振动设备的厂房，除螺栓外，还应加安装焊缝。施焊时，不容许屋架满载，焊缝长度不小于 80mm，焊脚尺寸不小于 6mm。仅采用螺栓连接而不加安装焊缝时，在构件校正固定后，可将外露螺纹打毛或将螺栓与螺母焊接以防松动。

1.4 钢屋盖设计步骤和内容

按照上述内容并结合钢结构设计的一般规律，钢屋盖设计的全部内容可归结为如下几个步骤。

(1) 根据建筑设计及相关要求，选取合适的结构方案。内容包括：确定合适的钢屋盖体系（有檩或无檩）、相应的主桁架结构形式、檩条及托架的结构形式、钢屋盖支撑体系、天窗架的结构形式及屋面板材料等。

(2) 完成主要结构布置。内容包括：屋架的平面布置、檩条布置（根据屋面板的规格)、托架布置和天窗架布置等。

(3) 完成钢屋盖支撑的布置。内容包括：上弦横向水平支撑布置（无条件设置)、下弦横向水平支撑布置（有条件设置)、下弦纵向水平支撑布置（有条件设置)、垂直支撑布置（无条件设置)、系杆布置（无条件设置，但可由可靠连接的檩条代替，含刚性系杆和柔性系杆两种）及天窗架的有关支撑布置（含上弦横向水平支撑、垂直支撑和系杆）等。

(4) 屋面板布置。内容包括：对无檩钢屋盖体系采用大型屋面板，并可部分替代垂直支撑和系杆的作用；有檩钢屋盖体系则采用轻型屋面板。

(5) 确定各结构单元的计算模型。内容包括：按照上述钢屋盖的结构组成确定各结构单元的计算模型。具体有主桁架（屋架）的计算模型、天窗架计算模型、托架计算模型，檩条计算模型、系杆计算模型及各支撑单元计算模型。

(6) 荷载计算。内容包括：针对上述每个结构单元，分别确定各结构单元所承担的所有荷载的标准值。荷载类型包括恒荷载、活荷载和风荷载等。

(7) 设计所有构件。一般构件的设计条件包括强度条件、稳定条件和刚度条件，且要按照最不利工况进行内力组合，其中强度条件和稳定条件验算时所采用的最大内力要按荷载设计值组合确定，而验算刚度条件所采用的内力则按荷载标准值组合计算。此外，对于轴心受力构件，如支撑杆和系杆，通常按容许长细比要求确定或初选截面规格，但一定要严格区分柔性拉杆和刚性压杆的差异。

平面桁架钢屋盖结构体系所包括的基本构件有：主桁架的所有杆件、天窗架的所有杆件、托架的所有杆件、檩条、刚性系杆、柔性系杆、所有支撑杆件及屋面板。

（8）节点设计。根据各构件的连接模型，确定所有节点的构造形式，并按照已经确定的构件内力进行节点设计。内容包括：连接件计算、焊缝计算与螺栓计算。按照上述结构组成的分析，结构的主要节点有：主桁架（屋架）杆件之间的所有连接点、天窗架杆件之间的所有连接点、屋架与托架（梁）的连接点、檩条（系杆）与屋架上弦杆的连接点、系杆与屋架下弦杆的连接点、拉条与檩条（系杆）的连接点、所有支撑杆与屋架杆件的连接点、天窗架与屋架的连接点、天窗架支撑杆与天窗架的连接点、屋面板与檩条或屋架上弦杆的连接点等。

（9）按照设计结果绘制结构施工图。内容包括：钢屋盖结构布置图（含支撑布置图）、钢屋架结构施工图（含节点详图）、天窗架施工图（含节点详图）、托架施工图（含节点详图）、支撑连接详图和其他连接详图等。

1.5 钢屋架结构施工图的绘制

钢屋架结构施工图包括构件布置图和构件详图两部分，并包括材料表的编制。它们是钢结构制作和安装的主要依据，必须绘制正确、表达详尽。构件布置图是表达各类构件（如柱、吊车梁、屋架、墙架、平台等系统）位置的整体图，主要用于钢结构安装。其内容一般包括平面图、侧面图和必要的剖面图，另外还有安装节点大样图、构件编号、构件表（包括构件编号、名称、数量、单位质量、总质量和详图图号等）及总说明等。

构件详图是表达所有单体构件（按构件编号）的详图，主要用于钢结构制作，其主要内容和绘制要点如下。

（1）钢屋架详图一般应按运输单元绘制，但当钢屋架对称时，可仅绘制半榀钢屋架。

（2）应绘制钢屋架的正面图、上下弦杆的平面图、必要的侧面图和剖面图，以及某些安装节点或特殊零件的大样图。钢屋架结构施工图通常采用如下比例绘制，杆件的轴线比例一般为 1∶20～1∶30；节点和杆件截面尺寸比例一般为1∶10～1∶15。重要节点大样图比例可加大，以清楚地表达节点的细部尺寸为准。

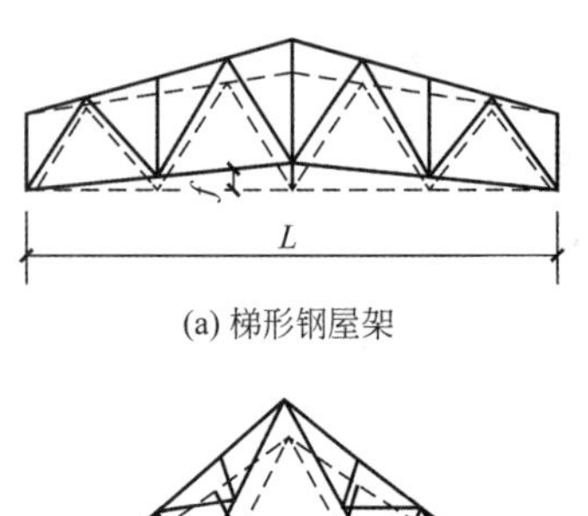

(a) 梯形钢屋架

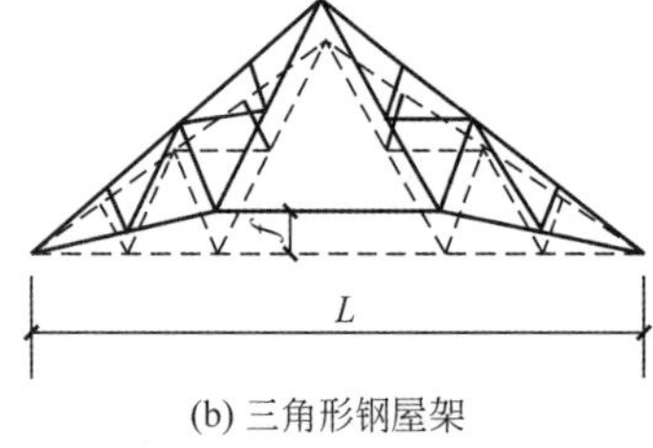

(b) 三角形钢屋架

图 1.13　钢屋架的起拱

（3）在图面左上角用合适比例绘制钢屋架简图。图中一半注明杆件的几何长度（mm），另一半注明杆件的内力设计值（kN）。当梯形钢屋架 $L\geqslant 24$m，三角形钢屋架 $L\geqslant 15$m 时，挠度较大，为了不影响使用和外观，须在制造时起拱（图 1.13）。拱度 f 一般取钢屋架跨度 L 的 1/500，并在钢屋架简图中注明。

（4）应注明各部件（型钢和钢板）的规格和尺寸，包括加工尺寸（宜取为 5mm 的倍数）、定位尺寸、孔洞位置及对工厂制造和工地安装的要求。定位尺寸主要有：轴线至角钢肢背的距离，节点中心至各杆杆端和至节点板上下、左右边缘的距离等。螺孔位置要符合型钢容许线距和螺栓排列的最大、最小容许距离的要求。对工厂制造和工地安装的要求包括部件切斜角、孔洞直径和焊缝尺寸等。拼接焊缝要注意标出安装焊缝符号以适应运输单元的划分和拼装。

(5) 应对部件详细编号，编号按主次、上下、左右顺序逐一进行。完全相同的部件用同一编号。如果两个部件的形状和尺寸完全一样，仅因开孔位置或切斜角等有所不同，但是镜面对称时，也采用同一编号（可在材料表中注明正或反字样，以示区别）。有些钢屋架仅在少数部位的构造略有不同，如连接支撑的钢屋架和不连接支撑的钢屋架只在螺栓孔上有区别，可在图上螺栓孔处注明所属钢屋架的编号，这样几个钢屋架可绘在一张施工图上。

(6) 材料表应包括各部件的编号、截面、规格、长度、数量（正、反）和质量等，材料表的作用不但可归纳各部件以便备料和计算用钢量，同时也可供配备起重运输设备时参考。

(7) 文字说明应包括钢材牌号和附加条件、焊条型号、焊接方法和质量要求，图中未注明的焊缝和螺栓孔尺寸、油漆、运输、安装和制造要求，以及一些不易用图表达的内容。

1.6 普通钢屋架设计

普通钢屋架一般由角钢作杆件，通过节点板焊接连成整体。钢屋盖承受较大荷载时，也可用 H 型钢、工字钢作构件。现以角钢杆件为例介绍普通钢屋架的设计。

1.6.1 钢屋架主要几何尺寸的确定

确定钢屋架的主要几何尺寸包括屋架的跨度、高度和节间宽度。

屋架跨度按使用和工艺要求确定，一般以 3m 为模数，有 12m、15m、18m、21m、24m、27m、30m、33m、36m 等，也可设计成更大的跨度。三角形有檩钢屋盖体系结构比较灵活，通常可不受 3m 模数的限制。屋架计算跨度是指屋架两端支座反力间的距离，一般取支柱轴线之间的距离减去 300mm。

屋架高度按经济、刚度和建筑等要求及运输界限、屋面坡度等因素来确定。

三角形钢屋架高度 $h=(1/4\sim1/6)L$（跨度），为适应屋面材料，要求屋架具有较大的坡度。

梯形钢屋架坡度较平坦，屋架跨中高度应满足刚度要求，当上弦坡度为 1/12～1/8 时，跨中高度一般为 $(1/10\sim1/6)L$，跨度大（或屋面荷载小）时取小值，反之则取大值。当屋架与柱铰接时端部高度为 1.6～2.2m，刚接时端部高度为 1.8～2.4m；端部弯矩大时取大值，反之取小值，屋架跨中高度根据端部高度和屋面坡度来计算。

屋架上弦节间的划分应根据屋面板材料而定。当采用大型屋面板时，上弦节间长度等于屋面板宽度，一般取 1.5m 或 3m；当采用檩条时，则根据檩条的间距来定，一般取 0.8～3.0m。要尽量使屋面荷载直接作用在屋架节点上，避免上弦杆产生局部弯矩。

1.6.2 钢屋架内力计算

1. 钢屋架内力计算应遵循的假定

（1）钢屋架的节点为铰接。

（2）钢屋架所有杆件的轴线平直，且都在同一平面内相交于节点的中心。

（3）荷载作用在节点上，且都在屋架平面内。

如果上弦有节间荷载，应先将荷载换算成节点荷载，才能计算各杆件的内力。在设计上弦时，还应考虑节间荷载在上弦引起的局部弯矩，上弦按压弯杆件计算。

2. 钢屋架的荷载分析与组合

钢屋架荷载应根据国家标准《建筑结构荷载规范》（GB 50009—2012）计算。钢屋架的自重可以直接按屋面的水平投影面积计算，常用的估算经验公式见式(1-1)。

$$g=0.12+0.011L \tag{1-1}$$

式中 L——屋架的跨度（式中未包括天窗架，但已包括支撑自重在内）。

钢屋架内力应根据使用过程和施工过程可能出现的最不利荷载组合计算。荷载可以分为永久荷载和可变荷载两大类。钢屋架设计时，以下三种荷载组合可能导致钢屋架内力的最不利情况。

（1）永久荷载+全跨可变荷载。

（2）永久荷载+半跨可变荷载。

（3）钢屋架、支撑和天窗架自重+半跨屋面板自重+半跨屋面活荷载。这种组合在采用大型预制钢筋混凝土屋面板时应予考虑，但如果安装过程中在屋架两侧对称均匀地铺设屋面板，则可以不考虑这种荷载组合。

梯形钢屋架设计时，屋架上下弦杆和靠近支座的腹杆常按第一种组合计算；跨中附近的腹杆在第二、三种荷载组合下内力可能最大而且可能变号。

当屋面与水平面的倾角小于30°时，风荷载对屋面产生吸力，起着卸载的作用，一般不予考虑。但对于采用轻质屋面板材料的三角形钢屋架，在风荷载和永久荷载作用下可能使原来受拉的杆件变为受压杆件。故计算杆件内力时，应根据规范计算风荷载的作用。

3. 钢屋架内力计算

（1）轴向力。

钢屋架杆件的轴向力可用数解法或图解法求得，也可通过计算机分析求出。在某些结构设计手册中有常用屋架的内力系数表。利用手册计算屋架内力时，只要将屋架节点荷载乘以相应杆件的内力系数，即得该杆件的内力。

（2）钢屋架上弦局部弯矩。

钢屋架上弦有节间荷载时，除轴向力外，还有局部弯矩。可近似地先按简支梁计算出跨中最大弯矩 M_0，然后再乘以调整系数。端节点的正弯矩 $M_1=0.8M_0$，其他节间的正弯矩和节点负弯矩 $M_2=0.6M_0$，钢屋架上弦局部弯矩计算简图如图1.14所示。

当钢屋架与柱刚接时，除上述计算的钢屋架内力外，还应考虑钢屋架端弯矩对杆件内力的影响（图1.15）。按图1.15的计算简图算出的钢屋架杆件内力与按铰接屋架计算的杆件内力进行组合，取最不利情况的内力设计屋架的杆件。

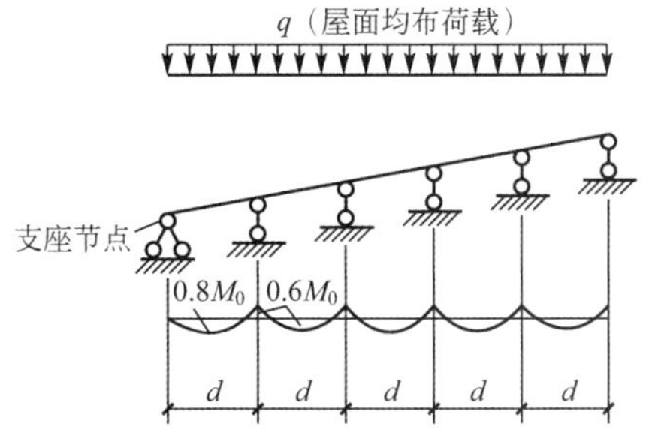

图 1.14 钢屋架上弦局部弯矩计算简图

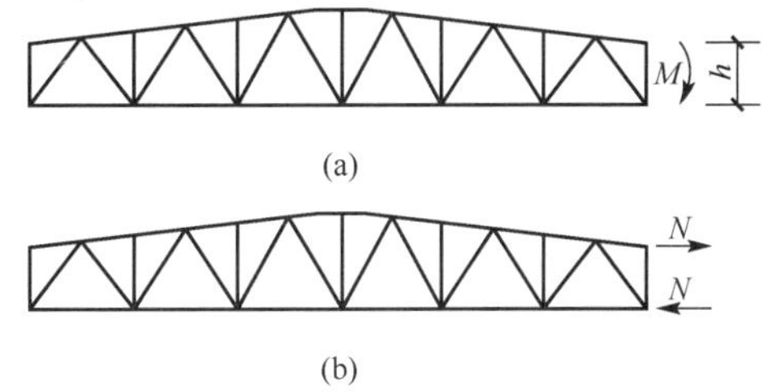

图 1.15 钢屋架端弯矩的对杆件内力的影响计算简图

1.6.3 钢屋架杆件的计算长度与长细比

1. 屋架平面内

节点不是真正的铰接，而是一种介于刚接和铰接之间的弹性嵌固。节点上的拉杆数量越多，拉力和拉杆的线刚度越大，则其嵌固作用越大，压杆的计算长度就越小。

上下弦杆、支座斜杆和竖杆：内力大，受其他杆件约束小，这些杆件在屋架中较重要，可偏安全地视为铰接。屋架平面内，杆件计算长度取节点间的轴线长度，即 $l_{0x}=l$。

其他腹杆：一端与上弦杆相连，嵌固作用不大，可视为铰接；另一端与下弦杆相连，受其他受拉杆件的约束嵌固作用较大，计算长度 $l_{0x}=0.8l_1$（图 1.16）。

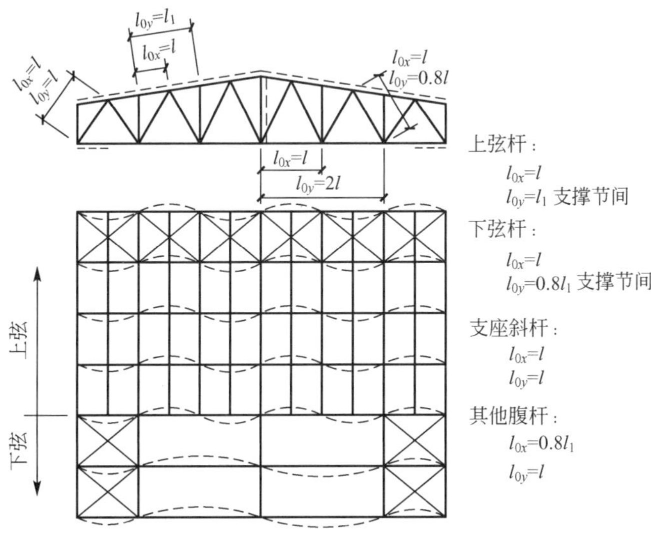

图 1.16 钢屋架杆件的计算长度

2. 屋架平面外

上下弦杆的计算长度应取屋架侧向支撑节点或系杆之间的距离，即 $l_{0y}=l_1$。腹杆的计算长度为两端节点间距离 $l_{0y}=l$。

（1）屋架上弦杆。

在有檩钢屋盖体系中，檩条与支撑的交叉点不相连时（图1.16），上弦杆的计算长度为 $l_{0y}=l_1$，l_1 是支撑节点的距离；当檩条与支撑的交叉点用节点板连牢时上弦杆的计算长度 l_{0y}＝檩距。

在无檩钢屋盖中，大型屋面板不能与屋架上弦杆焊牢时，上弦杆在平面外的计算长度取为支撑节点之间的距离；反之，可取屋面板宽度，但不大于3m。

（2）屋架下弦杆。

屋架下弦杆的计算长度取 $l_{0y}=l_1$，l_1 由下弦支撑及系杆设置而定。

（3）屋架弦杆内力不相等。

芬克式三角形钢屋架和再分式梯形钢屋架：当弦杆侧向支承点间的距离为节间长度的两倍且两个节间弦杆的内力不相等时（图1.17），弦杆在平面外的计算长度按式(1-2)计算。

$$l_{0y}=l_1\left(0.75+0.25\frac{N_2}{N_1}\right) \tag{1-2}$$

式中 N_1——较大的压力；

N_2——较小的压力或拉力，计算时取压力为正，拉力为负；

l_1——侧向支撑支点的距离。

按式(1-2)算得的 $l_{0y}<0.5l_1$ 时，取 $l_{0y}=0.5l_1$。

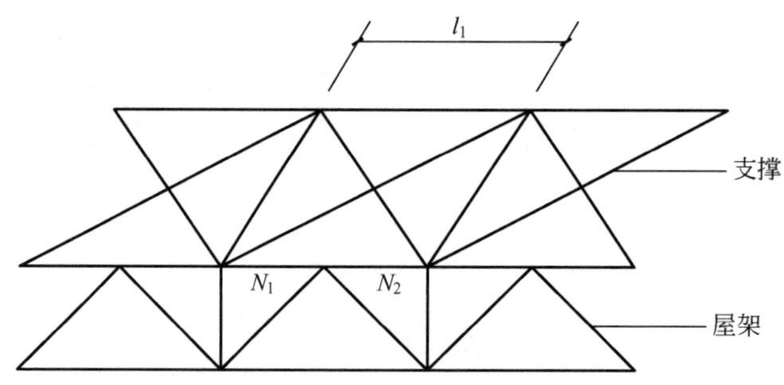

图1.17 两个节间弦杆的内力不相等时的计算简图

3. 其他杆件的计算长度

（1）芬克式腹杆体系、再分式腹杆体系、K形竖腹杆体系。

芬克式和再分式腹杆体系中的受压杆件及K形腹杆体系中的竖杆（图1.18）在钢屋架平面外的计算长度按式(1-2)计算。在钢屋架平面内的计算长度则取节间长度。

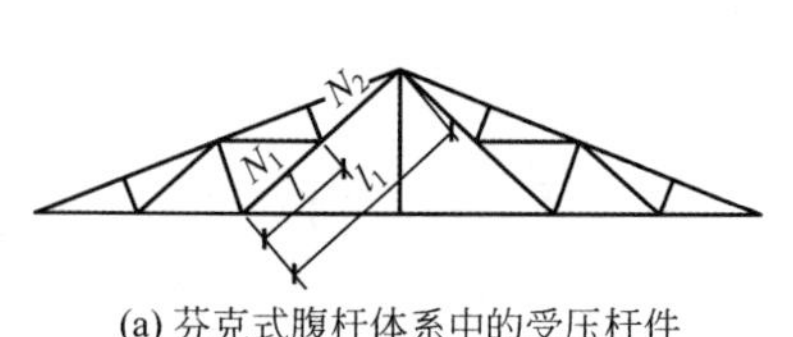

(a) 芬克式腹杆体系中的受压杆件

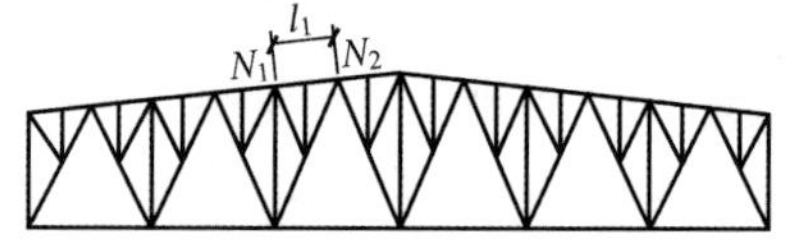

(b) 再分式腹杆体系中的受压杆件

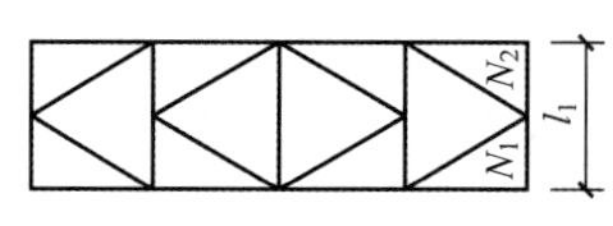

(c) K形腹杆体系中的竖杆

图1.18 其他杆件在钢屋架平面外的计算长度简图

（2）对于单角钢杆件和双角钢组成的十字形杆件，由于主轴不在屋架平面内，有可能发生斜平面屈曲，考虑到杆件两端对其有一定的嵌固作用，故其平面外计算长度 $l_{0y}=0.9l_1$。

(3) 交叉腹杆。

交叉腹杆在屋架平面内的计算长度应取节点中心到交叉点间的距离，其计算长度与杆件的受力性质和交叉点的连接有关。

① 压杆。

a. 两杆相交且另一杆受压，两杆截面相同并在交叉点均不中断时，计算长度见式(1-3)。

$$l_0=l\sqrt{\frac{1}{2}\left(1+\frac{N_0}{N}\right)} \tag{1-3}$$

b. 两杆相交且另一杆受压，另一杆在交叉点中断但以节点板搭接时，计算长度见式(1-4)。

$$l_0=l\sqrt{1+\frac{\pi^2}{12}\cdot\frac{N_0}{N}} \tag{1-4}$$

c. 两杆相交且另一杆受拉，两杆截面相同并在交叉点均不中断时，计算长度见式(1-5)。

$$l_0=l\sqrt{\frac{1}{2}\left(1-\frac{3}{4}\frac{N_0}{N}\right)}\geqslant 0.5l \tag{1-5}$$

d. 两杆相交且另一杆受拉，另一杆在交叉点中断但以节点板搭接时，计算长度见式(1-6)。

$$l_0=l\sqrt{1-\frac{3}{4}\frac{N_0}{N}}\geqslant 0.5l \tag{1-6}$$

e. 当拉杆连续而压杆在交叉点中断但以节点板搭接，若 $N_0\geqslant N$ 或拉杆在桁架平面外的弯曲刚度 $EI_y\geqslant\frac{3N_0l^2}{4\pi^2}\left(\frac{N}{N_0}-1\right)$ 时，$l_0=0.5l$。

式中 l——桁架节点中心间距离（交叉点不作为节点考虑）；

N、N_0——计算杆的内力及相交另一杆的内力，均为绝对值；两杆均受压时，$N_0\leqslant N$，两杆截面应相同。

② 拉杆。

拉杆计算长度 $l_0=l$。当确定交叉腹杆中单角钢杆件斜平面内的长细比时，计算长度应取节点中心至交叉点间的距离。

屋架杆件长细比控制。压杆一般为150，拉杆一般为350；受压支撑杆件一般为200，受拉支撑杆件一般为400。

1.6.4 钢屋架杆件截面形式

普通钢屋架的杆件一般采用等肢或不等肢角钢组成的T形截面或十字形截面。组合截面的两个主轴回转半径与杆件在屋架平面内和平面外的计算长度相配合，使两个方向长细比接近，则用料经济、连接方便。钢屋架杆件截面形式如图1.19所示。

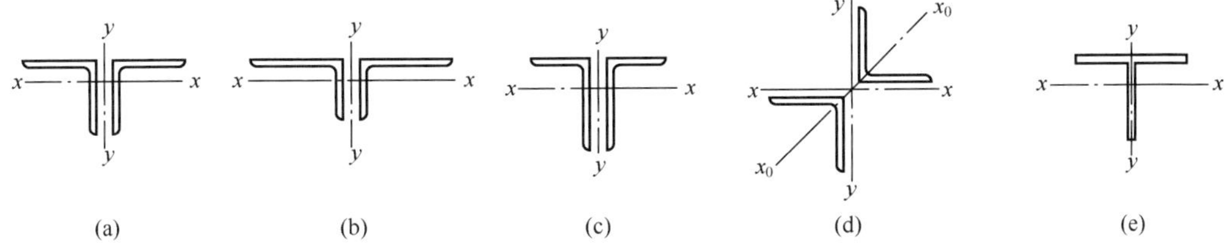

图 1.19 钢屋架杆件截面形式

1. 钢屋架上弦杆

因钢屋架上弦杆平面外计算长度往往是屋架平面内计算长度的两倍，要满足等稳性要求，即 $\lambda_x \approx \lambda_y$，必须使 $i_y \approx 2i_x$。

（1）上弦杆宜采用两个不等肢角钢短肢相并的T形截面形式［图1.19（b）］，因为其特点是 $i_y \approx$（2.6～2.9）i_x，因此，采用这种截面形式可使上弦杆两个方向的长细比比较接近。

（2）当有节间荷载作用时，为提高上弦杆在屋架平面内的抗弯能力，宜采用不等肢角钢长肢相并的T形截面形式［图1.19（c）］。

2. 钢屋架下弦杆

钢屋架下弦杆平面外的计算长度比较大，此时可采用两个等肢角钢或两个不等肢角钢短肢相并组成的T形截面形式［图1.19（a）或（b）］。

3. 支座斜杆及竖杆

由于支座斜杆及竖杆在屋架平面内和平面外的计算长度相等，应使截面的 $i_x \approx i_y$，因而可采用两个不等肢角钢长肢相并的T形截面形式［图1.19（c）］，因其特点是 $i_y \approx$（0.75～1.0）i_x，这样可使支座斜杆及竖杆两个方向的长细比比较接近。

4. 其他腹杆

因为 $l_{0x}=0.8l$，$l_{0y}=l$ 即 $l_{0y}=1.25l_{0x}$，所以宜采用两个等肢角钢组成的T形截面形式［图1.19（a）］，因其特点是 $i_y \approx$（1.3～1.5）i_x，这样可使腹杆两个方向的长细比比较接近。

与竖向支撑相连的竖腹杆宜采用两个等肢角钢组成的十字形截面形式［图1.19（d）］，使竖向支撑与钢屋架节点连接不产生偏心作用。对于受力特别小的竖腹杆，也可采用单角钢截面形式。

为使两个角钢组成的杆件共同作用，应在两角钢相并肢之间每隔一定距离设置填板，并与角钢焊接（图1.20）。填板厚度与节点板相同，宽度一般取50～80mm，长度伸出角钢肢外15～20mm，以便于与角钢焊接。填板间距在受压杆件中不大于40i（同时注意受压杆件在两个侧向支撑点范围内至少设置两块填板），在受拉杆件中不大于80i。i 为回转半径，按如下规定取值：在T形截面中，i 为平行于填板的单肢回转半径［图1.20（a）］；在十字形截面中，i 为一个角钢的最小回转半径［图1.20（b）］。

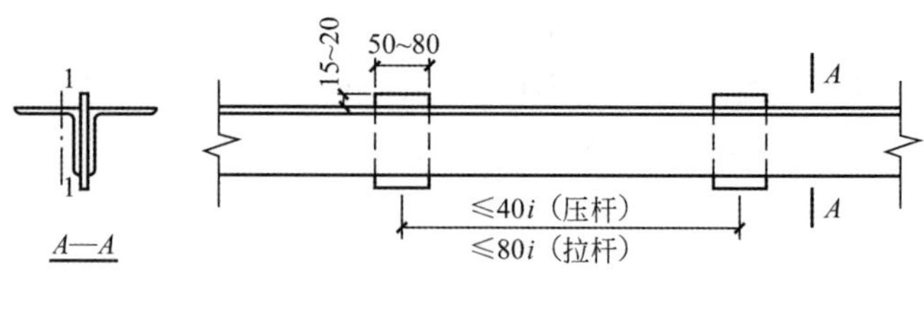

(a)

图1.20　填板布置

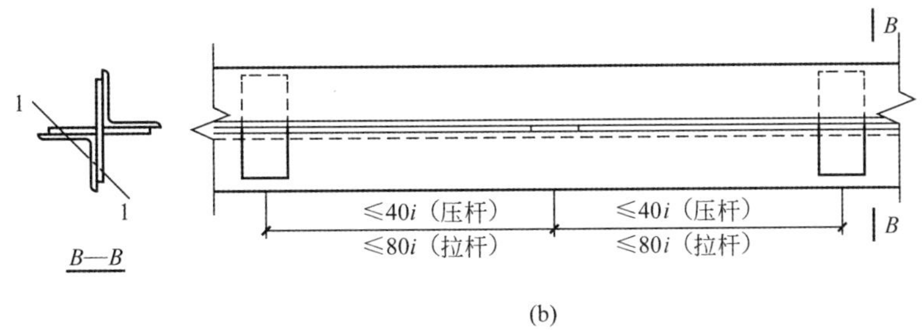

(b)

图 1.20 填板布置（续）

目前，国内外有用焊接或轧制的 T 形截面或用 H 型钢一分为二，取代双角钢组成的 T 形截面。其优点一是翼缘的宽度大，可达到等稳性要求；二是可减小节点板尺寸和省去填板等，比较经济。一些跨度和荷载较大的桁架还可以采用钢管和宽翼缘 H 型钢截面。

1.6.5 杆件截面选择

杆件截面应选用肢宽而壁薄的角钢，以增大其回转半径。为保证杆件的局部稳定，角钢厚度≥4mm，钢板厚度≥5mm，因此，角钢规格不宜小于∟45×5 或∟56×36×4。弦杆一般采用等截面形式，屋架跨度大于 24m 时，可在适当的节间处改变截面，改变一次为宜。改变截面时，角钢厚度不变而改变肢宽，便于连接。在同一榀屋架中，角钢规格不宜过多，一般为 5、6 种。

杆件内力按结构力学方法求得。对轴心受拉杆件由强度要求计算所需的截面面积，同时应满足长细比要求。对轴心受压杆件和压弯构件要计算强度、整体稳定性、局部稳定性和长细比。具体计算方法详见胡习兵、张再华主编的《钢结构设计原理》（第 2 版）的第 4 章和第 6 章。

1.6.6 节点设计

1. 节点设计的一般原则

（1）屋架通过节点板把汇交于各节点的杆件连接在一起，各杆件的内力通过节点板上的角焊缝达到互相平衡。节点板应力分布比较复杂，其厚度通常不计算而根据经验确定。一般情况下，根据腹杆（梯形钢屋架）或弦杆（三角形钢屋架）的最大内力按表 1-1 选用节点板厚度。

表 1-1 节点板厚度选用表

节点板钢材牌号	梯形钢屋架腹杆最大内力或三角形钢屋架弦杆最大内力/kN	中间节点板厚度/mm	支座节点板厚度/mm
Q235	≤150	6	8
	151～250	8	10
	251～400	10	12

续表

节点板钢材牌号	梯形钢屋架腹杆最大内力或三角形钢屋架弦杆最大内力/kN	中间节点板厚度/mm	支座节点板厚度/mm
Q235	401～550	12	14
	551～750	14	16
	751～950	16	18
Q355	≤200	6	8
	201～300	8	10
	301～450	10	12
	451～600	12	14
	601～800	14	16
	801～1000	16	18

(2) 为了避免杆件偏心受力，各杆件的重心线应与屋架的轴线重合，但考虑制造上的方便，通常把角钢肢背到屋架轴线的距离调整为 5mm 的倍数。当弦杆沿长度改变截面时，截面改变的位置应设在节点处。在屋架上弦，为了便于搁置屋面构件，应使角钢肢背齐平，并取两角钢杆件重心线之间的中线作为弦杆轴线（图 1.21），如弦杆轴线变动不超过较大弦杆截面高度的 5%时，可不考虑其偏心影响。

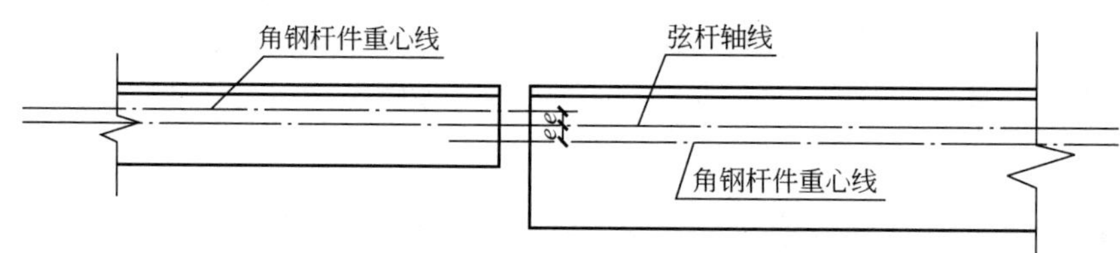

图 1.21　弦杆截面变化时的轴线位置

当不符合上述要求或节点处有较大的偏心弯矩时，应根据交汇于节点的各杆件线刚度，将偏心弯矩分配给各杆件。杆件轴线偏心较大时的弯矩计算简图如图 1.22 所示。计算见式(1-7)。

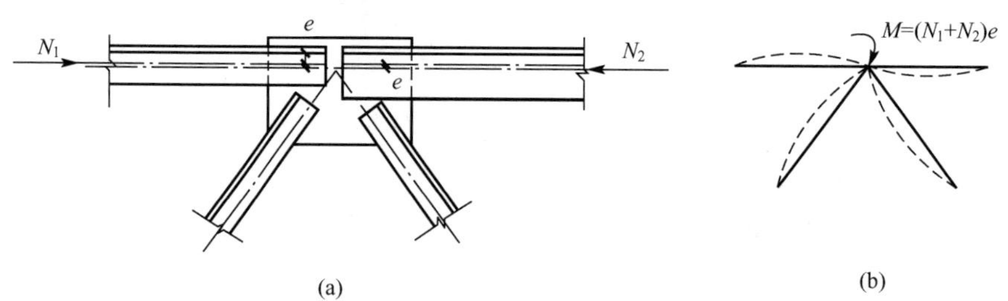

图 1.22　杆件轴线偏心较大时的弯矩计算简图

$$M_i = \frac{K_i}{\sum K_i} M \tag{1-7}$$

式中 M_i——所计算杆件承担的弯矩；

K_i——所计算杆件的线刚度，$K_i = EI_i / l_i$；

$\sum K_i$——汇交于该节点的各杆件线刚度之和；

M——节点偏心弯矩，$M=(N_1+N_2)e$。

计算 M_i 后，按偏心受力杆件计算各杆件的强度及稳定性。

(3) 角钢端部的切割面宜垂直于杆件轴线［图 1.23 (a)］。当角钢较宽时，为了减小节点板的尺寸，也可采用图 1.23 (b)、(c) 所示的形式斜切，但绝不能采用图 1.23 (d) 所示的形式斜切，该切割形式将削弱连接端承载力，且端部焊缝分布不合理。

(4) 节点板的尺寸主要取决于所在连接杆件的大小和所敷设焊缝的长短。节点板的形状应力求简单且规则，至少有两边平行，如矩形、平行四边形和直角梯形等，以便切割钢板时能充分利用材料和减少切割次数。节点板不应有凹角，以免产生严重的应力集中现象。此外，确定节点板的形状时，应注意使其受力情况良好，节点板边缘与杆件轴线的夹角 α 不应小于 15°［图 1.24 (a)］，还应考虑使连接焊缝中心受力。图 1.24 (b) 所示的节点板使连接杆件的焊缝偏心受力，应尽量避免采用。

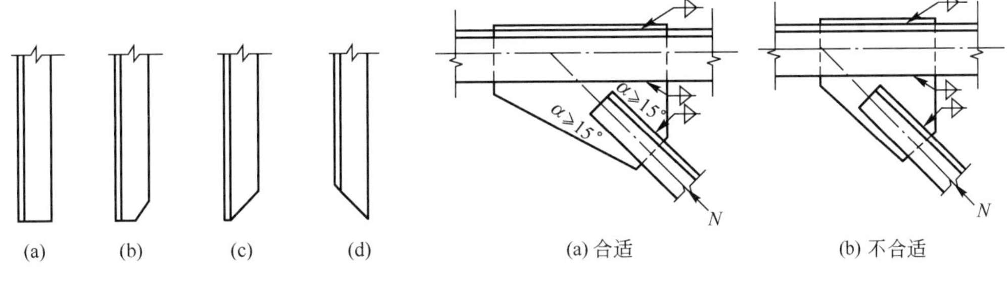

图 1.23 角钢端部的切割形式

图 1.24 节点板的焊缝位置

(5) 为了避免焊缝过于密集导致节点板材质变脆，节点板上各杆件端部之间需留 15～20mm 的空隙。节点板一般伸出弦杆角钢肢背 10～15mm（图 1.25）以便施焊。在屋架上弦，为了支承屋面构件，可将节点板缩进弦杆 5～10mm，并用塞焊缝连接［图 1.26 (a)］。

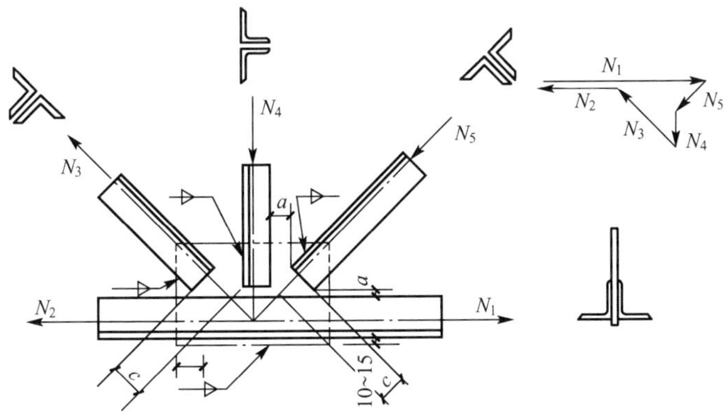

图 1.25 下弦的一般节点

2. 节点设计

节点设计包括：确定节点构造，计算连接焊缝长度、焊脚尺寸、节点板的形状和尺寸。具体应包括如下内容。

（1）按正确角度画出交汇于该节点的各杆件的轴线。

（2）按比例画出与各杆件轴线相应的角钢轮廓线，并依据杆件间距离要求，确定杆端位置。

（3）根据已计算出的各杆件与节点板的连接焊缝尺寸布置焊缝，并绘于图上。

（4）确定节点板的合理形状和尺寸。

（5）绘制节点大样图。

下面具体介绍各典型节点的计算。

（1）下弦的一般节点（图 1.25）。

图 1.25 所示为下弦的一般节点，它是指节点无集中荷载也无弦杆拼接的节点。各腹杆与节点板之间的传力（N_3、N_4 和 N_5），一般用两侧角焊缝实现，也可用 L 形围焊缝或三面围焊缝实现。腹杆与节点板间焊缝按受轴心力角钢的角焊缝计算。由于下弦杆是连续的，本身已传递了较小的力（N_2），弦杆与节点板之间的焊缝只传递差值 $\Delta N=N_1-N_2$，按式(1-8)、式(1-9) 计算其焊缝长度。

肢背焊缝：
$$l'_{\mathrm{w}}=\frac{k_1\Delta N}{2\times0.7h_{\mathrm{f1}}f_{\mathrm{f}}^{\mathrm{w}}}+2h_{\mathrm{f1}} \tag{1-8}$$

肢尖焊缝：
$$l''_{\mathrm{w}}=\frac{k_2\Delta N}{2\times0.7h_{\mathrm{f2}}f_{\mathrm{f}}^{\mathrm{w}}}+2h_{\mathrm{f2}} \tag{1-9}$$

式中 k_1、k_2——角钢肢背、肢尖焊缝内力分配系数（等肢角钢 $k_1=0.7$，$k_2=0.3$；不等肢角钢长肢相并，$k_1=0.65$，$k_2=0.35$；不等肢角钢短肢相并，$k_1=0.75$，$k_2=0.25$）；

h_{f1}、h_{f2}——肢背、肢尖焊缝焊脚尺寸；

$f_{\mathrm{f}}^{\mathrm{w}}$——角焊缝强度设计值。

由 ΔN 算得的焊缝长度往往很小，此时可按构造要求在节点板范围内进行满焊。节点板的尺寸应能容下各杆件焊缝的长度。各杆件之间应留有空隙（图 1.25），以利于装配与施焊。节点板应伸出弦杆 10～15mm，以便施焊。在保证间隙的条件下，节点应设计紧凑。

（2）上弦的一般节点。

图 1.26 是有集中荷载作用上弦杆的一般节点。节点受屋面传来的集中荷载 P 的作用，计算上弦杆与节点板的连接焊缝时，应考虑节点荷载 N 与上弦杆相邻节间的内力差 $\Delta N=N_1-N_2$ 的作用。上弦节点因需搁置屋面板或檩条，故常将节点板缩进角钢肢背而采用塞焊缝［图 1.26 (a)］。塞焊缝可近似地按两条焊脚尺寸为 $h_{\mathrm{f}}=\delta/2$（δ 为节点板厚）的角焊缝来计算。节点板缩进角钢背的距离不小于 $\delta/2+2\mathrm{mm}$ 但不大于 δ。计算时假定集中荷载与上弦杆垂直，略去上弦杆坡度的影响，角钢肢背与节点板角焊缝所受剪应力见式(1-10)。

$$\tau_{\Delta N}=k_1(\Delta N/2)\times0.7h_{\mathrm{f}}l_{\mathrm{w}} \tag{1-10}$$

在集中荷载的作用下，上弦杆与节点板连接的四条焊缝平均受力。若焊脚尺寸相同，则焊缝应力计算见式(1-11)。

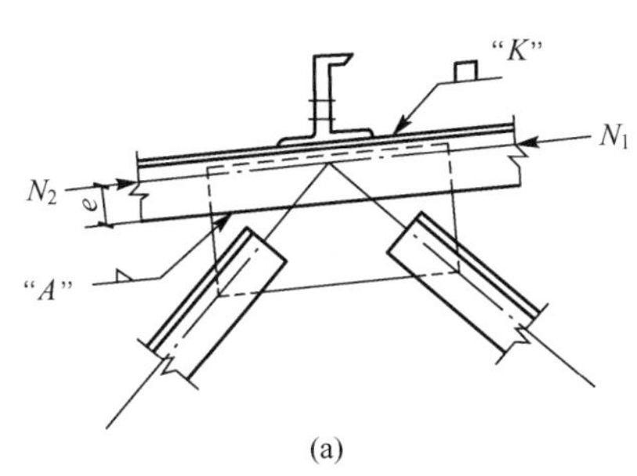

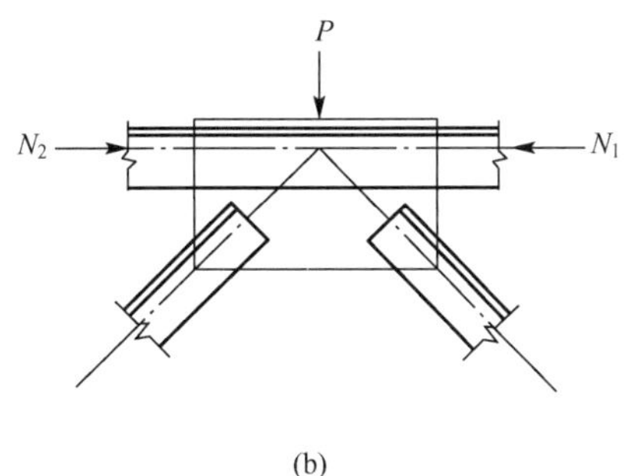

图 1.26　有集中荷载作用上弦杆的一般节点

$$\sigma_P = p/(4\times 0.7h_f l_w) \tag{1-11}$$

肢背焊缝受力最大，其应力按式(1－12) 计算。

$$\sqrt{\left(\frac{\sigma_P}{1.22}\right)^2+\tau_{\Delta N}^2}\leqslant f_f^w \tag{1-12}$$

上弦节点也可按下述近似方法进行验算。

考虑到塞焊缝质量不易保证，常假设塞焊缝“K”只承受集中荷载的作用。由于集中荷载一般不大，塞焊缝“K”可按满焊构造不必计算。角钢肢尖与节点板的连接焊缝“A”承受 ΔN 及其产生的偏心力矩 $M=\Delta Ne$（e 为角钢肢尖至弦杆轴线的距离）。于是，“A”焊缝两端的合应力最大［图 1.27（a)］，按式(1－13) 进行验算。

$$\sqrt{\left(\frac{\sigma_M}{1.22}\right)^2+\tau_{\Delta N}^2}\leqslant f_f^w \tag{1-13}$$

其中，$\sigma_M=\dfrac{6M}{2\times 0.7h_f\ (l_w)^2}$，$\tau_{\Delta N}=\dfrac{\Delta N}{2\times 0.7h_f l_w}$。

式中　h_f，l_w——“A”焊缝的焊脚尺寸和每条焊缝的长度。

(3) 下弦杆跨中拼接节点。

角钢长度不足及桁架分单元运输时，下弦杆经常要拼接。前者常为工厂拼接，拼接点可在节间也可在节点；后者为工地拼接，拼接点通常在节点。这里叙述的是工地拼接。

图 1.27 所示为下弦杆跨中工地拼接节点。下弦杆内力比较大，单靠节点板传力不适宜，且节点在屋架平面外的刚度很弱，所以下弦杆经常用拼接角钢来拼接。拼接角钢采取与下弦杆相同的规格，并切去部分竖肢及直角边棱。切肢 $\Delta=t+h_f+5\text{mm}$，以便施焊，其中 t 为拼接角钢肢厚，h_f 为角焊缝焊脚尺寸，5mm 为余量以避开肢尖圆角。切去直角边棱是使拼接角钢与下弦杆贴紧。切肢切棱引起的截面削弱不太大（一般不超过原面积的 15%），在需要时可由节点板传一部分力来补偿。也可将拼接角钢选成与下弦杆同宽但肢厚稍大一点的规格。在工地拼接时，为便于现场拼装，拼接节点要设置安装螺栓。拼接角钢与节点板应各焊于不同的运输单元，以避免拼装中双插的困难；也可将拼接角钢单个运输，拼装时用安装焊缝焊于两侧。

下弦杆跨中拼接节点的计算包括两部分，即下弦杆自身拼接的传力焊缝（图 1.27 中的“C”焊缝）和各杆与节点板间的传力焊缝（图 1.27 中的“D”焊缝）。

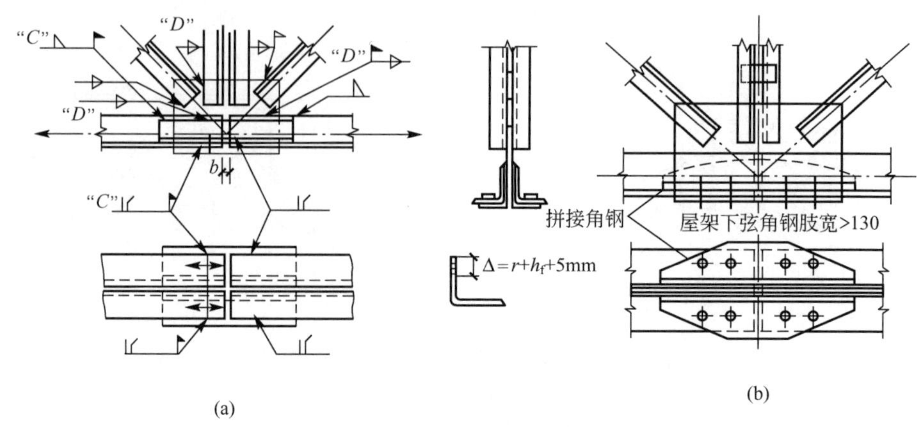

图 1.27　下弦杆跨中工地拼接节点

图 1.27 中，下弦杆拼接焊缝"C"应能传递两侧下弦杆内力中的较小值 N，或者偏安全地取截面承载能力 $N=fA_n$（式中，f 为强度设计值，A_n 为弦杆净截面）。考虑到截面形心处的力与拼接角钢两侧的焊缝近于等距，故 N 由两根拼接角钢的 4 条焊缝平分传递。

下弦杆和连接角钢连接一侧的焊缝长度见式(1－14)。

$$l_1=\frac{N}{4\times 0.7h_f f_f^w}+2h_f \tag{1-14}$$

拼接角钢长度为 $L=2l_1+b$，其中 b 为间隙，一般取 10～20mm。

下弦杆与节点板的连接焊缝，除按拼接节点两侧下弦杆的内力差进行计算外，还应考虑到拼接角钢由于切棱和切肢，截面有一定的削弱，所以下弦杆与节点板的连接焊缝按下弦杆较大内力的 15％和两侧下弦杆的内力差两者中的较大者进行计算。这样，下弦杆肢背与节点板的连接焊缝长度计算见式(1－15)、式(1－16)。

肢背焊缝：

$$\frac{0.15k_1 N_{max}}{2\times 0.7h_f l_w}\leqslant f_f^w \tag{1-15}$$

肢尖焊缝：

$$\frac{0.15k_2 N_{max}}{2\times 0.7h_f l_w}\leqslant f_f^w \tag{1-16}$$

式中　N_{max}——两侧下弦杆较大内力的 15％或两侧下弦杆的内力差。

（4）上弦跨中拼接节点。

上弦拼接角钢的弯折角度是热弯形成的，在屋脊节点处用两根拼接角钢与截面相等的上弦杆进行工地拼接，如图 1.28（a）所示。当屋面较陡需要弯折角度较大且角钢肢较宽不易弯折时，可将竖肢焰割开口弯折后对焊，如图 1.28（b）所示。为了使拼接角钢和上弦杆之间能贴紧而便于施焊，需将拼接角钢切肢切棱。切棱竖肢还要切去 $\Delta=t+h_f+5\text{mm}$（式中，t 为角钢壁厚，h_f 为连接焊缝的焊脚尺寸）。拼接角钢的截面削弱可由节点板来补偿，其焊缝算法与下弦跨中拼接节点焊缝相同。计算拼接角钢长度时，屋脊节点所需间隙较大，b 常取 50mm 左右。上弦杆与节点板间的焊缝所承受的竖向力 P 应为（N_1+N_2）$\sin\alpha$（α 为 N_1、N_2的坡度角）。

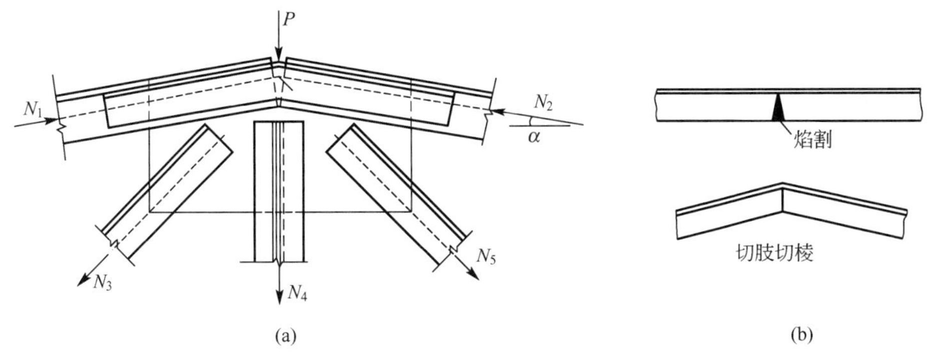

图 1.28 上弦跨中拼接节点

拼接角钢的长度由焊缝长度计算确定。焊缝计算长度按被连上弦杆的最大内力计算，并平均分配给 4 条连接焊缝。每条连接焊缝的计算长度见式(1-17)。

$$l_w = \frac{N}{4 \times 0.7 h_f f_f^w} \tag{1-17}$$

连接焊缝的实际长度应为计算长度加 10mm，拼接角钢的长度应为两倍的连接焊缝实际长度加 50mm，此 50mm 是空隙尺寸。一般拼接角钢的长度不小于 600mm。

(5) 支座节点。

屋架与柱的连接可以设计成铰接或刚接。支承于钢筋混凝土柱的屋架的连接一般都按铰接设计（图 1.29），屋架与钢柱的连接可铰接也可刚接。梯形钢屋架和平行弦屋架的端部有足够的高度，既可与柱铰接［图 1.29（a)］，也可通过两个节点与柱相连而形成刚接。三角形钢屋架端部高度小，通常与柱铰接，如图 1.29（b）所示。

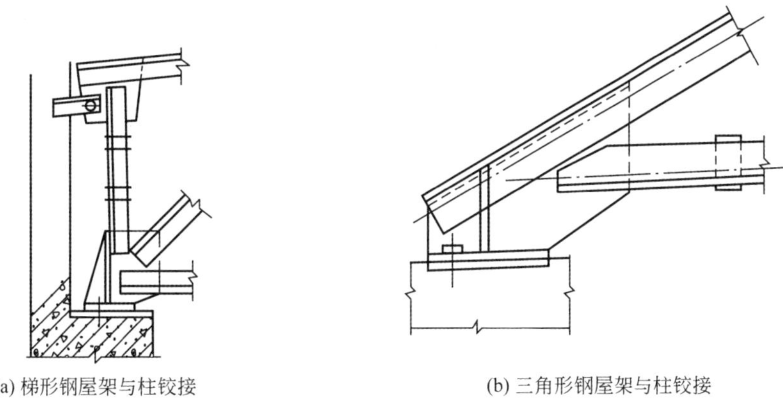

图 1.29 屋架铰接支座

① 钢屋架铰接支座节点。

钢屋架铰接支座多采用平板式支座（图 1.30）。平板式支座由支座节点板、支座底板、加劲肋和锚栓组成。加劲肋设在支座节点的中线处，焊接在支座节点板和支座底板上，它的作用是提高支座节点板的侧向刚度，使支座底板受力均匀，减少支座底板的弯矩，加劲肋的高度和厚度分别与节点板的高度和厚度相等。

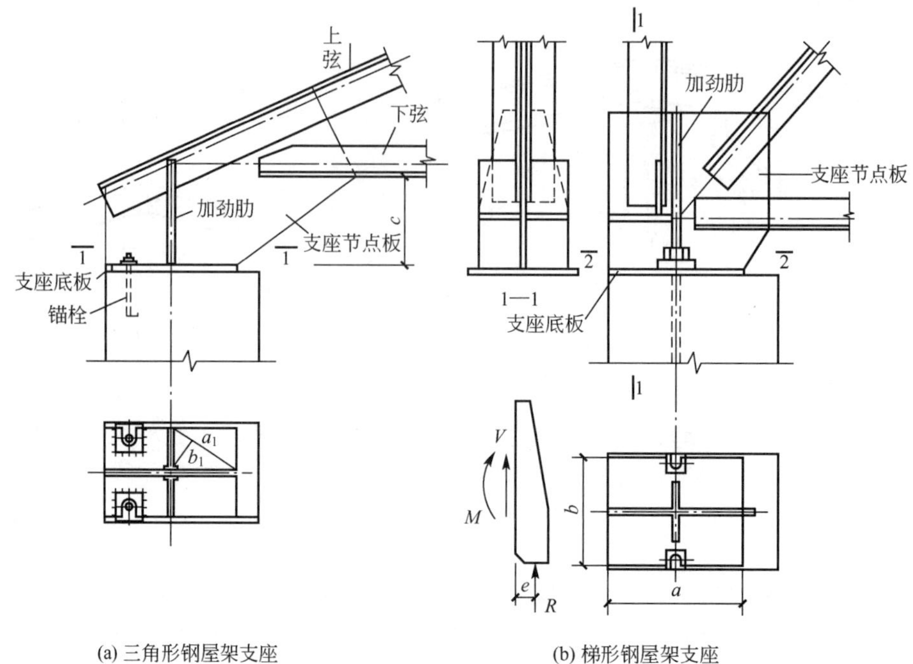

(a) 三角形钢屋架支座

(b) 梯形钢屋架支座

图 1.30　平板式支座

为了便于下弦角钢肢背施焊，下弦角钢水平肢的底面和支座底板之间的净距不应小于130mm，支座底板厚度由计算确定，一般取20mm左右。

钢屋架铰接支座底板的面积按式(1－18）计算。

$$A_n=\frac{R}{f_c} \tag{1-18}$$

式中　R——钢屋架铰接支座反力设计值；

f_c——混凝土轴心抗压强度设计值；

A_n——支座底板净面积。

支座底板所需的面积为：$A=A_n+$锚栓孔面积。

支座底板边长尺寸 $a\geqslant\sqrt{A}$。当 R 不大时计算出的 a 值较小，构造要求支座底板短边尺寸不小于200mm。宽度一般取200～360mm，长度（垂直于屋架方向）一般取200～400mm。支座底板边长应取厘米的整倍数，在图1.30的构造中还应使锚栓与节点板、肋板的中线之间的距离不小于支座底板上的锚栓孔径。

支座底板的厚度按均布荷载的抗弯计算。将基础的反力看成均布荷载 q［图1.30（a)］，支座底板厚度的计算式与轴心受压柱脚底板相同。例如，图1.30（b）所示的支座节点板和加劲肋将支座底板分隔成4块相邻边支承的板，其单位宽度的弯矩见式(1－19)。

$$M=\beta q a_1^2 \tag{1-19}$$

式中　q——支座底板的均布荷载，$q=\dfrac{R}{A_n}$；

β——系数，按 b_1/a_1 比值由表1－2查得（近似采用三边简支板系数）；

a_1，b_1——支座底板对角线长度，角点到对角线的距离。

表 1-2 β值

b_1/a_1	β	b_1/a_1	β	b_1/a_1	β
0.2	0.0100	0.6	0.0747	1.0	0.117
0.3	0.0273	0.7	0.0871	1.2	0.1205
0.4	0.0439	0.8	0.0972	≥1.4	0.1258
0.5	0.0602	0.9	0.1053		

支座底板的厚度计算与轴心受压柱底板的厚度计算相同，见式(1-20)。

$$t \geqslant \sqrt{\frac{6M}{f}} \tag{1-20}$$

式中 M——支座底板单位板宽的最大弯矩，$M=\beta q a_1^2$。

为使柱顶混凝土均匀受压，支座底板不宜太薄，其厚度 t 还应满足：当屋架跨度≤18m 时，$t \geqslant 16$mm；当屋架跨度>18m 时，$t \geqslant 20$mm。

计算加劲肋与焊缝所受剪力和弯矩分别见式(1-21) 和式(1-22)。考虑支座节点板的连接焊缝时，每块加劲肋假定承受钢屋架支座反力的 1/4，并考虑偏心弯矩（图 1.30）。

焊缝所受剪力：

$$V=R/4 \tag{1-21}$$

焊缝所受弯矩：

$$M=\frac{R}{4}e \tag{1-22}$$

每块加劲肋与支座节点板的竖向连接焊缝强度计算见式(1-23)。

$$\sqrt{\left(\frac{V}{2\times 0.7h_f l_w}\right)^2+\left(\frac{6M}{2\times 0.7h_f l_w^2\times 1.22}\right)^2} \leqslant f_f^w \tag{1-23}$$

式中 h_f，l_w——加劲肋与支座节点板连接焊缝的焊脚尺寸和焊缝计算长度。

节点板、加劲肋与支座底板的水平连接焊缝强度的计算见式(1-24)。

$$\sigma_f = \frac{R}{1.22\times 0.7h_f \sum l_w} \leqslant f_f^w \tag{1-24}$$

式中 $\sum l_w$——节点板、加劲肋与支座底板的水平连接焊缝的总长度。

加劲肋的强度可近似按悬臂梁验算，端截面剪力为 V，弯矩为 $M=Ve$。加劲肋的高度与支座节点板高度一致，厚度等于或略小于支座节点板的厚度。

② 钢屋架刚接支座节点。

图 1.31 为钢屋架与柱刚接的两种构造方式。这两种构造方式的特点是柱上设支托承担竖向剪力，上弦的连接盖板及焊缝传递端弯矩引起的水平力。上弦的连接盖板上开有一条槽口，它与柱及上弦杆肢背间的焊缝将都是俯焊缝，在高空施焊便于保证焊缝质量。

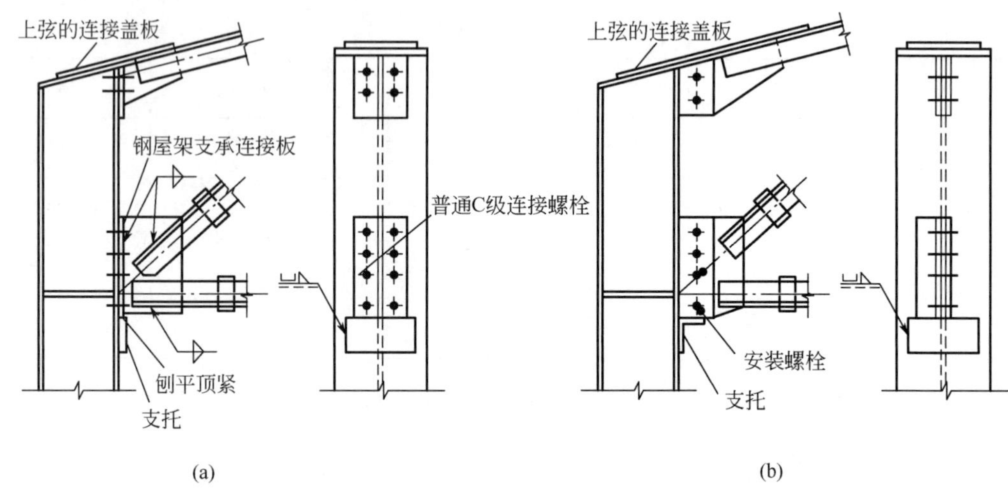

图 1.31　钢屋架与柱刚接的两种构造方式

【例题 1-1】 普通钢屋架设计

1. 设计资料

厂房总长度为 120m，檐口高度为 15m，厂房为单层单跨结构，柱距为 6m，跨度为 24m。车间内设有两台中级工作制桥式吊车。

屋面采用 1.5m×6.0m 预应力大型屋面板，屋面坡度 $i=1:10$，上铺 80mm 厚泡沫混凝土保温层和三毡四油防水层等。屋面活荷载标准值为 0.7kN/m^2，雪荷载标准值为 0.5kN/m^2，积灰荷载标准值为 0.5kN/m^2。屋架采用梯形钢屋架，其两端铰接于钢筋混凝土柱上。柱截面为 400mm×400mm，所用混凝土强度等级为 C20。

钢材采用 Q235B 钢，焊条采用 E43 型，手工焊接。构件采用钢板及热轧型钢，构件与支撑的连接用 M20 普通螺栓。屋架的计算跨度 $L_0=24-0.3=23.7$ (m)；端部高度：$h=2$m（轴线处），$h=2.75$m（计算跨度处）；屋架跨中起拱 50mm（$\approx L/500$）。

2. 结构形式与支撑布置

屋架结构形式及几何尺寸如图 1.32 所示，钢屋盖支撑布置如图 1.33 所示。

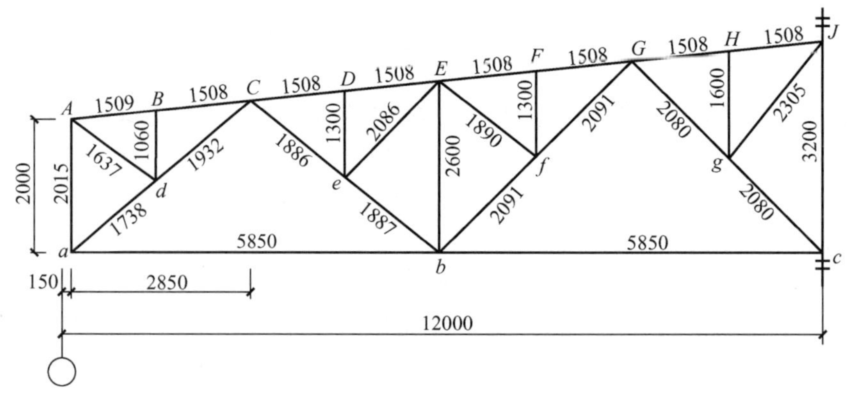

图 1.32　屋架结构形式及几何尺寸（图中杆件尺寸为未起拱前尺寸）

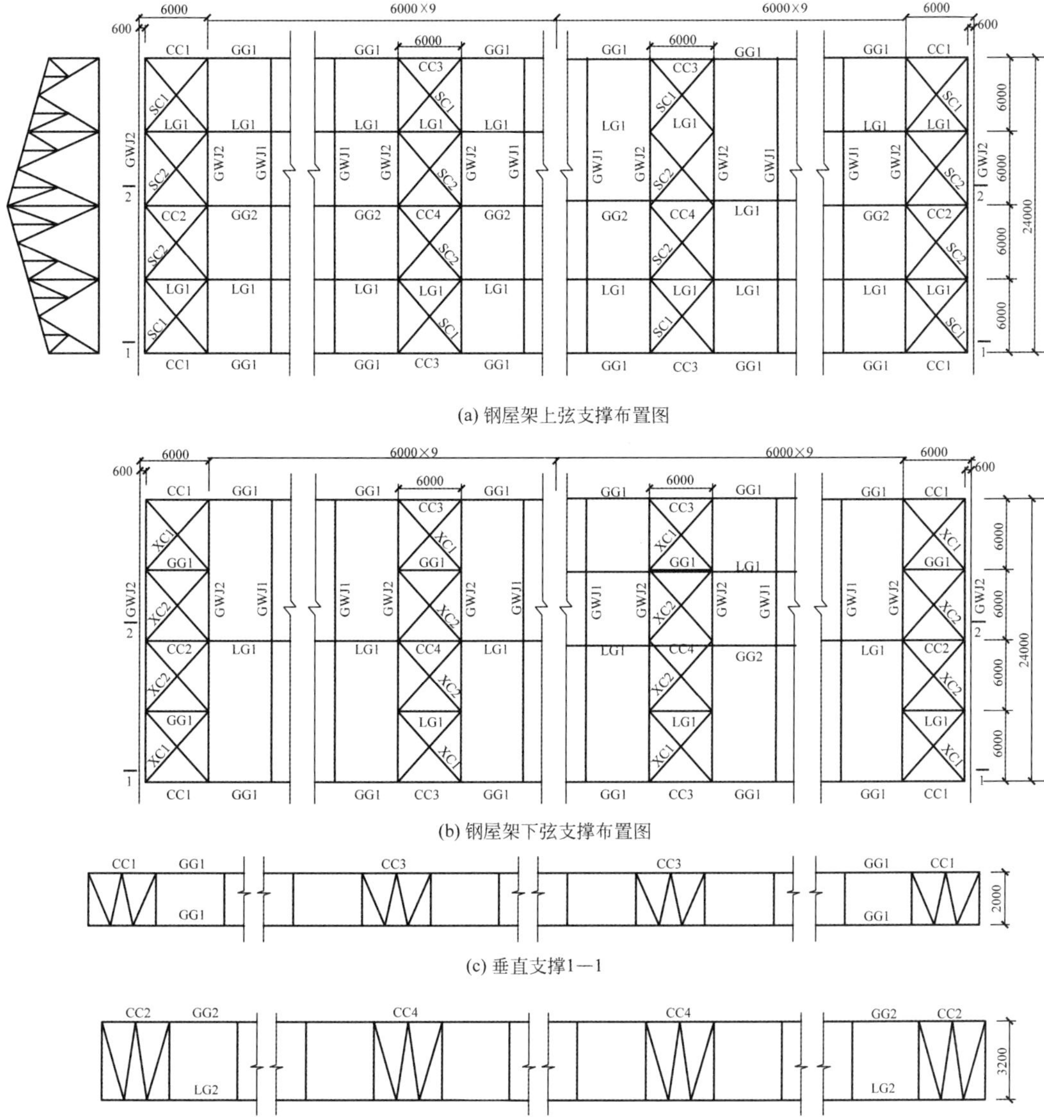

(a) 钢屋架上弦支撑布置图

(b) 钢屋架下弦支撑布置图

(c) 垂直支撑1—1

(d) 垂直支撑2—2

GWJ—钢屋架；SC—上弦支撑；XC—下弦支撑；
GG—刚性系杆；LG—柔性系杆；CC—垂直支撑。

图 1.33 钢屋盖支撑布置图

3. 荷载计算

屋面活荷载与雪荷载不会同时出现，故取两者较大值计算。

永久荷载标准值：

① 防水层（三毡四油上铺小石子）为 0.35 kN/m^2。

② 找平层（20mm 厚水泥砂浆）为 0.02×20＝0.40（kN/m^2）。

③ 保温层（80mm 厚泡沫混凝土）为 0.50kN/m^2。

④ 预应力混凝土大型屋面板为1.40kN/m^2。

⑤ 屋架和支撑自重为 0.12+0.011×24=0.38（kN/m^2）。

⑥ 管道设备自重为 0.10kN/m^2。

永久荷载标准值：0.35+0.4+0.50+1.40+0.38+0.1=3.13（kN/m^2）

可变荷载标准值：

① 屋面活荷载为 0.70kN/m^2。

② 积灰荷载为 0.50kN/m^2。

可变荷载标准值：0.70+0.50=1.20（kN/m^2）

永久荷载设计值：1.2×3.13=3.76（kN/m^2）

可变荷载设计值：1.4×1.2=1.68（kN/m^2）

4. 荷载组合

设计屋架时，应考虑以下三种组合。

组合一：全跨永久荷载+全跨可变荷载

屋架上弦节点荷载 $p=$（3.76+1.68）×1.5×6=48.96（kN/m^2）

组合二：全跨永久荷载+半跨可变荷载

屋架上弦节点荷载p_1=3.76×1.5×6=33.84（kN/m^2）

p_2=1.68×1.5×6=15.12（kN/m^2）

组合三：全跨屋架和支撑自重+半跨大型屋面板自重+半跨屋面活荷载

屋架上弦节点荷载p_3=0.38×1.2×1.5×6≈4.10（kN/m^2）

$p_4=$（1.4×1.2+0.7×1.4）×1.5×6=23.94（kN/m^2）

5. 内力计算

本设计采用图解法计算单位节点力作用下各杆件的内力系数。屋架各杆件内力组合见表1-3。

由表1-3内三种组合可见：组合一对杆件计算主要起控制作用；组合三可能引起中间几根斜腹杆发生内力变号。但如果施工过程中，在屋架两侧对称均匀铺设屋面板，则为避免内力变号而不用组合三。

6. 杆件截面设计

（1）上弦杆。

整个上弦杆采用同一截面，按最大内力计算，N=738.81kN（压）。

计算长度：屋架平面内，上弦杆计算长度取节间轴线长度 l_{0x}=150.80cm。

屋架平面外，上弦杆计算长度根据支撑和内力变化 l_{0y}=2×150.8=301.6（cm）。

因为 $2l_{0x}=l_{0y}$，故上弦杆截面宜选用两个不等肢角钢，且短肢相并，如图1.34所示。

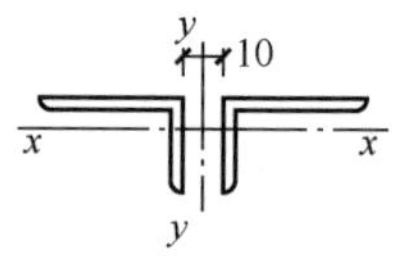

图1.34 上弦杆截面

设 λ=60，查轴心受力稳定系数表，得 φ=0.807。

需要截面积：$A^*=\frac{N}{\varphi f}=\frac{738.81\times10^3}{0.807\times215}\approx4258$（$mm^2$）

需要回转半径：$i_x^*=\frac{l_{0x}}{\lambda}=\frac{150.8}{60}\approx2.51$（cm）

$$i_y^*=\frac{l_{0y}}{\lambda}=\frac{2\times150.8}{60}\approx5.03\text{（cm）}$$

根据 A^*、i_x^*、i_y^*，查角钢型钢表，选用 2∟140×90×10，$A=4460\text{mm}^2$，$i_x=2.56\text{cm}$，$i_y=6.77\text{cm}$。

表 1-3 屋架各杆件内力组合表

杆件名称		内力系数（$p=1$）			组合一	组合二		组合三		计算内力/kN
		全跨①	左半跨②	右半跨③	$p\times$①	$p_1\times$①$+p_2\times$②	$p_1\times$①$+p_2\times$③	$p_3\times$①$+p_4\times$②	$p_3\times$①$+p_4\times$③	
上弦杆	*ABC*	−0.79	−0.76	−0.40	−38.68	−38.22	−32.78	−21.43	−12.82	−38.68
	CDE	−14.02	−10.10	−5.05	−686.42	−627.15	−550.79	−299.28	−178.38	−686.42
	EFG	−14.00	−10.08	−5.05	−685.44	−626.17	−550.12	−298.72	−178.30	−685.44
	GHJ	−15.09	−8.69	−8.23	−738.81	−642.04	−635.08	−269.91	−258.90	−738.81
下弦杆	*a*−*b*	8.62	6.47	2.77	422.04	389.53	333.58	190.23	101.66	422.04
	b−*c*	15.03	9.77	6.77	735.87	656.34	610.98	295.52	223.70	735.87
斜腹杆	*Ca*	−11.03	−8.28	−3.54	−540.03	−498.45	−426.78	−243.45	−129.97	−540.03
	Ad	0.95	0.92	0.05	46.51	46.06	32.90	25.92	5.09	46.51
	Cb	6.71	4.50	2.84	328.52	295.11	270.01	135.24	95.50	328.52
	Ee	0.79	0.80	0	38.68	38.83	26.73	22.39	3.24	38.83
	Gb	−2.33	−0.42	−2.46	−114.08	−85.20	−116.04	−19.61	−68.45	−116.04
	Ef	0.71	0.71	0	34.76	34.76	24.03	19.91	2.91	34.76
	Gc	−0.67	−2.23	2.00	−32.80	−56.39	−7.57	−56.13	45.13	−56.39 45.13
	Jg	0.71	0.71	0	34.76	34.76	24.03	19.91	2.91	34.76
竖杆	*Aa*	−1.62	−1.60	−0.03	−79.32	−79.01	−55.27	−44.95	−7.36	−79.32
	Bd	−1.00	−1.00	0	−48.96	−48.96	−33.84	−28.04	−4.10	−48.96
	De	−0.99	−0.99	0	−48.47	−48.47	−33.50	−27.76	−4.06	−48.47
	Eb	−2.01	−2.01	0	−98.41	−98.41	−68.02	−56.36	−8.24	−98.41
	Ff	−0.99	−0.99	0	−48.47	−48.47	−33.50	−27.76	−4.06	−48.47
	Hg	−1.00	−1.00	0	−48.96	−48.96	−33.84	−28.04	−4.10	−48.96
	Jc	0.95	0.16	0.16	46.51	34.57	34.57	7.73	7.73	46.51

注：负值表示压力，正值表示拉力。

按所选角钢进行验算：

$$\lambda_x=\frac{l_{0x}}{i_x}=\frac{150.8}{2.56}\approx 59,\ \lambda_y=\frac{l_{0y}}{i_y}=\frac{301.6}{6.77}\approx 45$$

满足允许长细比：$\lambda_x<[\lambda]=150$ 的要求。

由于 $\lambda_x>\lambda_y$，只需求出 $\varphi_{\min}=\varphi_x$，查轴心受力稳定系数表，得 $\varphi_x=0.886$。

截面所受荷载：

$\dfrac{N}{\varphi_x A}=\dfrac{738.81\times 10^3}{0.886\times 4460}\approx 187\ (N/\text{mm}^2)$，$187N/\text{mm}^2<215N/\text{mm}^2$，所选截面满足要求。

（2）下弦杆。

整个下弦杆采用同一截面，按最大内力计算，$N=735.87\text{kN}$（拉）。

计算长度：钢屋架平面内，下弦杆计算长度取节间轴线长度，$l_{0x}=3000\text{mm}$。

钢屋架平面外，下弦杆计算长度根据支撑布置取，$l_{0y}=6000\text{mm}$。

下弦杆净截面面积：

$$A_n^* =\frac{N}{f}\approx\frac{735.87\times10^3}{215}\approx3423(\text{mm}^2)$$

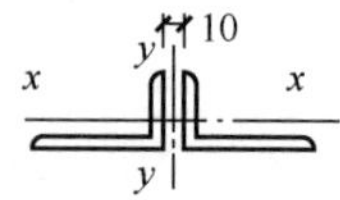

图 1.35　下弦杆截面

根据 A_n^*，查角钢型钢表，选用 2∟125×80×10（短肢相并），如图 1.35 所示。$A=3942\text{mm}^2$，$i_x=2.26\text{cm}$，$i_y=6.11\text{cm}$。

按所选角钢进行截面验算，取 $A_n=A$（若螺栓孔中心至节点板边缘距离大于 100mm，则不计截面削弱的影响）。

$$\lambda_x=\frac{l_{0x}}{i_x}=\frac{300.0}{2.26}\approx133<[\lambda]=350$$

$$\lambda_y=\frac{l_{0y}}{i_y}=\frac{600.0}{6.11}\approx98<[\lambda]=350$$

$$\frac{N}{A_n}=\frac{735.87\times10^3}{3942}\approx187(\text{N/mm}^2),187\text{N/mm}^2<215\ \text{N/mm}^2$$

所选截面满足要求。

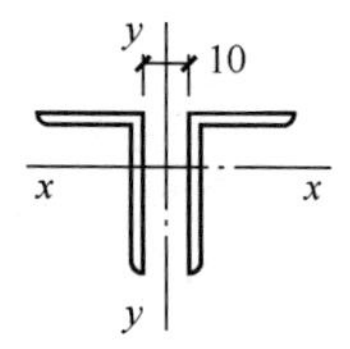

图 1.36　斜腹杆截面

（3）斜腹杆 Ca。

已知 $N=540.03\text{kN}$（压），$l_{0x}=l_{0y}=367\text{cm}$，因为 $l_{0x}=l_{0y}$，故采用不等肢角钢，长肢相并，使 $i_x=i_y$，选用角钢 2∟140×90×10，如图 1.36 所示。

$A=4460\text{mm}^2$，$i_x=4.47\text{cm}$，$i_y=3.73\text{cm}$。

截面验算：

$$\lambda_x=\frac{l_{0x}}{i_x}=\frac{367.0}{4.47}\approx82<[\lambda]=150$$

$$\lambda_y=\frac{l_{0y}}{i_y}=\frac{367.0}{3.73}\approx98<[\lambda]=150$$

$$\varphi_{\min}=\varphi_y=0.568$$

$\frac{N}{\varphi_y A}=\frac{540.03\times10^3}{0.568\times4460}\approx213$（$\text{N/mm}^2$），$213\text{N/mm}^2<215\ \text{N/mm}^2$，所选截面满足要求。

（4）竖杆 A_a。

已知：$N=79.32\text{kN}$（压），$l_0=0.9l=0.9\times201.5\approx181.4$（cm）

根据螺栓排布要求，中间竖杆最小应选用 2∟50×4 的角钢，并采用十字形截面，

$A=780\text{mm}^2$，$i_{0x}=1.94\text{cm}$，$i_{0y}=1.54\text{cm}$，如图 1.37 所示。

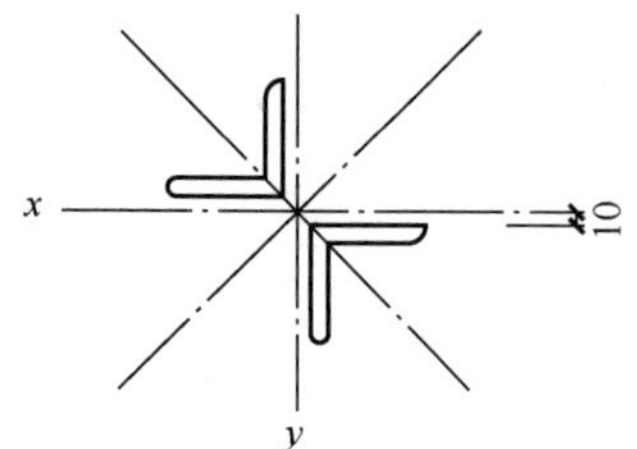

图 1.37　竖杆截面

$$\lambda_{0x}=\frac{l_0}{i_{0x}}=\frac{181.4}{1.94}\approx93<[\lambda]=150$$

查表得 $\varphi=0.60$。

$$\frac{N}{\varphi A}=\frac{79.32\times10^3}{0.60\times780}\approx169(\text{N/mm}^2),169\text{N/mm}^2<215\ \text{N/mm}^2,$$

所选截面满足要求。

其余各杆件截面选择过程不一一列出，计算结果见表 1-4。

表 1-4 杆件截面选择计算结果表

杆件		内力 /kN	截面规格	面积 /cm²	计算长度/cm		回转半径/cm		长细比	[λ]	φ_{min}	应力 /(N/mm²)
名称	编号				l_{0x}	l_{0y}	i_x	i_y	λ_{max}			
上弦杆		−738.81	┓┏ 2∟140×90×10	44.60	150.8	301.6	2.54	6.77	58.91	150	0.886	−186.97
下弦杆		735.87	┓┏ 2∟125×80×10	39.42	300.0	600.0	2.26	6.11	132.74	350		186.67
斜腹杆	*Ca*	−540.03	┓┏ 2∟140×90×10	44.60	367.0		4.47	3.73	98.39	150	0.568	−213.17
	Ad	46.51	┓┏ 2∟50×32×4	6.36	131.0	163.7	1.59	1.55	105.61	350		140.63
	Cb	328.50	┓┏ 2∟90×8	27.88	301.8	377.2	2.76	4.09	109.35	350		117.83
	Ee	38.83	┓┏ 2∟63×5	12.29	166.9	208.6	1.94	2.97	86.03	350		31.59
	Gb	−116.04	┓┏ 2∟80×6	18.80	334.6	418.2	2.47	3.65	135.47	150	0.363	−170.03
	Ef	34.76	┓┏ 2∟63×5	12.29	151.2	189.0	1.94	2.97	77.94	350		28.28
	Gc	45.13 −56.39	┓┏ 2∟80×6	18.80	333.1	416.4	1.94	2.97	134.86	350		24.01 −82.18
	Jg	34.76	┓┏ 2∟63×5	12.29	184.4	230.5	1.94	2.97	95.05	350		28.28
竖杆	*Aa*	−79.32	┓┏ 2∟50×4	7.80	181.4		1.94	1.54	93.48	150	0.452	−169.49
	Bd	−48.96	┓┏ 2∟56×5	10.83	84.8	106.0	1.72	2.69	49.3	150	0.861	−52.51
	De	−48.47	┓┏ 2∟56×5	10.83	104.0	130.0	1.72	2.69	60.47	150	0.805	−55.60
	Eb	−51.84	┓┏ 2∟56×5	10.83	208.0	260.0	1.72	2.69	120.93	150	0.437	−109.54
	Ff	−48.47	┓┏ 2∟56×5	10.83	104.0	1300	1.72	2.69	60.46	150	0.805	−55.60
	Hg	−48.96	┓┏ 2∟56×5	10.83	128.0	160.0	1.72	2.69	74.42	150	0.591	−76.49
	Jc	46.51	┓┏ 2∟56×5	10.83	288.0		$i_{min}=2.17$		132.0	350		42.95

7. 节点设计

（1）下弦节点 b（图 1.38）。

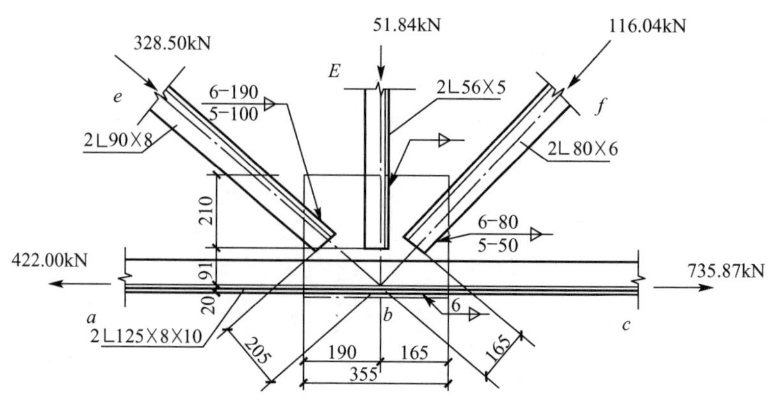

图 1.38　下弦杆节点 b

① 斜腹杆 Cb 与节点板连接焊缝计算。

$$N=328.50\text{kN}$$

设肢背与肢尖的焊脚尺寸分别为 6mm 和 5mm。

所需焊缝长度：

肢背：$l_w=\dfrac{0.7\times 328.50\times 10^3}{2\times 0.7\times 6\times 160}+10\approx 181$（mm），取 $l_w=190$mm。

肢尖：$l'_w=\dfrac{0.3\times 328.50\times 10^3}{2\times 0.7\times 5\times 160}+10\approx 97.99$（mm），取 $l'_w=100$mm。

② 斜腹杆 Gb 与节点板连接焊缝计算。

$$N=116.04\text{kN}$$

设肢背与肢尖的焊角尺寸分别为 6mm 和 5mm。

所需焊缝长度：

肢背：$l_w=\dfrac{0.7\times 116.04\times 10^3}{2\times 0.7\times 6\times 160}+10\approx 70.44$（mm），取 $l_w=80$mm。

肢尖：$l'_w=\dfrac{0.3\times 116.04\times 10^3}{2\times 0.7\times 5\times 160}+10\approx 41.08$（mm），取 $l'_w=50$mm。

③ 竖杆 Eb 与节点板连接焊缝计算。

$$N=51.84\text{kN}$$

因其内力很小，焊缝尺寸可按构造确定，取焊角尺寸 $h_f=5$mm，焊缝长度 $l_w\geqslant 50$mm。

④ 下弦杆与节点板连接焊缝计算。

焊缝受力为左右下弦杆的内力差 $N=735.87-422.04=313.83$（kN），设肢背与肢尖的焊角尺寸为 6mm，所需焊缝长度：

肢背：$l_w=\dfrac{0.75\times 313.83\times 10^3}{2\times 0.7\times 6\times 160}+10\approx 185.17$（mm），取 $l_w=190$mm。

肢尖：$l'_w=\dfrac{0.25\times 313.83\times 10^3}{2\times 0.7\times 6\times 160}+10\approx 68.39$（mm），取 $l'_w=70$mm。

⑤ 节点板尺寸。

根据以上求得的焊缝长度，并考虑杆件之间应有的间隙和制作装配等误差，按比例作出构造详图，从而定出节点板尺寸。本设计确定节点板尺寸可在施工图中完成，校核各焊缝长度不应小于计算所需的焊缝长度。

(2) 上弦杆节点 C（图 1.39）。

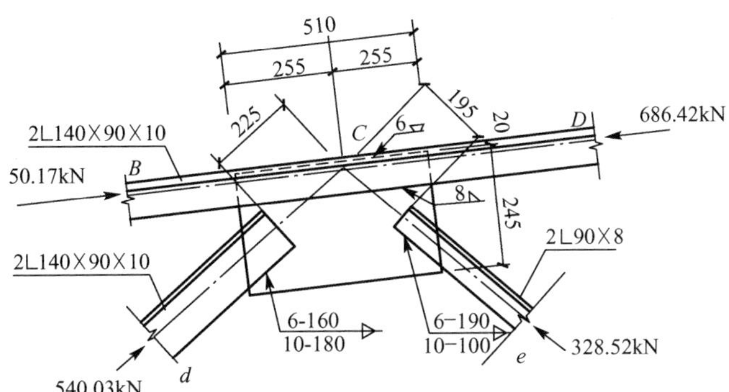

图 1.39　上弦杆节点 C

① 斜腹杆 Cb 与节点板连接焊缝计算，与下弦节点 b 中 Cb 杆计算相同。

② 斜腹杆 Cd 与节点板连接焊缝计算。

$$N=540.03\text{kN}$$

设肢背与肢尖的焊角尺寸分别为 10mm 和 6mm。

所需焊缝长度：

肢背：$l_w=\dfrac{0.65\times540.03\times10^3}{2\times0.7\times10\times160}+10\approx166.70$（mm），取 $l_w=170$mm。

肢尖：$l'_w=\dfrac{0.35\times540.03\times10^3}{2\times0.7\times6\times160}+10\approx150.63$（mm），取 $l'_w=160$mm。

③ 上弦杆与节点板连接焊缝计算。

为了便于在上弦上搁置大型屋面板，上弦节点板的上边缘可缩进上弦肢背 10mm。用槽焊缝将上弦角钢和节点板连接起来。槽焊缝可按两条焊缝计算，计算时可略去上弦坡度的影响，而假定集中荷载 p 与上弦垂直。

假定集中荷载 p 由槽焊缝承受，$p=48.96$kN。

所需槽焊缝长度：

$l_w=\dfrac{p}{2\times0.7\times h_f\times f_f^w}+10=\dfrac{48.96\times10^3}{2\times0.7\times5\times160}+10\approx44.71$（mm），取 $l_w=50$mm。

上弦肢尖焊缝受力为左右上弦弦杆的内力差，$\Delta N=686.42-50.17=636.25$（kN），偏心距 $e=90-21.2=68.8$（mm），设肢尖焊脚尺寸 10mm，所需焊缝长度为 410mm。

$$\tau_f=\frac{\Delta N}{2h_e\sum l_w}=\frac{636.25\times10^3}{2\times0.7\times10\times(410-10)}\approx114(\text{N/mm}^2)$$

$$\sigma_f=\frac{M}{W_f}=\frac{6\times636.25\times10^3\times68.8}{2\times0.7\times10\times(410-10)^2}\approx117(\text{N/mm}^2)$$

$\sqrt{(\sigma_f/1.22)^2+(\tau_f)^2}\approx149\ (N/mm^2)$，$149N/mm^2<160N/mm^2$。

④ 节点板尺寸：方法同前，在施工图上确定。

（3）屋脊节点 J（图 1.40）。

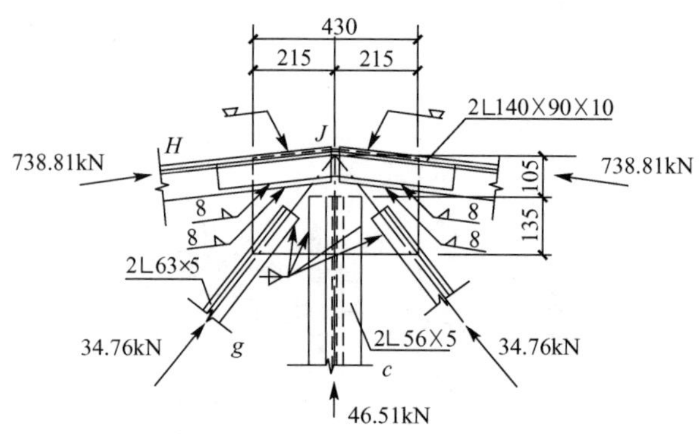

图 1.40　屋脊节点 J

① 上弦杆与拼接角钢连接焊缝计算。

上弦杆一般用与上弦杆同号角钢进行拼接，为使拼接角钢与上弦杆之间能够密合，并便于施焊，需将拼接角钢进行切肢切棱。拼接角钢的这部分削弱可以靠节点板来补偿。拼接一侧的内力可按上弦杆内力计算，$N=738.81kN$。

设肢尖、肢背焊脚尺寸为 8mm。

所需焊缝长度：

$$l_w=\frac{N}{4\times0.7\times h_f\times f_f^w}+10=\frac{738.81\times10^3}{4\times0.7\times8\times160}+10\approx216.14(mm)$$

取 $l_w=220mm$，拼接角钢长度取 $2\times220+50=490$（mm）。

② 上弦杆与节点板的连接焊缝计算。

上弦肢背与节点板用槽焊缝，假设承受节点荷载，验算从略。

上弦肢尖与节点板用角焊缝，按上弦杆内力的 15％计算。$N=738.81\times15\%=110.82$（kN），设焊脚尺寸为 8mm，上弦杆一侧焊缝长度为 200mm。

$$\tau_f=\frac{N}{2h_e\sum l_w}=\frac{110.82\times10^3}{2\times0.7\times8\times(200-10)}\approx49.47(mm)$$

$$\sigma_f=\frac{M}{W_f}=\frac{6\times110.82\times10^3\times68.8}{2\times0.7\times8\times(200-10)^2}\approx102.11(mm)$$

$\sqrt{(\sigma_f/1.22)^2+(\tau_f)^2}=\sqrt{(102.11/1.22)^2+49.47^2}\approx97(N/mm^2)$，$97N/mm^2<160N/mm^2$。

③ 竖杆 Jc 与支座节点板的连接焊缝计算。

$N=46.51kN$，此杆内力很小，焊缝尺寸可按构造确定，取焊脚尺寸 $h_f=5mm$，焊缝长度 $l_w\geqslant50mm$。

（4）下弦跨中节点 c（图 1.41）。

① 下弦杆与拼接角钢连接焊缝计算。

拼接角钢与下弦杆截面相同，传递弦杆内力 $N=735.87kN$，设肢尖、肢背焊脚尺寸为 8mm，则所需焊缝长度：

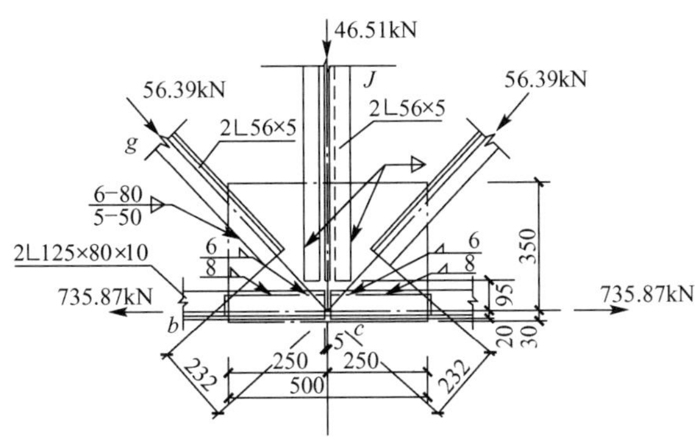

图 1.41 下弦跨中节点 c

$$l_w=\frac{N}{4\times0.7\times h_f\times f_f^w}+10=\frac{735.87\times10^3}{4\times0.7\times8\times160}+10\approx215.32(\text{mm})$$

取 $l_w=220\text{mm}$，拼接角钢长度不小于 $2\times220+10=450$（mm）。

② 下弦杆与节点板连接焊缝计算。

下弦杆与节点板连接焊缝内力按下弦杆内力的 15% 计算。$N=735.87\times15\%\approx110.38$（kN），设肢背、肢尖焊脚尺寸为 6mm，下弦杆一侧所需焊缝长度：

肢背：$l_w=\dfrac{0.75\times110.38\times10^3}{2\times0.7\times6\times160}+10\approx71.60$（mm），取 $l_w=80\text{mm}$。

肢尖：$l'_w=\dfrac{0.25\times110.38\times10^3}{2\times0.7\times6\times160}+10\approx30.53$（mm），按构造要求取 50mm。

③ 腹杆与节点板连接焊缝计算，计算过程省略（内力较小可按构造要求设计）。

（5）端部支座节点 a（图 1.42）。

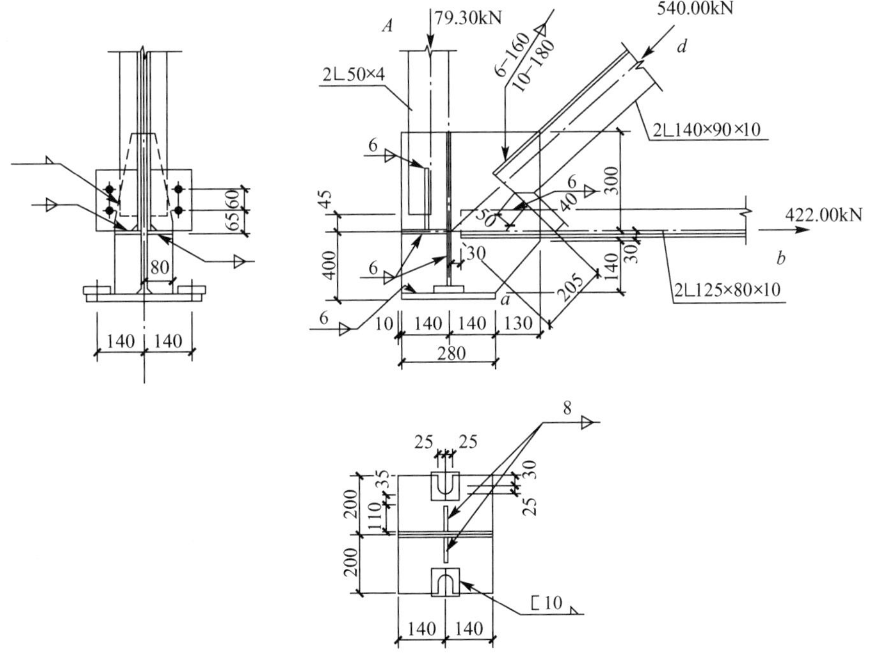

图 1.42 端部支座节点 a

为便于施焊，下弦角钢水平肢的底面与支座底板间的距离一般不应小于下弦伸出肢的宽度，故可取为140mm。在节点中心线上设置加劲肋，加劲肋的高度与支座节点板的高度相同，厚度与端部节点板的厚度相同，为12mm。

① 支座底板计算。

支座反力 $R=\dfrac{48.96\times15+2\times0.5\times51.84}{2}=393.12$（kN）

取加劲肋的宽度为80mm，考虑支座底板上有开孔，按构造要求取支座底板尺寸为280mm×380mm。偏安全地取有加劲肋部分的支座底板承受支座反力，则承压面积：

$$A_n=280\times(2\times80+12)=48160(\text{mm}^2)$$

验算柱顶混凝土的抗压强度：

$\sigma=\dfrac{R}{A_n}=\dfrac{391.12\times10^3}{48160}\approx8.1(\text{N/mm})^2$，$8.1\text{N/mm}^2<f_c=12.5\text{N/mm}^2$，满足强度要求。

支座底板的厚度按支座反力作用下的弯矩计算，支座节点板和加劲肋将支座底板分成四块，每块支座节点板为两边支承而另两边自由，其单位宽度的最大弯矩见式(1-25)。

$$M=\beta\sigma a_1^2 \tag{1-25}$$

式中 σ——支座底板反力作用下的平均应力；

a_1——两支承边对角线长；

β——系数，由 b_1/a_1 决定。

$\sigma=8.1\text{N/mm}^2$，$a_1=\sqrt{(140-10/2)^2+80^2}\approx156.92$（mm），$b_1$ 为两支承边的交点到对角线 a_1 的垂直距离。由相似三角形的关系，得 $b_1=\dfrac{140\times80}{156.92}\approx71.37$（mm）。

$b_1/a_1=0.4$，查表1-2得 $\beta=0.0439$。

故 $M=0.0439\times8.13\times156.92^2\approx8788.4$（N·mm）

底板厚度 $t=\sqrt{6M/f}=\sqrt{\dfrac{6\times9048.7}{215}}\approx15.66$（mm），取 $t=20$mm。

② 加劲肋与节点板的连接焊缝计算。

偏安全地假定一个加劲肋的受力为支座反力的1/4，则焊缝受力：

$$V=\frac{391.12\times10^3}{4}=97.78\times10^3(\text{N})$$

$$M=Ve=97.78\times10^3\times47.5\approx4.6\times10^6(\text{N}\cdot\text{mm})$$

$$\sigma_f=\frac{6M}{W_f}=\frac{4.6\times10^6\times6}{2\times0.7\times6\times(210-10)^2}\approx8.21(\text{N/mm}^2)$$

设焊脚尺寸为6mm，焊缝长度为210mm，则焊缝应力：

$\sqrt{\left(\dfrac{\sigma_f}{1.22}\right)^2+\tau^2}=\sqrt{\left(\dfrac{8.21}{1.22}\right)^2+\left(\dfrac{97.78\times10^3}{2\times0.7\times6\times200}\right)^2}\approx59$（$\text{N/mm}^2$），$59\text{N/mm}^2<160\text{N/mm}^2$

加劲肋高度不小于210mm即可。

③ 节点板、加劲肋与支座底板的连接焊缝计算。

设支座底板连接焊缝传递全部支座反力 $R=391.12$kN。

节点板、加劲肋与支座底板的连接焊缝总长度：

$$\sum l_w=2\times(280-10)+4\times(80-10-20)=740(\text{mm})$$

设焊脚尺寸为 8mm，验算焊缝应力：

$$\sigma_f=\frac{R}{1.22h_e\sum l_w}=\frac{391.12\times10^3}{1.22\times0.7\times8\times740}\approx77\ (\mathrm{N/mm^2}),\ 77\mathrm{N/mm^2}<160\mathrm{N/mm^2}$$

④ 下弦杆、腹杆与节点板的连接焊缝计算。

下弦杆、腹杆与节点板的连接焊缝计算同前，计算过程从略。

1.7 三铰拱钢屋架设计

1.7.1 三铰拱钢屋架的特点

(1) 三铰拱钢屋架由两根斜梁和一根水平拉杆组成。斜梁的腹杆较短，一般长为0.6～0.8m，这样有利于杆件受力及截面选择，其用钢指标与三角形钢屋架相近。

(2) 三铰拱钢屋架的杆件受力合理，能充分利用普通圆钢和小角钢，做到取材容易、小材大用。

(3) 三铰拱钢屋架多用于屋面坡度为 1/3～1/2 的石棉水泥瓦、小波瓦，黏土瓦或水泥平瓦屋面，但也有个别工程用于无檩钢屋盖体系。

(4) 由于三铰拱钢屋架的杆件多数采用圆钢，不用节点板连接，故存在节点偏心。

(5) 圆钢不能承压，且无法设置垂直支撑及下弦水平支撑，故整个钢屋盖结构刚度较差，不宜用于有振动荷载及屋架跨度超过 18m 的工业厂房。

(6) 在风吸力作用下，下部水平拉杆可能受压，当三铰拱钢屋架用于开敞式或风荷载较大的房屋中时，应进行详细验算。

1.7.2 三铰拱钢屋架的外形

在三铰拱钢屋架中，为使下部水平拉杆不致过分下垂，往往要加一两根竖直吊杆。斜梁的几何轴线一般取其上弦的形心线，有时也取斜梁的形心线。下部水平拉杆可与支座节点相连，也可与斜梁下弦弯折处相连，由于后者可改善斜梁弦杆的受力情况，故常采用。

按斜梁截面的不同，三铰拱钢屋架可分为两种：一种是平面桁架式，这种钢屋架的杆件较少、构造简单、受力明确、用料较省，但其侧向刚度较差，只能用于小跨度钢屋盖，如图 1.43 (a) 所示；另一种是空间桁架式，它的斜梁截面为倒三角形，高度与长度之比为1/18～1/12，一般取 1/15；宽度与高度之比为 1/2.5～1/1.5，一般取 1/2。满足上述尺寸要求的三铰拱斜梁，可不计算其整体稳定性。空间桁架式的钢屋架杆件较多，侧向刚度较好，便于运输安装，宜用于大跨钢屋盖，如图 1.43 (c) 所示。

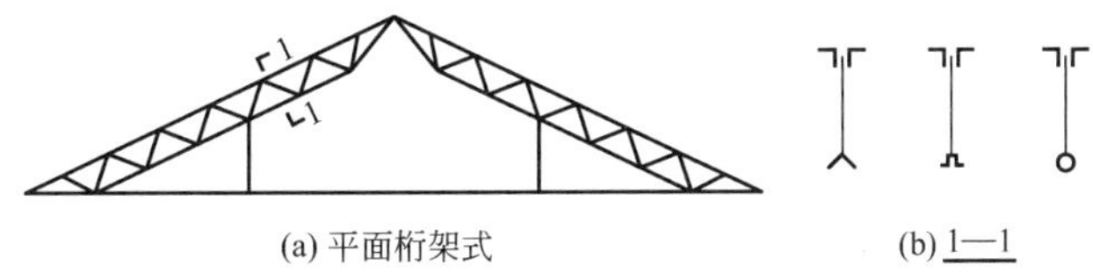

图 1.43 三铰拱钢屋架

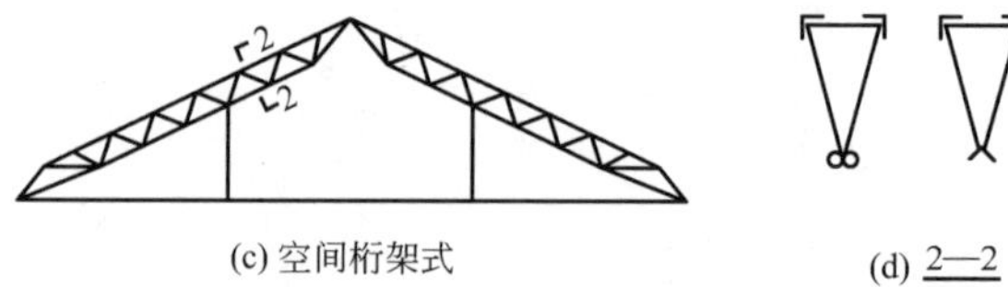

(c) 空间桁架式　　(d) 2—2

图 1.43　三铰拱钢屋架（续）

1.7.3　三铰拱钢屋架杆件的选择

1. 斜梁

三铰拱钢屋架有平面桁架式和空间桁架式两种，其杆件选择应符合下列规定。

(1) 上弦杆。平面桁架式斜梁的上弦杆与一般三角形钢屋架相同，多采用两个角钢组成的T形截面。空间桁架式斜梁的上弦杆为由缀条相连的两个角钢组成的分离式截面。由于圆钢受压的性能不好，且与支撑连接构造较复杂，故不宜采用。

(2) 腹杆。腹杆多采用V形腹杆，由于腹杆的倾角大，故内力较小。杆件长度也较短，能较好地利用材料的强度，且规格划一、节点简单，为工厂制造提供了方便。大多数腹杆采用圆钢截面，加工时可以连续变成“蛇”形，也可分别做成数个V形或W形。少数设计中，腹杆选用了小角钢，与上、下弦杆直接焊接。三铰拱斜梁节间的划分应与檩条的间距相协调，避免上弦杆有节间荷载，腹杆的倾角以40°～60°为宜。

(3) 下弦杆。斜梁的下弦杆可采用单角钢、单圆钢和双圆钢。单角钢截面的下弦杆，角钢肢应朝下布置。圆钢截面的下弦杆，多用双圆钢并列组成，中间施以间断焊缝，便于与腹杆连接，避免节点外焊缝过于集中的现象。

2. 下部水平拉杆

下部水平拉杆为主要的受拉杆件，由单圆钢或双圆钢组成。大多数拉杆均有张紧装置，钢屋架跨度较大时，跨中设置花篮螺栓；跨度较小时，可在拉杆端头用螺帽紧固。

为了防止下部水平拉杆下垂，三铰拱钢屋架应设置圆钢吊杆；当钢屋架跨度小于12m时设置一根，当钢屋架跨度大于或等于12m时设置两根。圆钢吊杆的直径一般为12mm。

3. 斜梁组合截面

为了保证斜梁整体稳定性，其组合截面尺寸应符合下列要求。

(1) 组合截面高度与长度的比值不得小于1/18。

(2) 组合截面宽度与高度的比值不得小于2/5。平面桁架式斜梁因其平面外的稳定性与一般三角形角钢屋架相同，均由上弦杆支撑，故其截面宽度无上述要求。

1.7.4　三铰拱钢屋架的内力分析

1. 平面桁架式

平面桁架式斜梁可按一般结构力学的方法计算杆件内力。屋架的节点荷载用檩条传递到斜梁节点上，求出屋架支座反力和下部水平拉杆内力后，可用图解法或数解法计算桁架杆件内力。

2. 空间桁架式

空间桁架式斜梁是由两个平面桁架组成的，可以按假想平面桁架计算其杆件的内力。空间桁架的杆件可不认为是单面连接的单圆钢或单角钢杆件，即不考虑所规定的折减系数。其杆件内力计算方法有以下两种。

(1) 精确法。

将空间桁架分解为两个平面桁架，分别计算腹杆内力，计算见式(1-26)～式(1-29)。平面桁架的高度为 h，其节点荷载均为 $p/2$，如图 1.44 所示。

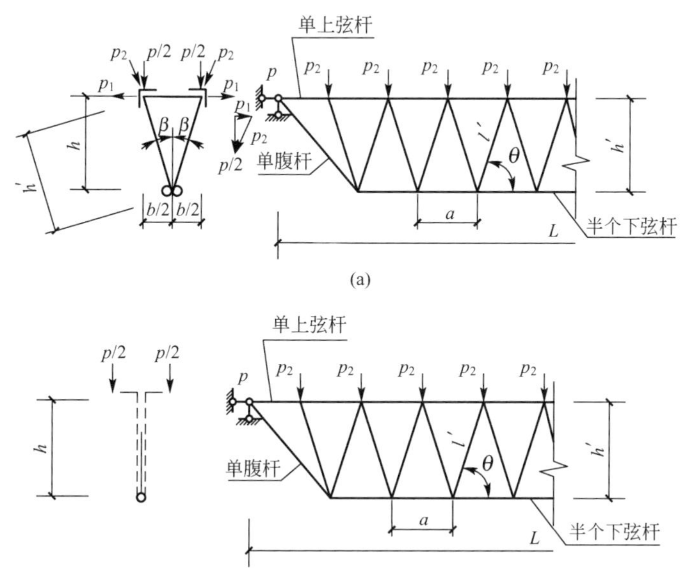

图 1.44　空间桁架式腹杆内力计算简图

空间桁架节点的荷载：

$$p_2=\frac{p}{2\cos\beta}=\frac{ph'}{2h} \tag{1-26}$$

第 i 节间的剪力：

$$V_{ki}=a_1 p_2=a_1\ \frac{p}{2}\cdot\frac{h'}{h} \tag{1-27}$$

第 i 节间斜腹杆的轴心力：

$$S_{ki}=\frac{V_{ki}}{\sin\theta'}=\frac{V_{ki}l'}{h}=a_1\ \frac{ph'}{2h}\cdot\frac{l'}{h'}=a_1\ \frac{pl'}{2h} \tag{1-28}$$

第 i 节间一根上弦杆的轴心力：

$$N_{ki}=\frac{M_{ki}}{h'}=\frac{a_2 p_2 L}{h'}=a_2\ \frac{ph'}{2h}\cdot\frac{L}{h'}=a_2\ \frac{pL}{2h} \tag{1-29}$$

式中　a_1，a_2——相应的剪力系数和弯矩系数。

为简化说明，图 1.44 把斜梁按水平放置。当斜梁为倾斜放置时，上述分析原理相同，这种计算方法所得结果与实际较接近，但计算较麻烦。

(2) 近似法。

为了简化计算，可按假想将空间桁架看作高度为 h 的平面桁架，其荷载为 p，如

图 1.44（b）所示。近似法计算空间桁架式腹杆内力见式(1-30)～式(1-33)。

i 节间的剪力：

$$V_{pi}=a_1 p \tag{1-30}$$

i 节间一根斜腹杆的轴心力：

$$S_{pi}=\frac{V_{pi}}{2\sin\theta}=a_1\ \frac{pl}{2h} \tag{1-31}$$

i 节间一根上弦杆的轴心力：

$$N_{pi}=\frac{M_{pi}}{h}=a_1\ \frac{pL}{2h} \tag{1-32}$$

两者相比，弦杆轴心力完全相同，腹杆轴心力的比值：

$$\frac{S_{ki}}{S_{pi}}=\frac{l'}{l}=\frac{\sqrt{h^2+\left(\frac{b}{2}\right)^2+\left(\frac{a}{2}\right)^2}}{\sqrt{h^2+\left(\frac{a}{2}\right)^2}}=\sqrt{\frac{4h^2+b^2+a^2}{4h^2+a^2}} \tag{1-33}$$

最不利情况下 $a=0$（相当于竖腹杆），$b/h=1/1.6$，得$\frac{S_{ki}}{S_{pi}}=1.048$，说明精确法和近似法计算的轴心力相差小于5%。如取腹杆倾角 $\theta=60°$，$b/h=1/2$，得$\frac{S_{ki}}{S_{pi}}=1.023$，精确法和近似法计算的轴心力相差小于3%。因此，按近似法计算的空间桁架式腹杆内力偏小，但相差不大，是一种简便可行的计算方法。

1.7.5 三铰拱钢屋架的节点构造

1. 节点焊缝计算

节点偏心会使连接焊缝的工作条件恶化。当连接的节点受力较小时，一般可按构造要求确定焊缝尺寸。当连接的节点受力较大时，计算焊缝时应考虑节点偏心的影响。

(1) 斜腹杆连续时，其节点的连接形式如图 1.45 所示。节点焊缝的受力计算见式(1-34)～式(1-38)。

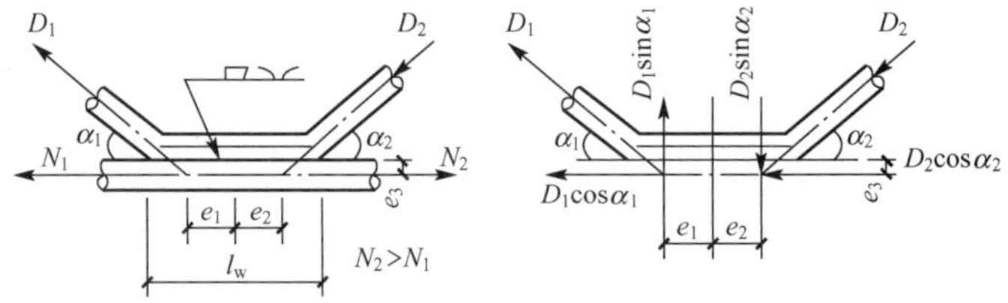

图 1.45 腹杆连续时的节点形式

① 焊缝所受到的轴心力。

$$N=N_2-N_1 \quad 或 \quad N=D_1\cos\alpha_1+D_2\cos\alpha_2 \tag{1-34}$$

② 焊缝所受到的弯矩。

$$\begin{aligned} M &=D_1\sin\alpha_1 e_1+D_2\sin\alpha_2 e_2+(D_1\cos\alpha_1+D_2\cos\alpha_2)e_3 \\ &=D_1\sin\alpha_1 e_1+D_2\sin\alpha_2 e_2+Ne_3 \end{aligned} \tag{1-35}$$

③ 焊缝所受到的应力。

$$\tau_f = \frac{N}{2l_w h_e} \tag{1-36}$$

$$\sigma_f = \frac{6M}{2l_w^2 h_e} \tag{1-37}$$

$$\tau = \sqrt{\tau_f^2 + \left(\frac{\sigma_f}{\beta_f}\right)^2} \leqslant f_f^w \tag{1-38}$$

式中 f_f^w——角焊缝的抗剪强度设计值；

β_f——正面角焊缝的强度设计值增大系数，取 1.22。

(2) 斜腹杆断开时，其节点的连接形式如图 1.46 所示。节点焊缝的受力计算见式(1-39) ～式(1-45)。

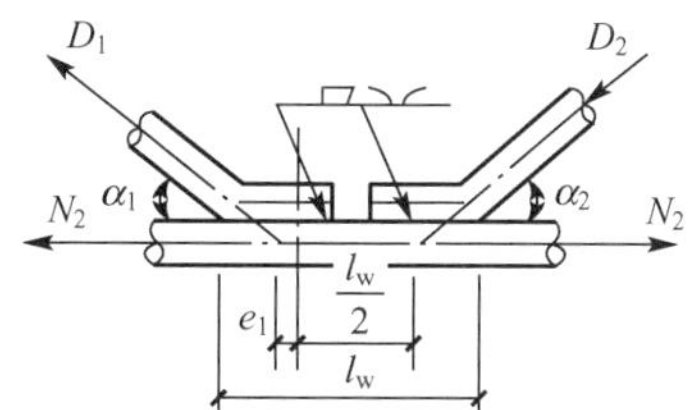

图 1.46 斜腹杆断开时的节点形式

① 焊缝所受轴心力、剪力和弯矩。

$$N = D_1 \cos\alpha_1 \tag{1-39}$$

$$V = D_1 \cos\alpha_1 \tag{1-40}$$

$$M = Ve_1 = D_1 \cos\alpha_1 e_1 \tag{1-41}$$

② 焊缝应力。

$$\tau_f = \frac{N}{2l_w h_e} \tag{1-42}$$

$$\sigma_f' = \frac{V}{2l_w h_e} \tag{1-43}$$

$$\sigma_f = \frac{6M}{2l_w^2 h_e} \tag{1-44}$$

$$\sqrt{\tau_f^2 + \left(\frac{\sigma_f'}{\beta_f}\right)^2} \leqslant f_f^w \tag{1-45}$$

2. 节点构造

(1) 三铰拱钢屋架支座节点的做法如图 1.47 所示。

(2) 三铰拱钢屋架中间节点和屋脊节点的做法分别如图 1.48、图 1.49 所示。

3. 节点纠偏措施

在三铰拱钢屋架中，圆钢腹杆与弦杆的连接很难避免偏心，一般采取下列措施以减小其不利影响。

(1) 采用围焊以缩短焊缝长度。

(2) 斜梁的上、下弦杆均宜采用角钢截面。

(3) 连接弯折的圆钢腹杆如果需断开时，应在上弦杆节点处断开。

（4）选择截面时，宜留有一定余量：上弦杆5%～10%，下弦杆5%～10%，腹杆10%～20%。连接偏心较小时，取较小余量，否则取较大余量。

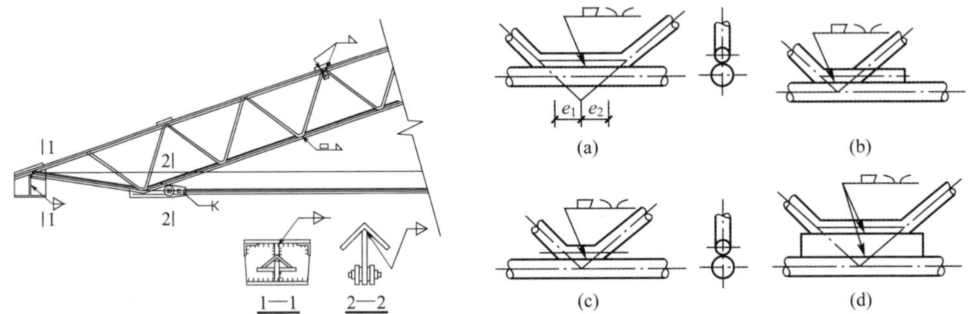

图1.47　三铰拱钢屋架支座节点的做法　　图1.48　三铰拱钢屋架中间节点的做法

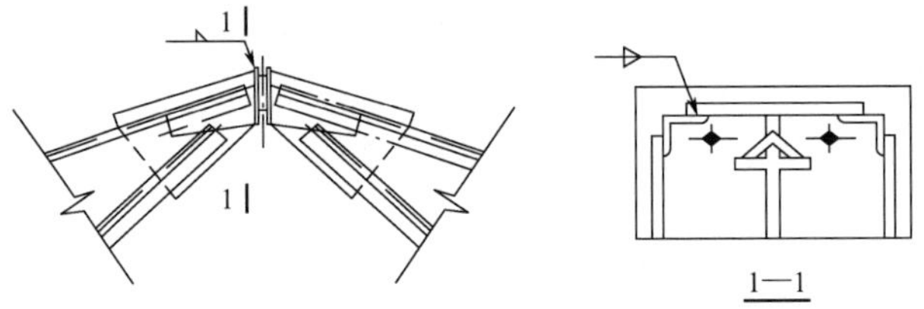

图1.49　三铰拱钢屋架屋脊节点的做法

1.8　钢屋盖结构设计软件应用

比较常用的钢屋盖结构设计软件有PKPM-STS、3D3S，这两种软件有各自的特点。本章主要介绍中国建筑科学研究院研发的PKPM-STS钢结构分析与设计软件在钢屋盖结构分析与设计中的应用。

1.8.1　软件应用操作流程

采用PKPM-STS进行钢屋盖结构分析与设计，其基本操作流程如图1.50所示。

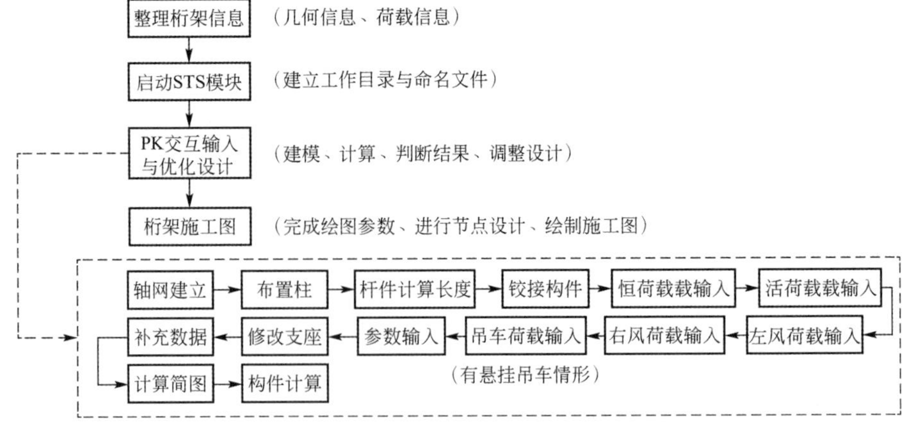

图1.50　PKPM-STS进行钢屋盖结构分析与设计的基本操作流程

1.8.2 软件操作使用说明

1. 建立工作目录

在PKPM系列软件操作界面中，选取“钢结构”模块，显示STS模块操作界面。选择“桁架”菜单，进入钢屋架的建模操作界面，如图1.51所示。单击“应用”菜单，进入STS-PK交互输入与优化计算界面。单击“新建工程文件”菜单，进入钢屋架建模界面（图1.52）。

图1.51 钢屋架的建模操作界面

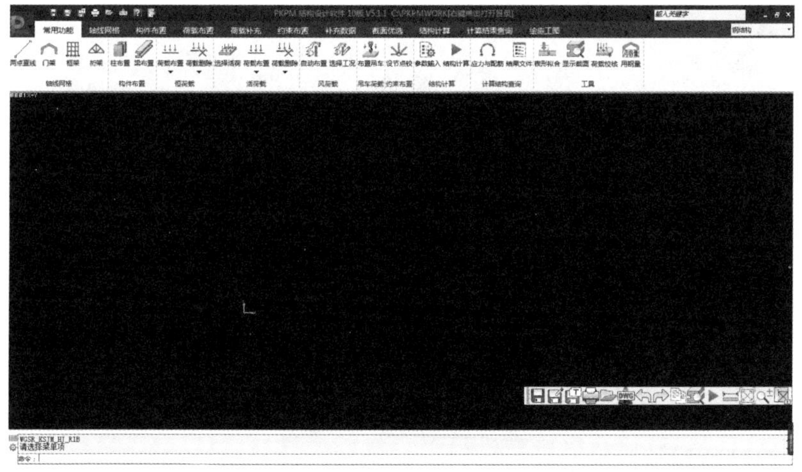

图1.52 钢屋架建模界面

2. 钢屋架二维模型输入

（1）轴网建立。

单击“常用功能”“桁架”命令，打开“桁架网线输入向导”对话框（图1.53），单击

“确定”按钮即可得到钢屋架杆件的轴网（图1.54）。

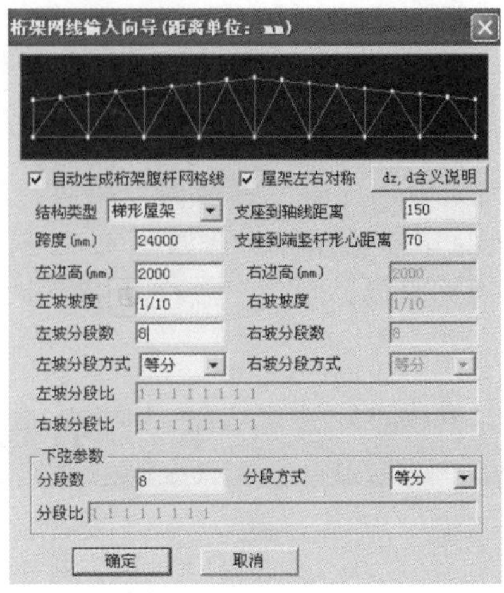

图1.53 “桁架网线输入向导”对话框

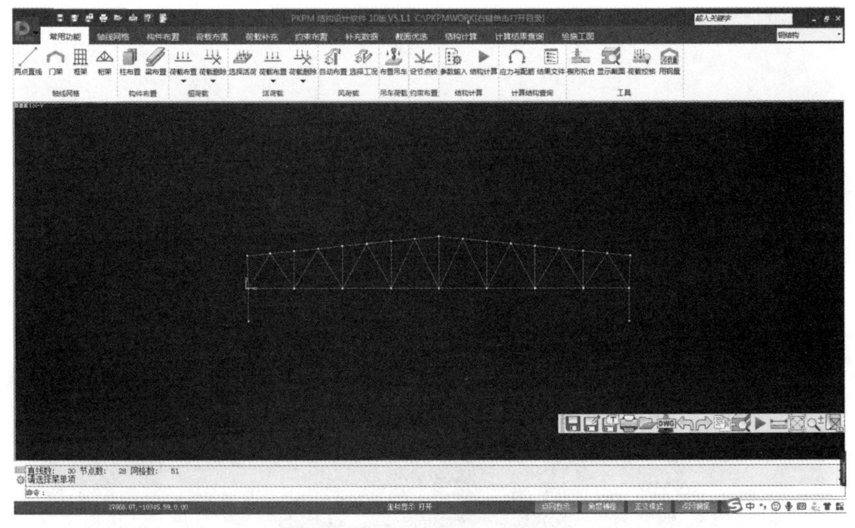

图1.54 钢屋架杆件的轴网

在图1.53中，跨度处输入的数值是钢屋架的标志跨度，钢屋架的实际跨度＝“标志跨度”－“支座到轴线距离”，其他参数根据实际填写即可。

STS程序设定：桁架建模时需要设置两根高度在2～3m的端立柱。使用快速建模方式形成网格线时，程序会自动生成这两根端立柱。如果不是采用快速建模方式形成网格线，则需要人工添加这两根端立柱。

（2）布置柱。

应当注意：在钢屋架STS建模时，所有构件均需按杆件输入。单击“常用功能”“柱布置”命令可以完成杆件截面的输入，先进行杆件截面定义，后进行杆件布置即可，如图1.55所示。本章算例钢屋架杆件初选截面见表1-5。

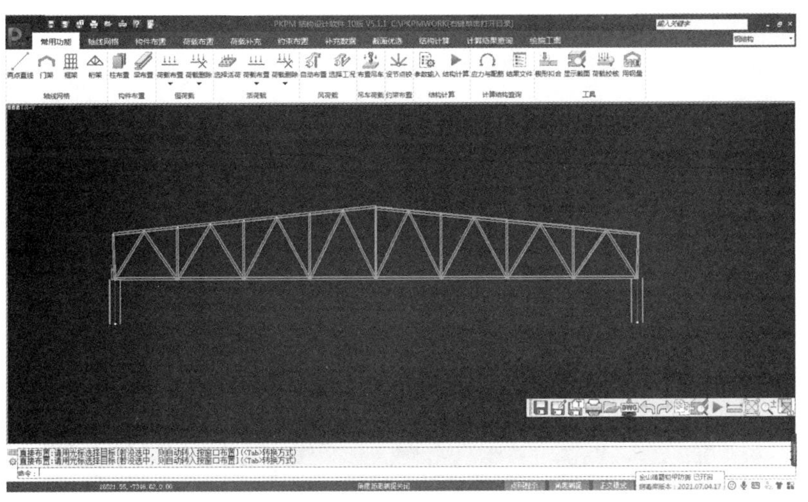

图 1.55 杆件截面布置

表 1-5 钢屋架杆件截面初选表

项次	名称	截面规格	截面形式	l_{0x}/cm	l_{0y}/cm	i_{0x}/cm	i_{0y}/cm
1	上弦杆	2∟180×110×16	短肢相拼 T 形	150.8	300.0	3.055	8.760
2	下弦杆	2∟180×110×14	短肢相拼 T 形	300.0	1185.0	3.082	8.720
3	斜腹杆	2∟110×14		254.3	254.3	3.320	5.000
4	中竖杆	2∟50×5	十字形	320.0	320.0	i_{min}=1.925	
5	竖腹杆	2∟80×8		290.0	290.0	2.440	3.690

(3) 检查与修改杆件计算长度。

单击“构件布置”“计算长度”命令，即可进行杆件平面外计算长度设置（图 1.56），修改上弦杆的平面外计算长度为 3000mm，修改下弦杆平面外计算长度为 11850mm。

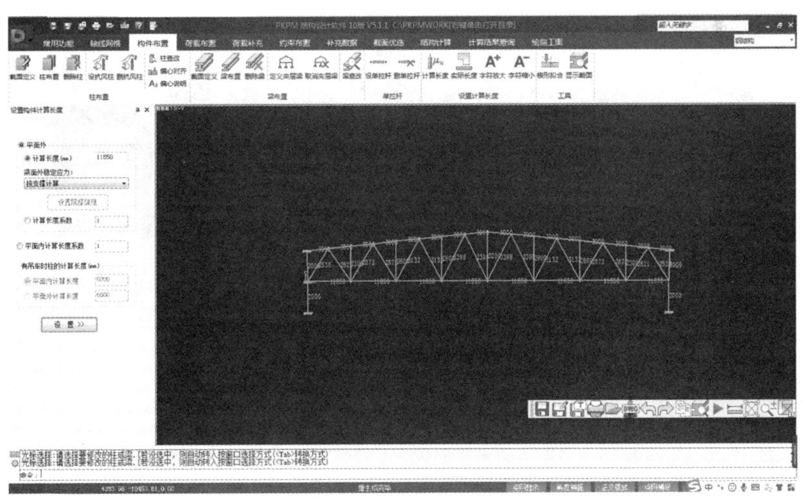

图 1.56 杆件平面外计算长度设置

（4）铰接构件。

桁架所有节点均为铰接点，单击“约束布置”“节点铰”命令，按“Tab”键转成窗选方式，即可布置构件。

（5）删除多余支座。

软件默认桁架模型的上下弦杆与柱的连接部位为支座，需删除。单击“约束布置”“删除支座”命令，选择需删除的多余支座（图1.57）。

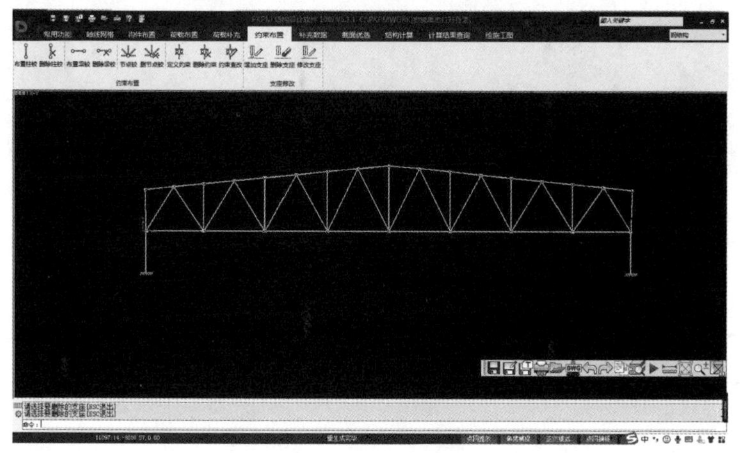

图1.57　删除多余支座

（6）恒荷载输入。

单击“荷载布置”“恒荷载”“节点恒载”命令，即可输入恒荷载（图1.58）。

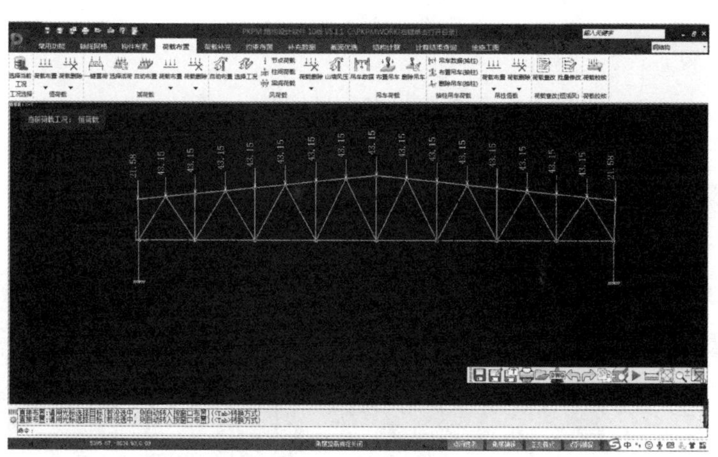

图1.58　恒荷载输入

（7）活荷载输入。

本章工程算例屋面活荷载为0.70kN/m^2，屋面雪荷载为0.40kN/m^2，屋面积灰荷载为0.60kN/m^2，故屋面活荷载Q_k按1.3kN/m^{2}考虑，节点集中荷载$F=1.3\times1.5\times7.5=15$（kN）。通过单击“荷载布置”“活荷载”“节点荷载”命令即可输入活荷载（图1.59）。

（8）风荷载输入。

本章工程算例屋盖为无檩钢屋盖体系，屋面坡度很平缓，为1∶10，可以不考虑风吸力的作用。设计操作中应注意两点。

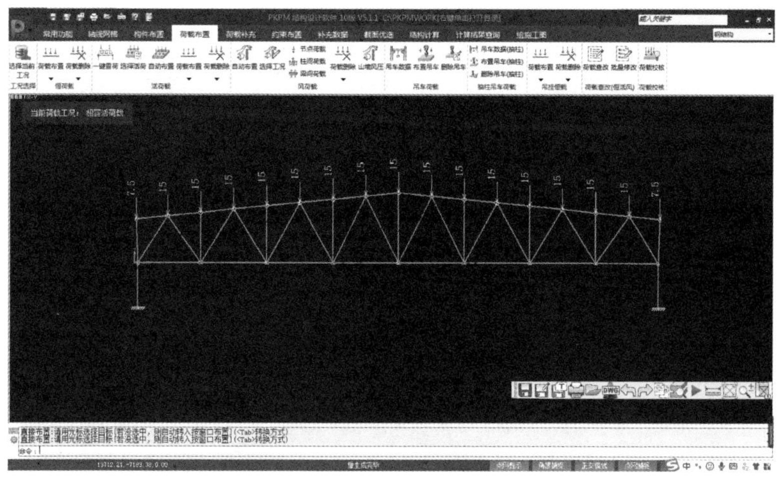

图 1.59 活荷载输入

① 桁架的风荷载不能采取程序自动布置的方式，必须按节点风荷载的形式人工输入。

② 布置风荷载的时候注意选择节点位置是左坡还是右坡（两者不同）。

(9) 参数输入。

单击“结构计算”“参数输入”命令，打开“钢结构参数输入与修改”对话框，如图 1.60 所示。根据桁架结构的实际情况，完成对话框的结构类型参数、总信息参数等的设置。

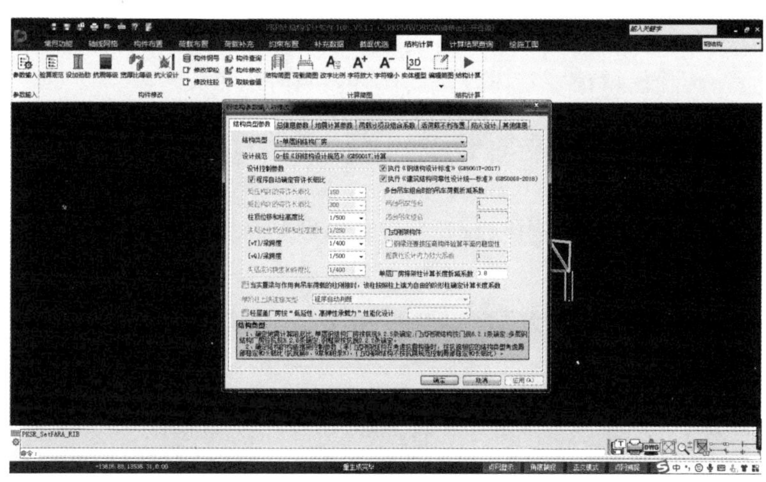

图 1.60 “钢结构参数输入与修改”对话框

(10) 计算简图。

单击“结构计算”“计算简图”命令，依次查看：“结构简图”“恒荷载简图”“活荷载简图”，检查模型输入是否正确。

3. 设计分析

(1) 钢屋架结构计算。

建模完成后，单击“结构计算”按钮，即可完成对钢屋架的结构分析。

（2）分析结果总体检查。

分析完成后，程序自动进入“计算结果查询”界面，分别单击界面中的“应力与配筋”“结果文件”“设计内力”“支座反力”命令，可查询相应结构计算结果。其中，应重点检查“应力与配筋”和“结果文件”中的相关信息。图1.61所示为配筋包络和钢结构应力比计算结果。

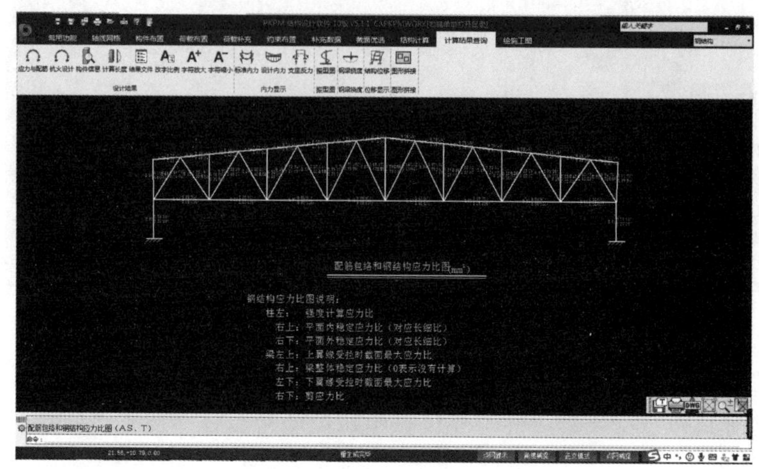

图1.61　配筋包络和钢结构应力比计算结果

（3）杆件截面修改。

当计算结果不符合结构安全受力要求（如杆件截面强度应力比和稳定应力比过大或过小、结构挠度过大）时，应根据计算结果，有针对性地修改结构模型截面（在原结构模型上）或重新进行结构建模设计，具体操作过程可参照前述相关步骤。

4. 桁架施工图绘制

（1）设计参数设置。

单击“绘施工图”“初始化连接数据”“设计参数”命令，可根据实际情况编辑桁架结构设计参数，如图1.62所示。

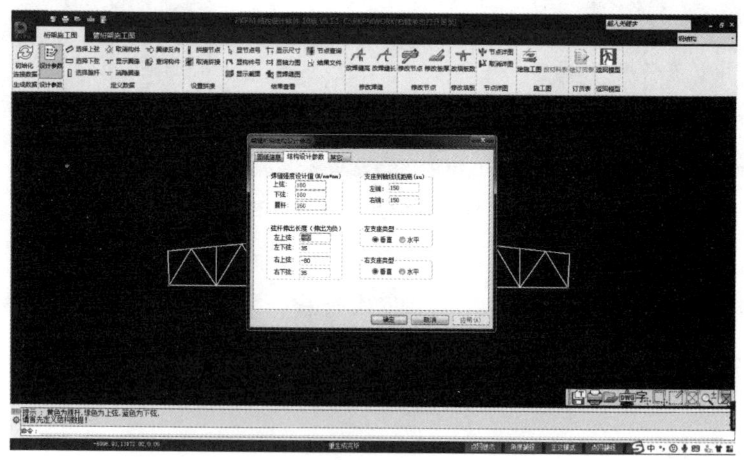

图1.62　编辑桁架结构设计参数

（2）定义数据。

这个菜单的主要作用一是检查程序自动标记的杆件是否与实际相符，二是通过“翼缘反向”设置需要的翼缘朝向，方法如下。

① 首先单击“显示翼缘”命令，把程序默认的翼缘方向显示出来，如图 1.63 所示。

② 再单击“翼缘反向”命令，选择需要反向的杆件即可。

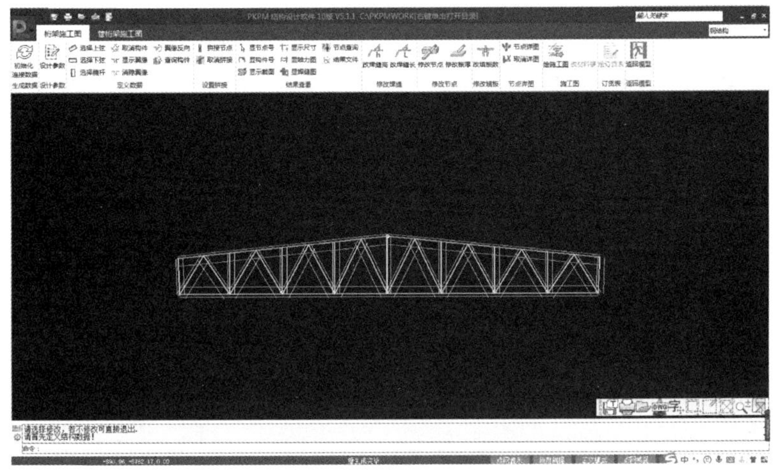

图 1.63　定义数据

（3）设置拼接点。

单击“拼接节点”命令，打开图 1.64 所示的界面，检查程序默认的拼接节点是否正确，并可根据需要另外设置拼接节点或删除已有拼接节点。

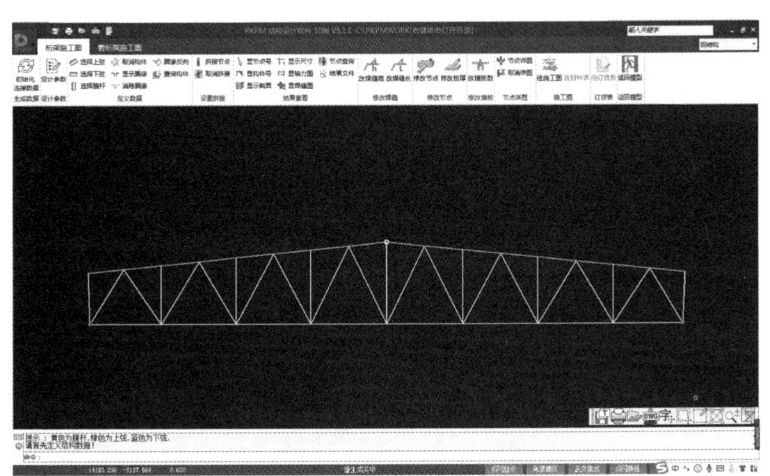

图 1.64　“拼接节点”界面

（4）结果查看。

分别单击“结构查看”中的相关命令，可检查构件的节点号、构件号、构件截面、尺寸、杆件轴力和结果文件等检查数据。

（5）修改焊缝、修改节点、修改填板。

单击“修改焊缝高”“修改焊缝长”“修改节点”“修改厚度”“修改填板”命令，在模型上的相应部位进行选择，可依次对结构模型中的各连接节点和杆件的上述参数进行修改。

（6）选择节点详图、绘制施工图。

单击“节点详图”及“绘施工图”命令，可完成节点详图的绘制及钢屋架施工图的绘制。钢屋架施工图主要有几何简图、内力简图、立面图、节点详图和材料表等，软件生成图面一般都不能让人满意，可在“移动图块”和“移动标注”选项中对其进行编辑修改，还可以将图形文件转换成CAD文件，在AutoCAD中对其进行编辑。

（7）支撑绘图。

对于桁架的支撑绘图，用户进入主页面的工具箱，单击“桁架水平撑”“桁架垂直撑”命令，打开相应界面后，单击相应命令就可以完成有关操作。

1.9 工程应用

某机械加工厂厂房跨度为24m，总长为84m，总建筑面积为2068m^2，结构类型为混凝土柱钢屋架的排架体系。钢屋架间距7.5m，车间内设一台25t/3t中级工作制吊车，钢屋架支撑在钢筋混凝土柱上；柱截面为400mm×400mm，混凝土标号为C25；屋面材料为1.5m×6.0m大型屋面板；屋面坡度为1∶10；钢材采用Q235B钢，焊接材料采用E43系列；雪荷载为0.40kN/m^2，屋面积灰荷载为0.60kN/m^2，风荷载为0.35kN/m^2，地面粗糙度为B类，结构重要性为二级。

钢屋盖结构设计具体操作过程详见1.8节。部分施工图如附录A所示。

本章小结

本章主要介绍了钢屋盖结构的结构形式与设计方法。

作为一种结构形式，钢屋盖结构在建筑工程中有着广泛的应用。它跨越能力较大，而制作加工比较简单，但结构受力性能的影响因素较多，掌握钢屋盖结构的受力特点、结构体系的组成要素、结构分析设计的假定、连接节点设计方法，是学好本章的关键。

本章结合目前工程应用情况，介绍了PKPM-STS钢结构分析设计软件在钢屋盖结构设计中的应用方法，以及钢屋架结构施工图的表达方式。

习题

1. 思考题

（1）钢屋盖支撑有哪些作用？它分哪几个类型？布置在哪些位置？

（2）三角形钢屋架、梯形钢屋架、三铰拱钢屋架和平行弦钢屋架各适用于何种情况？它们各有几种腹杆体系？有哪些优缺点？

（3）钢屋架杆件的计算长度在屋架平面内和屋架平面外有何区别？应如何取值？

（4）钢屋架节点设计有哪些基本要求？节点板尺寸应怎样确定？

(5) 简述三铰拱钢屋架的特点及适用范围。

2. 设计题

某厂房跨度为30m，总长为90m，柱距为6m，采用普通钢屋架，钢屋架铰支于钢筋混凝土柱上，柱截面400mm×400mm，混凝土强度等级为C30，屋面坡度为1∶10，无侵蚀介质，地震设防烈度为7度，屋面恒荷载为0.3kN/m^2，当地基本风压为0.35kN/m^2，基本雪压为0.45kN/m^2，钢屋架下弦标高18m；厂房内设中级（A5）工作制桥式吊车。屋架采用的钢材为Q355B钢，焊条为E50系列。

要求：① 绘制该钢屋盖结构的支撑布置图。

② 设计该钢屋架。

第2章 门式刚架轻型钢结构设计

思维导图

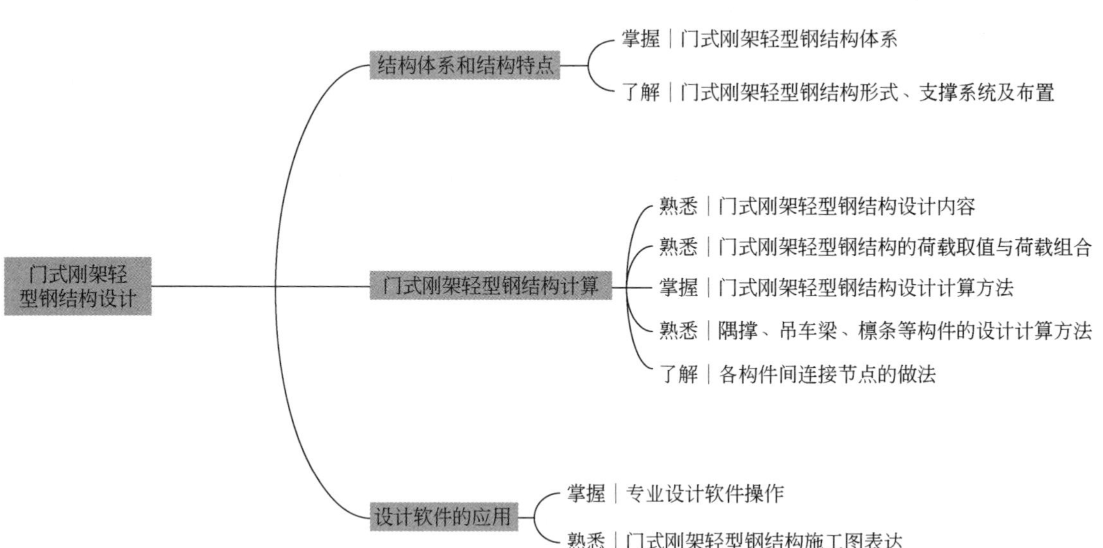

引例

门式刚架轻型钢结构由于具有构件工厂化制作、结构跨度大、造价较低、施工周期短等特点而广泛应用于现代工业化建筑，如冶金机械厂的炼钢、轧钢、铸造、锻压、金工、装配等车间。但由于该类结构屋面自重轻，用钢量较小，结构整体性相对较差，因而与其他结构形式相比，其结构的安全储备相对较小。当结构遭遇自然灾害或使用超载等情况时，将影响到结构的使用安全。

图 2.1 为某门式刚架轻型房屋钢结构发生垮塌后的照片。该厂房总跨数为 3 跨，每跨跨度均为 18.0m，纵向柱距为 7.5m，共 16 开间 17 榀刚架，基础为柱下独立基础。该厂房工程主体设计耐久年限为 50 年，建筑结构安全等级为二级，抗震设防烈度为 6 度。该车间两边跨均设 5 吨和 10 吨的吊车各 1 台，中跨设 10 吨吊车 2 台，屋面为 0.426mm 厚单层彩钢板和保温层轻质屋面。包括屋面及檩条在内，设计屋面恒荷载 0.15kN/m^2（设计计算书按实际取 0.12kN/m^2），活荷载 0.30kN/m^2，基本风荷载 0.30kN/m^2（B 类），基本雪荷载 0.30kN/m^2。该厂房刚架梁和刚架柱为 H 形截面，材料采用 Q345B 钢；屋面檩条为斜卷边 Z 形冷弯型钢，材料采用 Q235 钢。垮塌事故发生在 2008 年 1 月 13 日至 2 月 4 日，该地区普降特大暴雪，沉重的积雪使得厂房不堪重负。

引发门式刚架轻型房屋钢结构产生垮塌事故的原因多种多样，有设计选型、设计计算和设计构造做法等方面的原因，也有施工质量、施工工序等方面的原因。通过本章的学习，读者能对该类结构形式及构造做法有较全面的了解，避免类似事故的发生。

图 2.1　某门式刚架轻型房屋钢结构发生垮塌后的照片

2.1　门式刚架轻型钢结构体系和特点

2.1.1　门式刚架轻型钢结构体系

根据现行国家标准《门式刚架轻型房屋钢结构技术规范》(GB 51022—2015) 的规定，门式刚架轻型钢结构主要适用于房屋高度不大于 18m，高宽比小于 1，承重结构为单跨或多跨的实腹门式刚架，具有轻型屋盖、无桥式起重机、有起重量不大于 20t 的 A1～A5 工作级别桥式起重机、起重量不大于3t的悬挂式起重机的单层钢结构房屋。由于该结构体系具有跨度大、自重轻、施工周期短和良好的经济性等特点，现已广泛应用于各类工业厂房、加工车间和库房等。

门式刚架轻型钢结构主要由门式刚架、支撑系统、围护结构等组成（图2.2）。

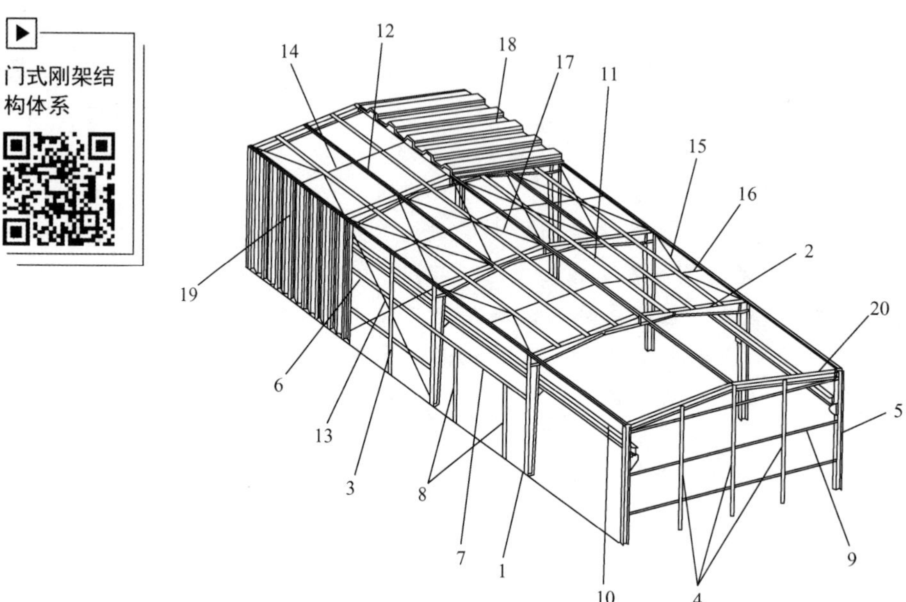

1—刚架柱；2—刚架梁；3—纵墙墙架柱；4—抗风柱；5—山墙角柱（也可用1代替）；
6—纵墙墙梁；7—门梁；8—门柱；9—山墙墙梁；10—吊车梁；11—檩条；12—系杆；
13—柱间支撑；14—（檩条）拉条；15—斜拉条；16—撑杆；17—屋面横向水平支撑；
18—屋面板（彩色压型钢板）；19—墙面板（彩色压型钢板）；20—山墙斜横梁（也可用2代替）。

图2.2　门式刚架轻型钢结构的组成

1. 门式刚架

门式刚架由刚架柱和刚架梁组成，是门式刚架轻型钢结构的主要承重体系，承受结构的自重、风荷载、雪荷载、积灰荷载和吊车荷载等竖向与横向荷载，并把这些荷载传递到基础。刚架柱和刚架梁通常采用变截面构件，以降低工程造价；当布置有吊车荷载时，通常将刚架柱设置为等截面构件。

2. 支撑系统

支撑系统主要由屋面支撑、柱间支撑和系杆等组成。其主要作用是：一方面与刚架柱、吊车梁等组成门式刚架轻型钢结构的纵向受力结构，承担纵向水平荷载；另一方面把主要承重体系由单个的平面结构连成空间的整体结构，从而保证了门式刚架轻型钢结构所必需的刚度和稳定。

3. 围护结构

屋面和墙面是房屋的围护结构，在门式刚架轻型钢结构中，围护结构通常由檩条、墙梁、拉条和面板组成。檩条和墙梁是屋面和墙面的主要承重构件，常采用冷弯薄壁型钢。

拉条可阻止檩条和墙梁的平面外失稳，用圆钢和钢管制作。

为传递山墙部位的风荷载，在山墙部位还需设置抗风柱。当设有起重机时，还应在相应的刚架柱上设置钢牛腿和吊车梁。当房屋跨度较大时，可根据实际使用需要设置天窗架。当实际使用要求进行抽柱处理时，还需设置托梁或托架。

2.1.2 门式刚架轻型钢结构的特点

门式刚架轻型钢结构具有以下特点。

(1) 质量轻。

由于围护结构采用压型钢板、保温棉和冷弯薄壁型钢等材料组成，屋面和墙面的质量很轻，因而刚架结构所需截面相对较小。同时，由于刚架柱和刚架梁多采用变截面形式，因而结构的整体用钢量少。根据国内的工程实例统计，单层门式刚架轻型房屋承重钢结构的用钢量一般为 20～30kg/m^2，在相同条件下自重约为钢筋混凝土结构的 1/30～1/20。

(2) 工业化程度高，施工周期短。

门式刚架轻型钢结构的主要构件和配件均为工厂制作，质量易于保证，工地现场安装方便。除基础外，基本没有湿作业，现场施工人员少，构件之间多采用螺栓连接，安装速度快。

(3) 综合经济效益好。

门式刚架轻型钢结构用钢量低，运输成本少，整体质量轻而基础造价低，施工周期短而管理成本低，资金回报快，具有良好的综合经济效益，因而，绝大部分的工业厂房均采用该类结构体系。

(4) 柱网布置较灵活。

门式刚架轻型钢结构的梁、柱及其他构件都采用工厂制作，几何尺寸几乎不受限制，屋面板和墙面板均采用压型钢板，均为现场压制，因而，该结构体系的柱网布置受传统结构的模数限制小，布置较为灵活，可根据实际需要进行选择。

2.2 门式刚架轻型钢结构的结构形式和结构布置

2.2.1 门式刚架

刚架与屋面支撑平面布置图介绍

1. 结构形式

门式刚架又称山形门式刚架。其结构形式(图 2.3) 分为单跨［图 2.3 (a)］、双跨［图 2.3 (b)、(c)］、多跨（纵向带夹层刚架、横向端跨带夹层刚架）［图 2.3 (d) ～ (f)］、带挑檐［图 2.3 (g)］和带毗屋［图 2.3 (h)］的刚架等。多跨刚架宜采用双坡屋面形式，个别情况可采用单坡或多坡屋面形式，应根据屋面排水、堆雪和建设地点的降雨量等情况来选择合适的坡屋面形式和排水坡度。当需要设置夹层时，夹层可沿纵向设置［图 2.3 (e)］或设置在横向端跨［图 2.3 (f)］。

根据跨度、檐口高度和荷载的不同，门式刚架的梁、柱可采用变截面或等截面实腹式焊接 H 形截面或热轧 H 形截面。等截面梁的截面高度一般取跨度的 1/40～1/30。变截面梁的梁端高度不宜小于跨度的1/40～1/35，中段高度则不宜小于柱高度的1/20。变截面柱在铰接柱脚处的截面高度不宜小于200～250mm。变截面构件通常采用改变腹板高度的方式，将构件设计成楔形，必要时也可改变腹板厚度。邻接的制作单元可采用不同的翼缘截面，两单元相邻截面高度宜相等。结构构件在运输单元内一般不改变翼缘截面，必要时可改变翼缘厚度。

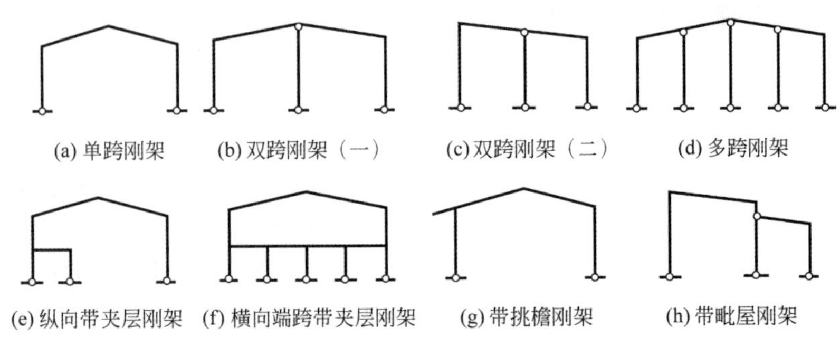

图 2.3　门式刚架的结构形式

门式刚架的柱脚宜设计成铰接，当用于工业厂房且有5t以上工作制桥式吊车时，可将柱脚设计成刚接。

门式刚架可由多个梁、柱单元构件组成。斜梁可根据运输条件划分为若干个单元，柱宜为单独的单元构件。单元构件本身应采用焊接，单元构件之间宜通过端板采用高强度螺栓连接。

2. 几何尺寸

门式刚架的几何尺寸应符合下列规定。

（1）门式刚架的跨度应取横向刚架柱轴线间的距离。

（2）门式刚架的高度应取室外地面至柱轴线与斜梁轴线交点的高度。门式刚架的高度应根据使用要求的室内净高确定，有吊车的厂房应根据轨顶标高和吊车净空要求确定。

（3）柱轴线可取通过柱下端（较小端）中心的竖向轴线。斜梁轴线可取通过变截面梁段最小端中心与斜梁上表面平行的轴线。

（4）门式刚架的檐口高度应取室外地面至房屋外侧檩条上缘的高度。门式刚架的最大高度应取室外地面至屋盖顶部檩条上缘的高度。门式刚架的宽度应取房屋侧墙墙梁外皮之间的距离。门式刚架的长度应取两端山墙墙梁外皮之间的距离。

门式刚架的单跨跨度宜为12～48m。当有可靠根据时，可采用更大跨度。当边柱宽度不等时，其外侧应对齐。门式刚架的间距：柱网轴线在纵向的距离宜为6～9m；挑檐长度可根据使用要求确定，宜为0.5～1.2m。上翼缘坡度宜与斜梁坡度相同。

门式刚架的屋面坡度宜取1/20～1/8，在雨水较多的地区宜取其中的较大值。

3. 温度区段

结构构件在环境温度发生改变时产生伸缩变形，如果变形受到约束，在结构及主要受力构件内部将产生温度应力。目前，精确计算结构内部的温度应力仍比较困难，通常采用构造措施解决，即设置温度变形缝。当门式刚架轻型钢结构的平面尺寸较大时，为避免产生过大的变形和温度应力，应在钢结构的横向和纵向设置温度伸缩缝。

温度伸缩缝的布置取决于门式刚架轻型钢结构的纵向和横向长度。根据《门式刚架轻型房屋钢结构技术规范》(GB 51022—2015)的规定：门式刚架轻型钢结构的纵向温度区段不宜大于300m，横向温度区段不宜大于150m。当横向温度区段大于150m时，应考虑温度的影响；当有可靠依据时，温度区段可适当加大。

当需要设置温度伸缩缝时，为便于结构的温度应力释放，伸缩缝部位的搭接檩条的螺栓连接处宜采用长圆孔；吊车梁与柱的连接处宜采用长圆孔，且该处屋面板在构造上应允许胀缩或设置双柱。

2.2.2 支撑系统

1. 支撑系统组成

门式刚架轻型钢结构为一种平面结构，为确保结构能承担纵向水平荷载，保证结构在安装及使用中的整体稳定性，提供结构的空间作用并减小构件在平面外的计算长度，应根据结构的形式、跨度、高度、起重机状况和所在地区的抗震设防烈度等设置支撑系统。

支撑系统包括柱间支撑、屋面支撑、系杆等。柱间支撑采用的形式宜为门式框架、圆钢或钢索交叉支撑、型钢交叉支撑、方管或圆管人字支撑等；当有吊车时，吊车牛腿以下交叉支撑应选用型钢交叉支撑。屋面支撑形式可选用圆钢或钢索交叉支撑；当屋面斜梁承受悬挂吊车荷载时，屋面横向支撑应选用型钢交叉支撑。系杆可选用圆管等型钢截面形式。

2. 支撑系统设计规定

支撑系统应布置均匀、传力简洁、结构对称、形式统一和经济可靠。支撑系统设计时，一般应遵循以下规定。

(1) 每个温度区段、结构单元或分期建设的区段，应设置独立的支撑系统，与刚架结构一同构成独立的空间稳定体系。

(2) 柱间支撑与屋面横向支撑宜设置在同一开间。

(3) 屋面端部横向支撑应布置在房屋端部和温度区段第一或第二开间，当布置在第二开间时应在房屋端部第一开间抗风柱顶部对应位置布置刚性系杆。屋面横向交叉支撑节点应布置在屋面梁转折处，并应与抗风柱相对应。

(4) 对设有驾驶室且起重量大于15t工作制桥式吊车的跨间，应在屋面边缘设置纵向支撑；在有抽柱的柱列，沿托架长度应设置纵向支撑。

(5) 屋面横向支撑应按支承于柱间支撑柱顶水平桁架设计；圆钢或钢索应按拉杆设计，型钢可按拉杆设计，刚性系杆应按压杆设计。

(6) 柱间支撑的设置应根据房屋纵向柱距、受力情况和温度区段等条件确定。当无吊车时，柱间支撑间距宜取30～45m，端部柱间支撑宜设置在房屋端部第一或第二开间。当有吊车时，吊车牛腿下部支撑宜设置在温度区段中部；当温度区段较长时，宜设置在三分点内，且支撑间距不应大于50m；牛腿上部支撑设置原则与无吊车时的柱间支撑设置相同。柱间支撑与屋面横向支撑宜设置在同一开间。

(7) 柱间支撑应设在侧墙柱列。当房屋宽度大于60m时，在内柱列宜设置柱间支撑。当有吊车时，每个吊车跨两侧柱列均应设置吊车柱间支撑。

（8）同一柱列不宜混用刚度差异大的支撑形式。在同一柱列设置的柱间支撑共同承担该柱列的水平荷载，应按各支撑的刚度分配水平荷载。

（9）当房屋高度大于柱间距2倍时，柱间支撑宜分层设置。当沿柱高有质量集中点、吊车牛腿或低屋面连接点时，该处应设置相应支撑点。

（10）柱间支撑的设计应按支承于柱脚基础上的竖向悬臂桁架计算；对于圆钢或钢索交叉支撑应按拉杆设计，型钢可按拉杆设计，支撑中的刚性系杆应按压杆设计。

2.2.3 围护结构

1. 屋面檩条形式与布置

屋面檩条主要有实腹式和桁架式两类，通常宜优先采用实腹式檩条。实腹式檩条截面形式宜采用直卷边C形和斜卷边Z形，斜卷边角度宜为60°；也可采用直卷边Z形或高频焊接H形。常用实腹式檩条截面形式如图2.4所示。

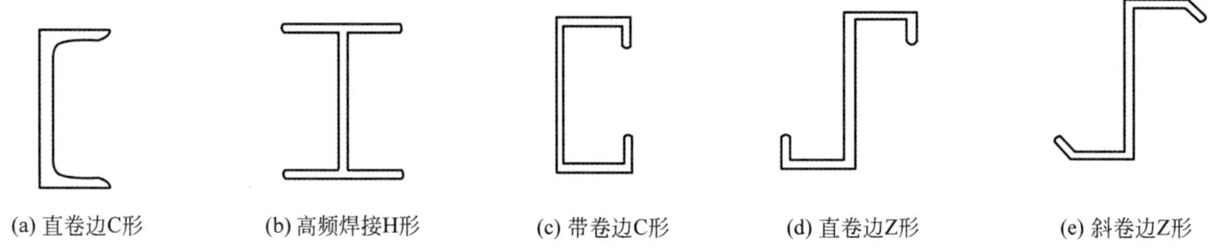

图2.4　常用实腹式檩条截面形式

当檩条跨度大于9m，且采用简支檩条做法时，宜采用桁架式檩条。常用桁架式檩条截面形式主要有平面桁架式、下撑式和空腹式等，如图2.5所示。

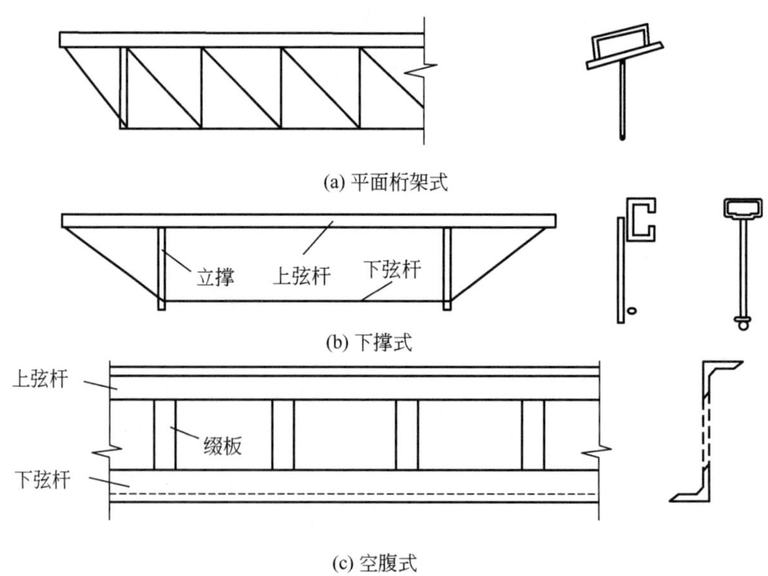

图2.5　常用桁架式檩条截面形式

屋面檩条的布置应考虑天窗、采光带、屋面材料和屋面荷载等因素的影响，通常采用等间距布置。檩条间距由屋面板的承载能力和屋面荷载确定。屋脊两侧通常各布置一根檩条，双檩间距一般小于400mm。檐口檩条布置需考虑天沟位置及其宽度。

2. 墙梁形式与布置

与屋面檩条类似，墙梁一般采用冷弯薄壁卷边C形钢，有时也采用冷弯薄壁卷边Z形钢。

墙梁的布置应考虑门窗、挑檐、雨篷和女儿墙等构件的布置。墙梁通常布置在柱外侧，其间距应根据墙面板型号、门窗洞口尺寸和风荷载等因素确定。

3. 屋面板和墙面板布置

屋面板及墙面板可选用镀层或涂层钢板、不锈钢板、铝镁锰合金板、钛锌板、铜板等金属板材或其他轻质材料板材。当有保温隔热要求时，屋面板及墙面板可采用单层压型钢板带保温棉或双层压型钢板带保温棉的做法。屋面及墙面板通常采用彩色镀层压型钢板截面形式，其规格和尺寸由屋面及墙面板跨度与荷载确定。

2.3 荷载及其组合效应

2.3.1 荷载计算

1. 永久荷载

永久荷载包括屋面板、檩条、支撑、刚架、墙梁等结构自重及吊顶、管线、天窗、门窗等悬挂或建筑设施自重。

2. 可变荷载

可变荷载包括屋面活荷载（屋面均布活荷载、屋面雪荷载、屋面积灰荷载等）、风荷载、地震作用、吊车荷载和温度作用等。

(1) 屋面活荷载。

屋面活荷载按水平投影面积计算。吊挂荷载宜按活荷载考虑，当吊挂荷载位置固定不变时，也可按永久荷载考虑。

① 屋面均布活荷载。

考虑到使用及施工检修荷载，水平投影面上的屋面均布活荷载应考虑如下两点。

a. 当采用压型钢板轻型屋面时，屋面按水平投影面积计算的竖向均布活荷载标准值应取0.5kN/m^2。对于承受荷载水平投影面积大于60m^{2}的刚架构件，屋面竖向均布活荷载的标准值取不小于0.3kN/m^2。

b. 设计屋面板和檩条时，尚应考虑施工荷载或检修集中荷载，其标准值应取1.0kN/m^{2}且作用在结构最不利位置上；当施工荷载或检修集中荷载超过1.0kN/m^{2}时，应按实际情况采用。

② 屋面雪荷载。

考虑到厂房建筑地区和屋面形式的不同，屋面雪荷载标准值按式(2-1)计算。

$$s_k = \mu_r s_0 \tag{2-1}$$

式中 s_k——屋面雪荷载标准值；

μ_r——屋面积雪分布系数；

s_0——基本雪压，按现行国家标准《建筑结构荷载规范》（GB 50009—2012）规定的 100 年重现期的雪压取值。

在屋面雪荷载计算中，必须注意 μ_r 的取值，尤其是双坡双跨或双坡多跨屋面在天沟处需考虑自屋脊处滑落雪和飘落雪的附加荷载的影响，具体按《门式刚架轻型房屋钢结构技术规范》（GB 51022—2015）的规定取值。

设计时，屋面板和檩条按积雪不均匀分布的最不利情况采用；刚架斜梁分全跨积雪的均匀分布、不均匀分布和半跨积雪的均匀分布，按最不利情况采用；刚架柱可按全跨积雪的均匀分布情况采用。

③ 屋面积灰荷载。

对于生产中有大量排灰的厂房（机械厂、冶金车间、水泥厂等）及其邻近建筑物，应考虑其屋面积灰荷载。按照厂房使用性质及屋面形式的不同，由《建筑结构荷载规范》（GB 50009—2012）可查得相应的标准值。

考虑到上述三种屋面活荷载同时出现的可能性不大，《建筑结构荷载规范》（GB 50009—2012）规定，屋面积灰荷载只考虑与屋面雪荷载或屋面均布活荷载两者中的较大值进行组合。

（2）风荷载。

风荷载取值与厂房所在地区基本风压、厂房体型、厂房高度以及厂房四周地面粗糙度等因素有关，并且认为风荷载垂直作用于厂房建筑物表面。风荷载作用面积应取建筑物垂直于风向的最大投影面积。垂直于建筑物表面的单位面积风荷载标准值 w_k 应按式(2-2) 计算。

$$w_k = \beta \mu_w \mu_z w_0 \tag{2-2}$$

式中 β——系数（主刚架 $\beta=1.1$，檩条、墙梁、屋面板和墙面板及其连接 $\beta=1.5$）；

μ_w——风荷载系数，考虑内、外风压最大值的组合，按《门式刚架轻型房屋钢结构技术规范》（GB 51022—2015）的规定采用；

μ_z——风压高度变化系数，按现行国家标准《建筑结构荷载规范》（GB 50009—2012）的规定取值用；当风压高度小于 10m 时，应按 10m 高度处的数值采用；

w_0——基本风压，按现行国家标准《建筑结构荷载规范》（GB 50009—2012）的规定取值。

（3）地震作用。

按照《建筑抗震设计规范（2016 年版）》（GB 50011—2010）的要求，查明工业厂房钢结构所在地区的抗震设防烈度、设计基本地震加速度值、设计地震分组情况，按相关条款进行计算。门式刚架轻型房屋钢结构的抗震设防类别和抗震设防标准，应按现行国家标准《建筑工程抗震设防分类标准》（GB 50223—2008）的规定。门式刚架轻型房屋钢结构应按下列原则考虑地震作用。

① 一般情况下，房屋的两个主轴方向分别计算水平地震作用。

② 质量与刚度分布明显不对称的结构，应计算双向水平地震作用并计入扭转的影响。

③ 抗震设防烈度为 8 度、9 度时，应计算竖向地震作用，可分别取该结构重力荷载代表

值的10%和20%；设计基本地震加速度为0.30g时，可取该结构重力荷载代表值的15%。

④ 计算地震作用时，尚应考虑墙体对地震作用的影响。

(4) 吊车荷载。

吊车荷载包括竖向荷载、纵向荷载及横向水平荷载，按照《建筑结构荷载规范》(GB 50009—2012)的规定取值。

(5) 温度作用。

温度对门式刚架轻型钢结构的影响相对较小。当房屋平面尺寸不超过《门式刚架轻型房屋钢结构技术规范》(GB 51022—2015)中稳定区段的规定时，可不考虑温度作用的影响。

2.3.2 荷载组合效应

荷载组合应符合下列原则。

(1) 屋面均布活荷载不与屋面雪荷载同时考虑，应取两者中的较大值。

(2) 屋面积灰荷载与屋面雪荷载或屋面均布活荷载中的较大值同时考虑。

(3) 施工荷载或检修集中荷载不与屋面材料或檩条自重以外的其他荷载同时考虑。

(4) 多台吊车的荷载组合应符合现行国家标准《建筑结构荷载规范》(GB 50009—2012)的规定。

(5) 风荷载不与地震作用同时考虑。

持久设计状况和短暂设计状况下，当荷载与荷载组合效应按线性关系考虑时，荷载基本组合效应设计值参照《建筑结构荷载规范》(GB 50009—2012)的规定；地震设计状况下，当地震作用与地震作用效应按线性关系考虑时，荷载与地震作用基本组合效应设计值参照《建筑抗震设计规范（2016年版）》(GB 50011—2010)确定。

2.4 结构计算分析

2.4.1 门式刚架计算

在实际工程应用中，刚架采用塑性设计方法尚不普遍，且塑性设计不适应于变截面刚架、格构式刚架及有吊车荷载的刚架，故本节仅介绍弹性设计法的分析计算内容。

应力蒙皮效应是指通过屋面板的面内刚度，将分摊到屋面的水平力传递到山墙结构的一种效应。应力蒙皮效应可以减小门式刚架梁柱受力、减小梁柱截面尺寸，从而节省用钢量。但是，应力蒙皮效应的实现需要满足一定的构造措施：自攻螺钉连接屋面板与檩条；传力途径不要中断，即屋面不得大开口（坡度方向的条形采光带）；屋面与屋面梁之间要增设剪力传递件（剪力传递件是与檩条相同截面的短C形钢或Z形钢，顺坡方向安装在屋面梁上，上翼缘与屋面板采用自攻螺钉连接，下翼缘与屋面梁采用螺栓连接或焊接）；房屋的总长度不大于总跨度的2倍；山墙结构增设柱间支撑以传递应力蒙皮效应传递来的水平力，并将其传至基础。刚架的内力计算一般取单榀刚架，按平面结构计算方法进行，不宜考虑应力蒙皮效应。

当未设置柱间支撑时，柱脚应设计成刚接，柱应按双向受力进行设计计算。当采用二阶弹性分析时，应施加假想水平荷载。假想水平荷载应取竖向荷载设计值的0.5%，分别施加在竖向荷载的作用处。假想水平荷载的方向与风荷载或地震作用的方向相同。

刚架梁、柱内力的计算可采用计算机专用程序，亦可采用门式刚架计算式。

2.4.2 地震作用分析

单跨门式刚架、多跨等高门式刚架可采用基底剪力法计算刚架横向的水平地震作用，不等高门式刚架可按振型分解反应谱法计算刚架横向的水平地震作用。计算门式刚架地震作用时，封闭式结构阻尼比可取0.05，敞开式结构阻尼比可取0.035，其余形式结构应按外墙面积开孔率插值计算。

有吊车的厂房，在计算地震作用时，应考虑吊车自重，并平均分配于两牛腿处。当采用砌体墙做围护墙体时，砌体墙的质量应沿高度分配到不少于两个质量集中点作为钢柱的附加质量，参与刚架横向的水平地震作用计算。

纵向柱列的地震作用采用基底剪力法计算时，应保证每个质量集中处，均能将按高度和质量大小分配的地震力传递到纵向支撑或纵向框架上。当房屋的纵向长度不大于横向宽度的1.5倍，且纵向和横向均有高低跨时，宜按整体空间刚架模型对纵向支撑体系进行计算。

门式刚架可不进行强柱弱梁的验算。在梁柱采用端板连接或梁柱节点处是梁柱下翼缘圆弧过渡时，可不进行强节点弱杆件的验算。其他情况下，应进行强节点弱杆件计算，计算方法应按现行国家标准《建筑抗震设计规范（2016年版)》(GB 50011—2010）的规定执行。门式刚架轻型房屋带夹层时，夹层的纵向抗震设计可单独进行，对内侧柱列的纵向地震作用应乘以增大系数1.2。

2.4.3 温度作用分析

当门式刚架结构总宽度或总长度超出《门式刚架轻型房屋钢结构技术规范》（GB 51022—2015）规定的温度区段最大长度时，应采取释放温度应力的措施或计算温度作用效应。房屋纵向释放温度应力的措施通常是采用长圆孔、碟形弹簧或滑动支座等方式。计算温度作用效应时，基本气温应按现行国家标准《建筑结构荷载规范》(GB 50009—2012）的规定取值。当门式刚架纵向结构采用全螺栓连接时，计算温度作用效应时应进行折减，折减系数可取0.35。

2.4.4 控制截面及最不利内力组合

门式刚架结构在各种荷载作用下的内力确定之后，即可进行荷载和内力组合，以求得刚架梁、柱各控制截面的最不利内力作为构件设计验算的依据。

刚架横梁控制截面一般为每跨的两端支座截面和跨中截面。支座截面是最大负弯矩（指绝对值最大）及最大剪力作用的截面，在水平荷载作用下还可能出现正弯矩。因此，对支座截面而言，其最不利内力组合有最大负弯矩（M_{min})、最大剪力（V_{max}）及可能出现的最大正弯矩（M_{max}）组合。跨中截面一般是最大正弯矩作用的截面，但也可能出现负弯矩，故跨中截面的最不利内力组合有最大正弯矩（M_{max}）及可能出现的最大负弯矩（M_{min}）。

由弯矩图可知，刚架柱弯矩最大值一般发生在上下两个柱端，而剪力和轴力在柱中通常保持不变或变化很小。因此，刚架柱的控制截面为柱底、柱顶和柱阶形变截面处。

最不利内力组合应按梁、柱控制截面分别进行，一般可选梁端、梁跨中及柱底、柱顶、柱阶形变截面处等进行内力组合和截面的验算。

计算刚架梁控制截面的内力组合时一般应计算以下三种最不利内力组合：①M_{max}及相应的V；②M_{min}（最大负弯矩）及相应的V；③V_{max}及相应的M。

计算刚架柱控制截面的内力组合时一般应计算以下四种最不利内力组合：①N_{max}及相应的M、V；②N_{min}及相应的M、V；③M_{max}及相应的N、V；④M_{min}（负弯矩最大）及相应的N、V。

2.4.5 门式刚架的变形计算

门式刚架的变形计算主要包括梁的挠度和柱顶位移两个方面。可通过一般结构力学方法对所有构件均为等截面的主刚架的变形进行计算，可采用有限单元法或根据相关规范与规程的相应条文对变截面的门式刚架的变形进行计算。门式刚架的变形不能超出《钢结构设计标准》（GB 50017—2017）或《门式刚架轻型房屋钢结构技术规范》（GB 51022—2015）所规定的限值。例如，在风荷载或多遇地震标准值作用下，单层门式刚架的柱顶位移不应大于表2-1规定的限值。夹层处柱顶的水平位移限值宜为$H/250$，H为夹层处柱高度。门式刚架受弯构件的挠度不应大于表2-2规定的限值。由柱顶位移和构件挠度产生的屋面坡度改变值，不应大于屋面坡度设计值的1/3。

表2-1 单层门式刚架的柱顶位移限值 单位：mm

吊车情况	其他情况	柱顶位移限值
无吊车	当采用轻型钢墙板时	$h/60$
	当采用砌体墙时	$h/240$
有桥式吊车	当吊车有驾驶室时	$h/400$
	当吊车由地面操作时	$h/180$

注：h为刚架柱的高度。

表2-2 门式刚架受弯构件的挠度限值 单位：mm

挠度类别	构件类别		挠度限值
竖向挠度	门式刚架斜梁	仅支承压型钢板屋面和冷弯型钢檩条	$L/180$
		有吊顶	$L/280$
		有悬挂起重机	$L/400$
	夹层	主梁	$L/400$
		次梁	$L/250$

续表

<table>
<tr><th>挠度类别</th><th colspan="2">构件类别</th><th>挠度限值</th></tr>
<tr><td rowspan="3">竖向挠度</td><td rowspan="2">檩条</td><td>仅支承压型钢板屋面</td><td>L/150</td></tr>
<tr><td>有吊顶</td><td>L/240</td></tr>
<tr><td colspan="2">压型钢板屋面板</td><td>L/150</td></tr>
<tr><td rowspan="4">水平挠度</td><td colspan="2">墙面板</td><td>L/100</td></tr>
<tr><td colspan="2">抗风柱或抗风桁架</td><td>L/250</td></tr>
<tr><td rowspan="2">墙梁</td><td>仅支承压型钢板墙</td><td>L/100</td></tr>
<tr><td>支承砌体墙</td><td>L/180 且不大于 50mm</td></tr>
</table>

注：L 为跨度：门式刚架斜梁，L 取全跨跨度；悬臂梁跨度 L 按悬伸长度的 2 倍计算。

如果门式刚架的柱顶位移不满足要求，可以采用以下措施，增加门式刚架的侧向整体刚度：①放大柱或梁的截面尺寸；②将铰接柱脚改为刚接柱脚；③将多跨框架中的摇摆柱改为柱上端与门式刚架横梁刚接。

2.5 门式刚架构件设计

2.5.1 门式刚架梁、柱板件的宽厚比限值和腹板屈曲后强度利用

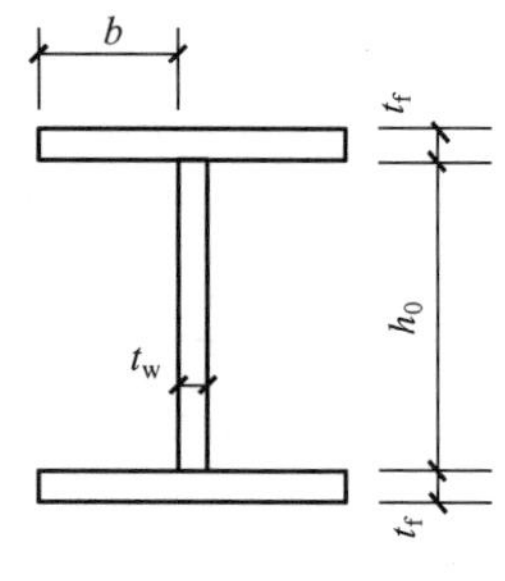

图 2.6 工字形截面

1. 宽厚比限值

门式刚架梁、柱通常采用工字形截面（图 2.6）。翼缘板件是三边支承一边自由的板件，一旦发生屈曲，则屈曲后强度提高不明显，通常不利于翼缘板件的屈曲后强度利用，其宽厚比限值见式(2－3)。

$$b/t_f \leqslant 15\sqrt{235/f_y} \tag{2-3}$$

工字形截面腹板属于四边支承板件，局部失稳后的后续强度提高较多，可利于其屈曲后强度利用，其宽厚比限值见式(2－4)。

$$b/t_f \leqslant 250 \tag{2-4}$$

当受压构件的局部稳定临界应力低于钢材屈服强度时，应按实际应力验算受压构件的稳定性，或采用有效宽度计算受压构件的有效截面，并验算其强度和稳定性。

2. 腹板屈曲后强度利用

为节省钢材，允许门式刚架梁、柱构件的腹板在受弯及受压发生屈曲后利用其屈曲后强度。

当工字形截面构件腹板受弯及受压板幅利用屈曲后强度时，应按有效宽度计算截面特性。腹板受压区有效宽度应按式(2－5) 计算。

$$h_e = \rho h_c \tag{2-5}$$

式中 h_e——腹板受压区有效宽度；

h_c——腹板受压区宽度；

ρ——有效宽度系数，$\rho>1.0$ 时，取 $\rho=1.0$。

有效宽度系数 ρ 应按式(2-6)～式(2-9)计算。

$$\rho=\frac{1}{(0.243+\lambda_p^{1.25})^{0.9}} \tag{2-6}$$

$$\lambda_p=\frac{h_w/t_w}{28.1\sqrt{k_\sigma}\sqrt{235/f_y}} \tag{2-7}$$

$$k_\sigma=\frac{16}{\sqrt{(1+\beta)^2+0.112(1-\beta)^2}+(1+\beta)} \tag{2-8}$$

$$\beta=\sigma_2/\sigma_1 \tag{2-9}$$

式中 λ_p——与板件受弯、受压有关的参数[当 $\sigma_1<f$ 时，计算 λ_p 可用 $\gamma_R\sigma_1$ 代替式(2-7)中的 f_y，γ_R 为抗力分项系数，对 Q235 钢和 Q355 钢，γ_R 取 1.1]；

h_w——腹板的高度，对楔形腹板取板幅平均高度；

t_w——腹板的厚度；

k_σ——杆件在正应力作用下的屈曲系数；

β——截面边缘正应力比值，$-1\leqslant\beta\leqslant1$；

σ_1、σ_2——板边最大、最小应力，且 $|\sigma_2|\leqslant|\sigma_1|$。

腹板有效宽度 h_e（图 2.7）应按下列规定分布，具体计算见式(2-10)～式(2-13)。

当截面全部受压，即 $\beta\geqslant0$ 时：

$$h_{e1}=2h_e/(5-\beta) \tag{2-10}$$

$$h_{e2}=h_e-h_{e1} \tag{2-11}$$

当截面全部受拉，即 $\beta<0$ 时：

$$h_{e1}=0.4h_e \tag{2-12}$$

$$h_{e2}=0.6h_e \tag{2-13}$$

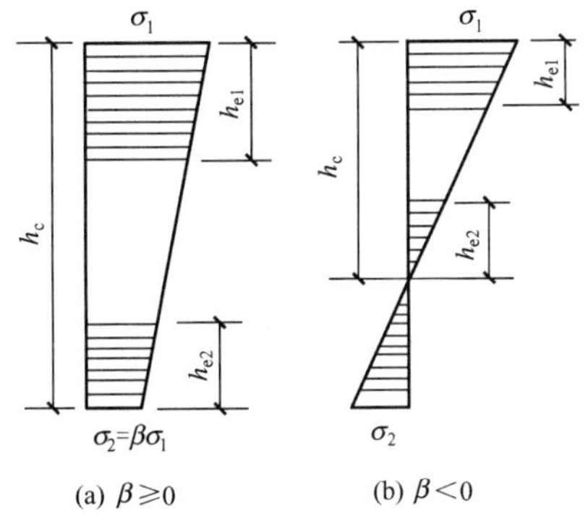

图 2.7 腹板有效宽度的分布

3. 考虑屈曲后强度的腹板受剪承载力

考虑屈曲后强度时，工字形截面构件腹板的受剪板幅，应设置横向加劲肋，受剪板幅的长度与板幅范围内的大端截面高度之比不应大于 3。

考虑屈曲后强度，腹板高度变化的区格受剪承载力设计值应按式(2-14)～式(2-18)计算。

$$V_d=\chi_{tap}\varphi_{ps}h_{w1}t_wf_v\leqslant h_{w0}t_wf_v \tag{2-14}$$

$$\varphi_{ps}=\frac{1}{(0.51+\lambda_s^{3.2})^{1/2.6}}\leqslant 1.0 \tag{2-15}$$

$$\chi_{tap}=1-0.35\alpha^{0.2}\gamma_p^{2/3} \tag{2-16}$$

$$\gamma_p=\frac{h_{w1}}{h_{w0}}-1 \tag{2-17}$$

$$\alpha=\frac{a}{h_{w1}} \tag{2-18}$$

式中　f_v——钢材抗剪强度设计值；

h_{w1}、h_{w0}——楔形腹板大端、小端高度；

t_w——腹板厚度；

χ_{tap}——腹板屈曲后抗剪强度的楔率折减系数；

γ_p——腹板区格的楔率；

α——腹板区格的长度与高度之比；

a——加劲肋间距；

λ_s——腹板剪切屈曲通用高厚比。

腹板剪切屈曲通用高厚比的计算见式(2-19)～式(2-23)。

$$\lambda_s=\frac{h_{w1}/t_w}{37\sqrt{k_\tau}\sqrt{235/f_y}} \tag{2-19}$$

$a/h_{w1}<1$：

$$k_\tau=4+5.34/(a/h_{w1})^2 \tag{2-20}$$

$a/h_{w1}\geqslant 1$：

$$k_\tau=\eta_s[5.34+4/(a/h_{w1})^2] \tag{2-21}$$

$$\eta_s=1-\omega_1\sqrt{\gamma_p} \tag{2-22}$$

$$\omega_1=0.41-0.897\alpha+0.363\alpha^2-0.041\alpha^3 \tag{2-23}$$

式中　k_τ——受剪板件的屈曲系数（当不设横向加劲肋时，$k_\tau=5.34\eta_s$）。

2.5.2　考虑屈曲后强度的梁、柱构件截面强度计算

(1) 工字形截面受弯构件在剪力 V 和弯矩 M 共同作用下的强度，应满足式(2-24)～式(2-26)的要求。

$V\leqslant 0.5V_d$：

$$M\leqslant M_e \tag{2-24}$$

$0.5V_d<V\leqslant V_d$：

$$M\leqslant M_f+(M_e-M_f)\left[1-\left(\frac{V}{0.5V_d}-1\right)^2\right] \tag{2-25}$$

双轴对称截面：

$$M_f=A_f(h_w+t_f)f \tag{2-26}$$

式中　M_f——两翼缘所承担的弯矩；

M_e——构件有效截面所承担的弯矩，$M_e=W_e f$；

W_e——构件有效截面最大受压纤维的截面模量；

A_f——构件翼缘的截面面积；

h_w——计算截面的腹板高度；

t_f——计算截面的翼缘厚度；

V_d——腹板受剪承载力设计值，按式(2-14) 计算。

(2) 工字形截面压弯构件在剪力 V、弯矩 M 和轴向压力 N 共同作用下的强度，应满足式(2-27) ～式(2-30) 的要求。

$V \leqslant 0.5V_d$：

$$\frac{N}{A_e}+\frac{M}{W_e}\leqslant f \tag{2-27}$$

$0.5V_d < V < V_d$：

$$M\leqslant M_f^N+(M_e^N-M_f^N)\left[1-\left(\frac{V}{0.5V_d}-1\right)^2\right] \tag{2-28}$$

$$M_e^N=M_e-NW_e/A_e \tag{2-29}$$

双轴对称截面：

$$M_f^N=A_f(h_w+t)(f-N/A_e) \tag{2-30}$$

式中 A_e——有效截面面积；

M_f^N——兼承轴向压力 N 时两翼缘所能承受的弯矩。

小端截面应验算轴向压力 N、弯矩 M 和剪力 V 共同作用下的强度。

2.5.3 刚架梁腹板加劲肋设置

刚架梁腹板应在与中柱连接处、较大集中荷载作用处和翼缘转折处设置横向加劲肋，并应符合下列要求。

(1) 当刚架梁腹板利用屈曲后强度时，其中间加劲肋除承受集中荷载和翼缘转折产生的压力外，还应承受拉力场产生的压力。拉力场产生的压力应按式(2-31)、式(2-32) 计算。

$$N_s=V-0.9\varphi_s h_w t_w f_v \tag{2-31}$$

$$\varphi_s=\frac{1}{\sqrt[3]{0.738+\lambda_s^6}} \tag{2-32}$$

式中 N_s——拉力场产生的压力；

V——梁受剪承载力设计值；

φ_s——腹板剪切屈曲稳定系数，$\varphi_s\leqslant 1.0$；

λ_s——腹板剪切屈曲通用高厚比，按式(2-19) 计算；

h_w——腹板高度；

t_w——腹板厚度。

(2) 当验算加劲肋的稳定性时，其截面面积应包括每侧 $15t_w\sqrt{235/f_y}$ 宽度范围内的腹板面积，其计算长度取 h_w。

2.5.4 变截面柱在刚架平面内的整体稳定性计算

变截面柱在刚架平面内的整体稳定性应按式(2-33) ～式(2-38) 计算。

$$\frac{N_1}{\eta_t\varphi_x A_{e1}}+\frac{\beta_{mx}M_1}{(1-N_1/N_{cr})W_{e1}}\leqslant f \tag{2-33}$$

$$N_{cr}=\pi^2 EA_{e1}/\lambda_1^2 \tag{2-34}$$

$\bar{\lambda}_1 \geqslant 1.2$：

$$\eta_t=1 \tag{2-35}$$

$\bar{\lambda}_1<1.2$：

$$\eta_t=\frac{A_0}{A_1}+\left(1-\frac{A_0}{A_1}\right)\times\frac{\bar{\lambda}_1^2}{1.44} \tag{2-36}$$

$$\lambda_1=\frac{\mu H}{i_{x1}} \tag{2-37}$$

$$\bar{\lambda}_1=\frac{\lambda_1}{\pi}\sqrt{\frac{E}{f_y}} \tag{2-38}$$

式中 N_1——大端的轴向压力设计值；

M_1——大端的弯矩设计值；

A_{e1}——大端的有效截面面积；

W_{e1}——大端有效截面最大受压纤维的截面模量；

φ_x——杆件轴心受压稳定系数［楔形柱按《门式刚架轻型房屋钢结构技术规范》（GB 51022—2015）附录 A 规定取值，计算长度系数由现行国家标准《钢结构设计标准》（GB 50017—2017）查得，计算长细比时取大端截面的回转半径］；

β_{mx}——等效弯矩系数，有侧移刚架柱的等效弯矩系数 β_{mx} 取 1.0；

N_{cr}——欧拉临界力；

λ_1——按大端截面计算且考虑计算长度系数的长细比；

$\bar{\lambda}_1$——通用长细比；

i_{x1}——大端截面绕强轴的回转半径；

μ——柱计算长度系数，按《门式刚架轻型房屋钢结构技术规范》（GB 51022—2015）附录 A 计算；

H——柱高；

A_0、A_1——小端和大端截面的毛截面面积；

E——柱钢材的弹性模量；

f_y——柱钢材的屈服强度。

需要注意的是，当柱的最大弯矩不出现在大端时，M_1 和 W_{e1} 分别取最大弯矩和该弯矩所在截面的有效截面模量。

2.5.5 变截面柱在刚架平面外的整体稳定性计算

变截面柱在刚架平面外的整体稳定性应分段按式(2－39)～式(2－43)计算。当其不能满足需求时，应设置侧向支撑或隅撑，并验算每段的平面外稳定性。

$$\frac{N_1}{\eta_{ty}\varphi_y A_{e1} f}+\left(\frac{M_1}{\varphi_b \gamma_x W_{e1} f}\right)^{1.3-0.3k_\sigma}\leqslant 1 \tag{2-39}$$

$\bar{\lambda}_{1y} \geqslant 1.3$：

$$\eta_{ty}=1 \tag{2-40}$$

$\bar{\lambda}_{1y}<1.3$：

$$\eta_{ty}=\frac{A_0}{A_1}+\left(1-\frac{A_0}{A_1}\right)\times\frac{\bar{\lambda}_{1y}^2}{1.69} \tag{2-41}$$

$$\bar{\lambda}_{1y}=\frac{\lambda_{1y}}{\pi}\sqrt{\frac{f_y}{E}} \tag{2-42}$$

$$\lambda_{1y}=\frac{L}{i_{x1}} \tag{2-43}$$

式中 $\bar{\lambda}_{1y}$——构件绕弱轴的通用长细比；

λ_{1y}——构件绕弱轴的长细比；

i_{x1}——大端截面绕弱轴的回转半径；

φ_y——轴心受压构件弯矩作用平面外的稳定系数，以大端截面为准，按现行国家标准《钢结构设计标准》(GB 50017—2017）的规定取值，构件计算长度取纵向柱间支撑点间的距离；

N_1——所计算构件段大端截面的轴压力；

M_1——所计算构件段大端截面的弯矩；

φ_b——稳定系数。

2.5.6 变截面刚架梁的稳定性计算

实腹式刚架斜梁在平面内可按压弯构件计算强度，在平面外可按压弯构件计算稳定性。当斜梁坡度不超过 1∶5 时，因其轴力很小，可不进行平面内的稳定性计算，仅按压弯构件在平面内计算强度，在平面外计算稳定性。

实腹式刚架斜梁的平面外计算长度应取侧向支承点间的距离；当斜梁两翼缘侧向支承点间的距离不等时，应取最大受压翼缘侧向支承点间的距离。当实腹式刚架斜梁的下翼缘受压时，支承在屋面斜梁上翼缘的檩条，不能单独作为屋面斜梁的侧向支承。屋面斜梁和檩条之间设置的隅撑满足特定的条件，如在屋面斜梁的两侧均设置隅撑、隅撑的上支承点的位置不低于檩条形心线、隅撑符合设计要求时，下翼缘受压的屋面斜梁的平面外计算长度可考虑隅撑的作用。隅撑单面布置时，屋面斜梁的强度和稳定性计算应考虑隅撑作为檩条的实际支座承受的压力对屋面斜梁下翼缘的水平作用。

承受线性变化弯矩的楔形变截面梁段的稳定性，应按式(2-44)～式(2-51)计算。

$$\frac{M_1}{\gamma_x\varphi_b W_{x1}}\leqslant f \tag{2-44}$$

$$\varphi_b=\frac{1}{(1-\lambda_{b0}^{2n}+\lambda_b^{2n})^{1/n}} \tag{2-45}$$

$$\lambda_{b0}=\frac{0.55-0.25k_\sigma}{(1+\gamma)^{0.2}} \tag{2-46}$$

$$n=\frac{1.51}{\lambda_b^{0.1}}\sqrt[3]{\frac{b_1}{h_1}} \tag{2-47}$$

$$k_\sigma=k_M\frac{W_{x1}}{W_{x0}} \tag{2-48}$$

$$\lambda_b=\sqrt{\frac{\gamma_x W_{x1} f_y}{M_{cr}}} \tag{2-49}$$

$$k_M=\frac{M_0}{M_1} \tag{2-50}$$

$$\gamma=(h_1-h_0)/h_0 \tag{2-51}$$

式中　φ_b——楔形变截面梁段的整体稳定系数，$\varphi_b \leqslant 1.0$；

k_σ——小端截面压应力除以大端截面压应力得到的比值；

k_M——较小弯矩除以较大弯矩的弯矩比；

$\bar{\lambda}_b$——梁的通用长细比；

γ_x——截面塑性发展系数，按现行国家标准《钢结构设计标准》（GB 50017—2017）的规定取值；

M_{cr}——楔形变截面梁弹性屈曲临界弯矩；

b_1、h_1——弯矩较大截面的受压翼缘宽度和上下翼缘中面之间的距离；

W_{x1}——弯矩较大截面受压边缘的截面模量；

γ——变截面梁楔率；

h_0——小端截面上下翼缘中面之间的距离；

M_0——小端弯矩；

M_1——大端弯矩。

弹性屈曲临界弯矩应按式(2-52)～式(2-59)计算。

$$M_{cr}=C_1\frac{\pi^2 EI_y}{L^2}\left[\beta_{x\eta}+\sqrt{\beta_{x\eta}^2+\frac{I_{\omega\eta}}{I_y}\left(1+\frac{GJ_\eta L^2}{\pi^2 EI_{\omega\eta}}\right)}\right] \tag{2-52}$$

$$C_1=0.46k_M^2\eta_i^{0.346}-1.32k_M\eta_i^{0.132}+1.86\eta_i^{0.023} \tag{2-53}$$

$$\beta_{x\eta}=0.45(1+\gamma\eta)h_0\frac{I_{yT}-I_{yB}}{I_y} \tag{2-54}$$

$$\eta=0.55+0.04(1-k_\sigma)\sqrt[3]{\eta_i} \tag{2-55}$$

$$I_{\omega\eta}=I_{\omega 0}(1+\gamma\eta)^2 \tag{2-56}$$

$$I_{\omega 0}=I_{yT}h_{sT0}^2+I_{yB}h_{sB0}^2 \tag{2-57}$$

$$J_\eta=J_0+\frac{1}{3}\gamma\eta(h_0-t_f)t_w^3 \tag{2-58}$$

$$\eta_i=\frac{I_{yB}}{I_{yT}} \tag{2-59}$$

式中　C_1——等效弯矩系数，$C_1 \leqslant 2.75$；

η_i——惯性矩比；

I_{yT}、I_{yB}——弯矩最大截面受压翼缘和受拉翼缘绕弱轴的惯性矩；

$\beta_{x\eta}$——截面不对称系数；

I_y——变截面梁绕弱轴的惯性矩；

$I_{w\eta}$——变截面梁的等效翘曲惯性矩；

I_{w0}——小端截面的翘曲惯性矩；

J_η——变截面梁的等效圣维南扭转常数；

J_0——小端截面的自由扭转常数；

h_{sT0}、h_{sB0}——小端截面上下翼缘的中面到剪切中心的距离；

t_f——翼缘厚度；

t_w——腹板厚度；

L——梁段平面外计算长度。

2.5.7 隅撑设计

当实腹式刚架斜梁的下翼缘或柱的内翼缘受压时，为了保证其平面外稳定性，必须在受压翼缘设置隅撑（端部仅设置一道隅撑）作为侧向支承。隅撑的一端连接在受压翼缘上，另一端直接连接在檩条上，如图 2.8 所示。

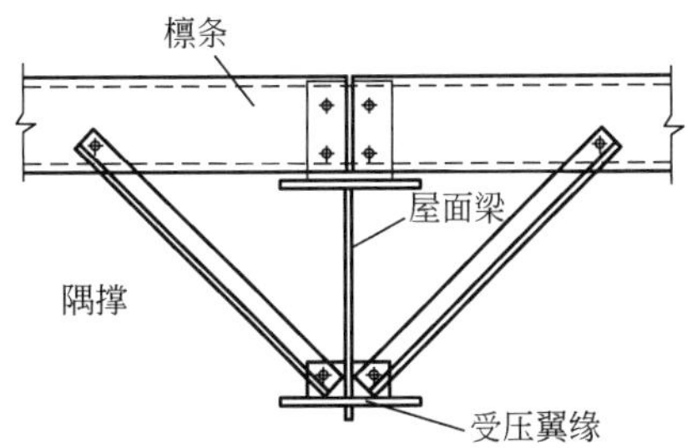

图 2.8 隅撑连接示意

隅撑应按轴心受压构件设计，其受压轴力设计值 N 可按式(2-60) 计算。当隅撑成对布置时，每根隅撑的计算轴力可取计算值的 1/2。

$$N = Af/(60\cos\theta) \tag{2-60}$$

式中 A——被支撑翼缘的截面面积；

f——被支撑翼缘钢材的抗压强度设计值；

θ——隅撑与檩条轴线的夹角。

隅撑与刚架构件腹板的夹角宜不小于 45°，其与刚架构件、檩条或墙梁的连接应采用螺栓连接，每端通常采用 1 个螺栓。

2.6 吊车梁设计

直接支承吊车轮压的受弯构件有吊车梁和吊车桁架，一般设计成简支结构。吊车梁的常用截面形式有型钢梁、焊接工字形梁及焊接箱形梁等（图 2.9），其中焊接工字形梁最为常用。吊车桁架的常用截面形式为上行式直接支承吊车桁架和上行式间接支承吊车桁架（图 2.10）。

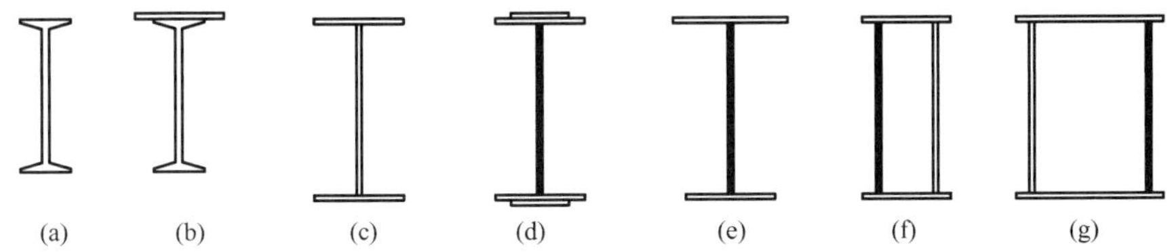

(a)、(b) 型钢梁　(c)、(d)、(e) 焊接工字形梁　(f)、(g) 焊接箱形梁

图 2.9 吊车梁的常用截面形式

吊车梁系统一般由吊车梁（吊车桁架）、制动结构、辅助桁架及支撑（水平支撑和垂直支撑）等组成（图 2.11）。

吊车梁设计应先考虑吊车工作制的影响。根据吊车的使用频率和通电持续率等因素确定其工作级别，其工作级别可分为 A1～A8。在进行吊车梁设计时，应根据工艺提供的资料确定其相应的工作级别，常用吊车的工作级别与工作制的对应关系可参考表 2－3。吊车梁均应满足强度、稳定性和容许挠度的要求；对重级工作制吊车梁应进行疲劳验算。当进行强度和稳定性计算时，一般按 2 台最大吊车的最不利组合考虑。当进行疲劳验算时，则按 1 台最大吊车考虑（不计动力系数）。

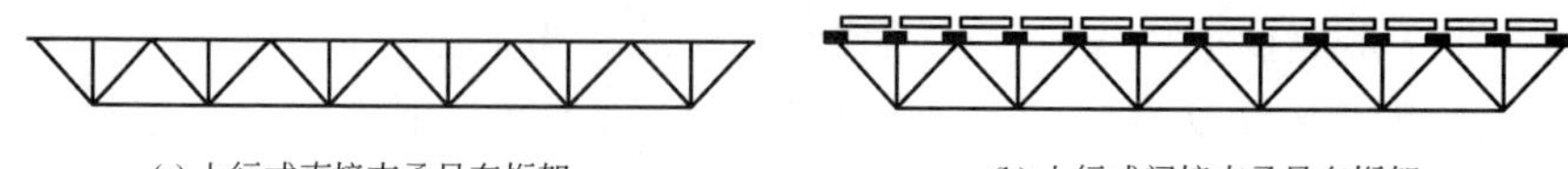

(a) 上行式直接支承吊车桁架　　(b) 上行式间接支承吊车桁架

图 2.10　吊车桁架常用截面形式

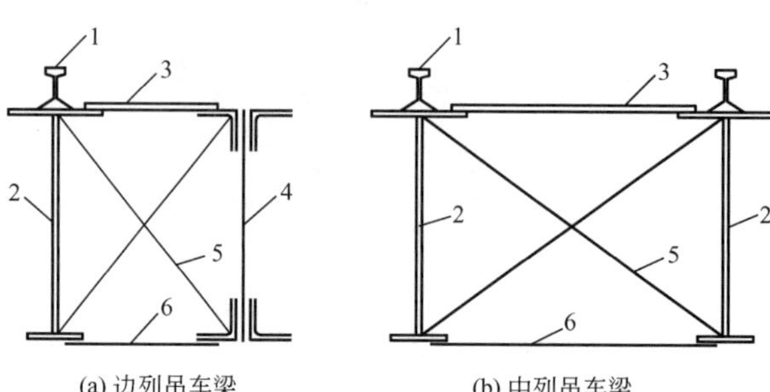

(a) 边列吊车梁　　(b) 中列吊车梁

1—轨道；2—吊车梁；3—制动结构；4—辅助桁架；5—垂直支撑；6—下翼缘水平支撑。

图 2.11　吊车梁系统

表 2－3　常用吊车的工作级别和工作制的对应关系

工作级别	工作制	吊车种类举例
A1～A3	轻级	1. 安装、维修用的电动梁式吊车； 2. 手动梁式吊车； 3. 电站用软钩桥式吊车
A4～A5	中级	1. 生产用的电动梁式吊车； 2. 机械加工、锻造、冲压、钣焊、装配、铸工（砂箱库、制芯、清理、粗加工）车间用的软钩桥式吊车
A6～A7	重级	1. 繁重工作车间、仓库用的软钩桥式吊车； 2. 机械铸工（造型、浇注、合箱、落砂）车间用的软钩桥式吊车； 3. 冶金用普通软钩桥式吊车； 4. 间断工作的电磁抓斗桥式吊车
A8	特重级	1. 冶金专用（如脱锭、夹钳、料耙、锻造、淬火等）桥式吊车 2. 连续工作的电磁、抓斗桥式吊车

注：有关吊车的工作级别和工作制的说明详见《起重机设计规范》(GB/T 3811—2008)。

在门式刚架轻型房屋钢结构体系中，最常见的吊车支承结构形式为焊接工字形简支吊车梁。焊接工字形简支吊车梁截面一般由三块板焊接而成。当吊车梁的跨度与吊车起重量不大并为轻、中级工作制时，可采用上翼缘加宽的不对称截面，此时一般可不设置制动结构。当吊车梁的跨度与吊车起重量较大或吊车为重级工作制时，可采用对称或不对称工字形截面，但需设置制动结构。焊接工字形吊车梁一般设计成等高度、等截面的形式，根据需要也可设计成变高度（支座处梁高缩小）、变截面的形式。

本节仅讨论吊车额定起重量 $Q \leqslant 20\mathrm{t}$ 的焊接工字形吊车梁的设计方法。

2.6.1 吊车梁的荷载

吊车梁直接承受由吊车产生的三个方向的荷载：竖向荷载、横向水平荷载和纵向水平荷载。竖向荷载包括吊车系统自重、起重物自重、吊车梁系统自重。当吊车沿轨道运行、起吊、卸载时，将引起吊车梁的振动；当吊车越过轨道接头处的空隙时，吊车与吊车梁之间还将发生撞击。这些振动和撞击都将对吊车梁产生动力效应，使吊车梁受到的吊车轮压值大于静轮压值。设计时，采用加大轮压值的方法处理竖向轮压的动力效应。

(1)《建筑结构荷载规范》(GB 50009—2012) 规定：竖向荷载标准值应采用吊车最大轮压值或最小轮压值。当计算吊车梁及其连接的强度时，竖向荷载应乘以动力系数。悬挂吊车（包括电动葫芦）及工作级别为 A1～A5 的软钩桥式吊车，动力系数可取 1.05；工作级别为 A6～A8 的软钩桥式吊车、硬钩吊车和其他特种吊车，动力系数可取 1.1。

(2) 横向水平荷载是当吊车上的小车或电动葫芦吊有重物刹车时而引起的横向水平惯性力，先通过小车刹车轮与桥架轨道之间的摩擦力传给大车轮，再通过大车轮在吊车轨顶传给吊车梁，最后由吊车梁与柱的连接传给刚架柱。根据《建筑结构荷载规范》(GB 50009—2012)，横向水平荷载标准值计算见式(2-61)。

$$T_K = \eta \frac{(Q+Q_1)}{2n_0} \times 10 \tag{2-61}$$

式中 η——取决于吊车的额定起重量 Q（软钩吊车的额定起重量：$Q \leqslant 10$t 时，$\eta=0.12$；$Q \leqslant 15 \sim 50$t 时，$\eta=0.10$；$Q \geqslant 75$t 时，$\eta=0.08$。硬钩吊车的额定起重量，$\eta=0.2$）；

Q_1——小车质量，由吊车资料确定（当无明确的吊车资料时，软钩吊车的小车质量可近似地确定：当 $Q \leqslant 50$t 时，$Q_1=0.4Q$；当 $Q>50$t 时，$Q_1=0.3Q$）；

n_0——吊车一侧轮数。

(3) 纵向水平荷载标准值。

纵向水平荷载标准值计算见式(2-62)。

$$T_{k,l} = 0.1 \sum P_{K,max} \tag{2-62}$$

式中 $\sum P_{K,max}$——作用于一侧轨道上所有制动轮最大轮压标准值之和（当缺少制动轮数资料时，一般桥式吊车可取此侧大车车轮总数的一半。当其沿轨道方向由吊车梁传给柱间支撑，计算吊车梁截面时不予考虑）。

(4) 其他荷载。

作用于吊车梁或吊车桁架走道板上活荷载一般取 2.0kN/m²，有积灰荷载时一般取 0.3～1.0kN/m²。

2.6.2 吊车梁的内力计算

计算吊车梁的内力时，由于吊车荷载为移动荷载，应按结构力学中影响线的方法确定各内力所需吊车荷载的最不利位置，再按此求出吊车梁的最大弯矩 $M_{x,max}$ 及其相应的剪力 V、支座最大剪力 V_{max}、横向水平荷载在水平方向所产生的最大弯矩 $M_{y,max}$。

如果某厂房中有两台吊车，计算吊车梁的强度、稳定性时，按两台吊车考虑；计算吊车梁的疲劳强度和变形时，按作用在该跨起重量最大的一台吊车考虑。疲劳强度和变形的计算，采用吊车荷载的标准值，不考虑动力系数。

当吊车梁有制动桁架时需计算横向水平荷载在吊车梁上翼缘（制动桁架弦杆）所产生的节间弯矩 M_{yl}。节间弯矩可按式(6－63)、式(6－64) 近似计算，其计算简图如图 2.12 所示。

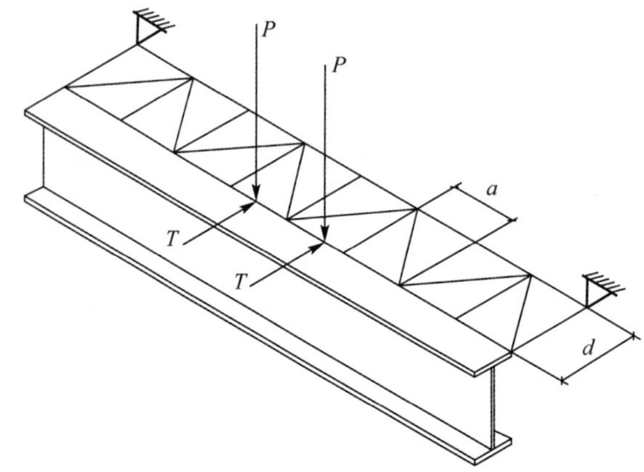

图 2.12 节间弯矩计算简图

轻、中级工作制吊车的制动桁架：

$$M_{yl}=\frac{Ta}{4} \tag{2-63}$$

重级工作制吊车的制动桁架：

$$M_{yl}=\frac{Ta}{3} \tag{2-64}$$

式中 a——制动桁架节间距离。

由 $M_{y,\max}$ 在吊车梁上翼缘或制动桁架外弦产生的附加轴力 $N_{\mathrm{T}}=M_{y,\max}/d$，$d$ 为制动桁架弦杆重心线间距离。

可按车轮横向力作用下桁架杆件影响线来求得制动桁架腹杆内力，对中列制动桁架还应考虑相邻跨吊车水平力同时作用的不利组合。

2.6.3 吊车梁及制动结构的验算

求出吊车梁最不利的内力后，根据受弯构件中组合梁截面选择的方法试选吊车梁截面，然后进行验算。

1. 弯曲正应力

(1) 上翼缘正应力。

上翼缘正应力分以下 3 种情况，其计算见式(2－65) ～式(2－67)。

无制动结构：

$$\sigma=\frac{M_{x,\max}}{W_{\mathrm{n}x1}}+\frac{M_y}{W_{\mathrm{n}y}}\leqslant f \tag{2-65}$$

有制动梁：

$$\sigma=\frac{M_{x,\max}}{W_{\mathrm{n}x1}}+\frac{M_y}{W_{\mathrm{n}y1}}\leqslant f \tag{2-66}$$

有制动桁架：

$$\sigma=\frac{M_{x,\max}}{W_{\mathrm{n}x1}}+\frac{M_{yl}}{W_{\mathrm{n}y}}+\frac{N_T}{A_{\mathrm{ne}}}\leqslant f \tag{2-67}$$

式中 $M_{x,\max}$——吊车竖向荷载对 x 轴产生的最大竖向弯矩；

M_y——上翼缘或下翼缘与制动梁组合截面对 y 轴的水平弯矩；

M_{yl}——为制动桁架时，上翼缘在桁架节间内的水平局部弯矩；

A_{ne}——梁上部参与制动结构的有效净面积，可取吊车梁上翼缘和 $15t_{\mathrm{w}}$ 腹板的净面积之和；

$W_{\mathrm{n}x1}$——对吊车梁截面强轴（x_1 轴）上部纤维的净截面模量；

$W_{\mathrm{n}y}$——吊车梁上翼缘截面（包括加强板、角钢或槽钢）对 y 轴的净截面模量；

$W_{\mathrm{n}y1}$——梁上翼缘与制动梁组合成水平受弯构件对其竖向轴（y_1 轴）的净截面模量。

（2）下翼缘正应力。

下翼缘正应力计算见式(2-68)。

$$\sigma=\frac{M_{x,\max}}{W_{\mathrm{n}x2}}\leqslant f \tag{2-68}$$

式中 $W_{\mathrm{n}x2}$——吊车梁截面强轴（x_2 轴）下部纤维的净截面模量。

2. 剪应力

剪应力计算见式(2-69)。

$$\tau=\frac{VS_x}{I_x t_{\mathrm{w}}}\leqslant f_{\mathrm{v}} \tag{2-69}$$

式中 V——梁计算截面承受的剪力；

S_x——计算剪应力处以上毛截面对中和轴的面积矩；

I_x——计算截面对 x 轴的毛截面惯性矩；

t_{w}——腹板厚度；

f、f_{v}——钢材的抗弯、抗剪强度设计值。

3. 吊车梁腹板计算高度上边缘受集中荷载局部压应力

吊车梁腹板计算高度上边缘受集中荷载局部压应力计算见式(2-70)。

$$\sigma_{\mathrm{c}}=\frac{\Psi F}{l_z t_{\mathrm{w}}}\leqslant f \tag{2-70}$$

式中 F——考虑动力系数的吊车最大轮压的设计值；

Ψ——重级工作制的吊车梁取 1.35，其他情况取 1.1；

l_z——集中荷载在腹板计算高度上边缘的假定分布长度，$l_z=a+5h_y+2h_{\mathrm{R}}$，［$a$ 为集中荷载沿梁跨度方向的支承长度（对钢轨上的轮压可取 50mm）；h_y 为自梁顶面至腹板计算高度上边缘的距离（对焊接梁即翼缘板厚度）；h_{R} 为轨道的高度］。

4. 吊车梁腹板计算高度边缘折算应力

吊车梁腹板计算高度边缘折算应力计算见式(2-71)。

$$\sqrt{\sigma_1^2+\sigma_c^2-\sigma_1\sigma_c+3\tau_1^2}\leqslant 1.1f \tag{2-71}$$

5. 端支承加劲肋截面的强度和稳定

（1）端面承压应力。

端面承压应力计算见式(2－72)。

$$\sigma_{ce}=\frac{R}{A_{ce}}\leqslant f_{ce} \tag{2-72}$$

式中 A_{ce}——端面承压面积（支座加劲肋与下翼缘或柱间梁顶面接触处的净面积）。

（2）受压短柱的应力。

受压短柱的应力计算见式(2－73)。

$$\frac{R}{\varphi A_s}\leqslant f \tag{2-73}$$

式中 R——支座反力；

φ——由长细比 λ_z 决定的轴心受压构件稳定系数，$\lambda_z=h_0/i_z$；

A_s——将支座加劲肋视为轴心受压构件时的计算面积，包括支座加劲肋和加劲肋两侧或一侧 $15t_w\sqrt{235/f_y}$ 范围内的腹板面积。

6. 整体稳定性验算

无制动结构时，按式(2－74）验算吊车梁的整体稳定性。

$$\frac{M_{x,\max}}{\varphi_b W_x}+\frac{M_{y,\max}}{W_y}\leqslant f \tag{2-74}$$

7. 刚度验算

吊车梁的竖向挠度计算见式(2－75)。

$$v=\frac{M_{xk,\max}l^2}{10EI_x}\leqslant[v] \tag{2-75}$$

式中 $M_{xk,\max}$——由全部竖向荷载（包括一台吊车荷载和吊车梁自重）标准值（不考虑动力系数）产生的最大弯矩。

8. 焊接吊车梁的连接计算

（1）梁腹板与上翼缘板的连接焊缝。

梁腹板与上翼缘板的连接焊缝尺寸计算见式(2－76)。

$$h_f\geqslant\frac{1}{1.4\,[f_f^w]}\sqrt{\left(\frac{V_{\max}S_1}{I_x}\right)^2+\left(\frac{\Psi P}{l_z}\right)^2} \tag{2-76}$$

式中 $V_{\max}$——计算截面的最大剪力设计值（考虑动力系数）；

S_1——翼缘截面对梁中和轴的毛截面惯性矩；

I_x——梁的毛截面惯性矩；

P——作用在吊车梁上的最大轮压设计值（考虑动力系数）；

l_z——腹板承压长度，$l_z=50\text{mm}+2h_y$（h_y 为轨顶直腹板上边缘的距离）。

（2）梁腹板与下翼缘板的连接焊缝。

梁腹板与下翼缘板的连接焊缝尺寸计算见式(2－77)。

$$h_f\geqslant\frac{V_{\max}S_1}{1.4[f_f^w]I_x} \tag{2-77}$$

(3) 支座加劲肋与梁腹板的连接焊缝。

① 平板支座。

平板支座加劲肋与梁腹板的连接焊缝尺寸计算见式(2-78)。

$$h_f \geqslant \frac{R}{2\times 1.4 l_w [f_f^w]} \tag{2-78}$$

② 凸缘支座。

凸缘支座加劲肋与梁腹板的连接焊缝尺寸计算见式(2-79)。

$$h_f \geqslant \frac{1.2R}{1.4 l_w [f_f^w]} \tag{2-79}$$

吊车梁在动态荷载的反复作用下，可能发生疲劳破坏。有关疲劳的验算和吊车梁腹板的局部稳定性验算，请参考《钢结构设计标准》(GB 50017—2017) 的相关内容。

焊接吊车梁的横向加劲肋不得与受拉翼缘焊接，但可与受压翼缘焊接。横向加劲肋宜在距受拉下翼缘 50～100mm 处断开（图 2.13），其与腹板的连接焊缝不宜在肋下端起落弧。当吊车梁受拉翼缘与支撑相连时，不宜采用焊接。吊车梁与制动梁的连接可采用高强度螺栓摩擦型接连或焊接。吊车梁与刚架上柱的连接处宜设长圆孔（图 2.14）。吊车梁与牛腿连接宜采用焊接（图 2.15）。吊车梁之间应采用高强度螺栓连接。

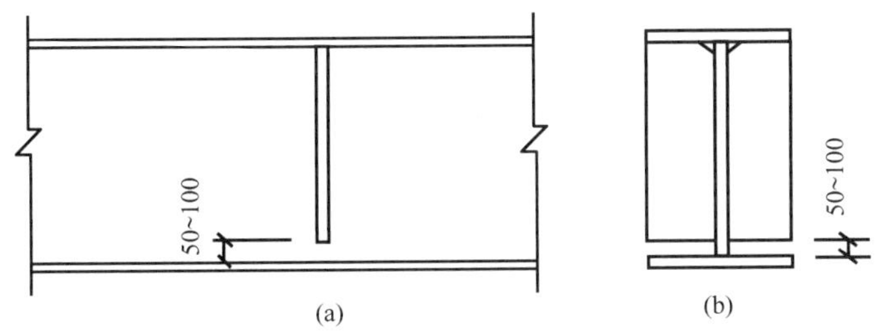

图 2.13 横向加劲肋设置

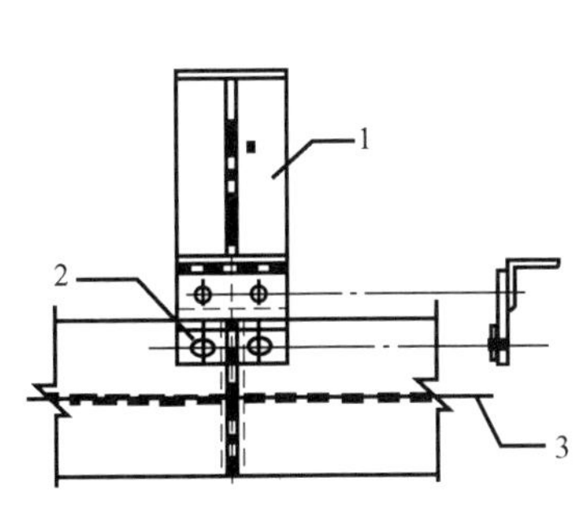

1—上柱；2—长圆孔；3—吊车梁中心线。

图 2.14 吊车梁与刚架上柱连接

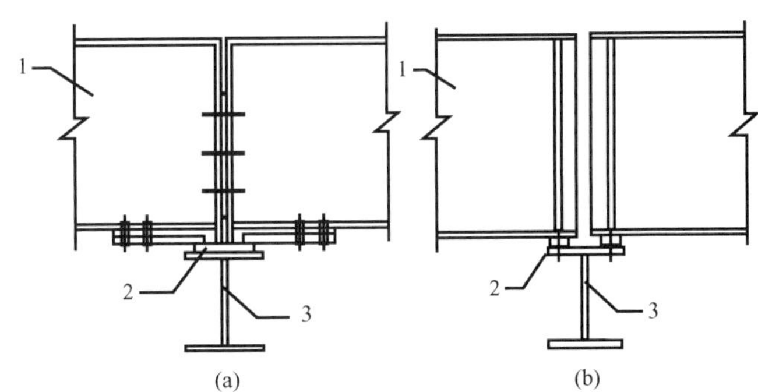

1—吊车梁；2—垫板；3—牛腿。

图 2.15 吊车梁与牛腿连接

2.6.4 吊车梁与柱的连接

柱上设置牛腿以支承吊车梁。实腹式柱上支承吊车梁的牛腿，柱在牛腿上下盖板的相应位置上应按要求设置横向加劲肋（图 2.16）。上盖板与柱的连接可采用角焊缝或开坡口的T形对接焊缝，下盖板与柱的连接可采用开坡口的T形对接焊缝，腹板与柱的连接可采用角焊缝。

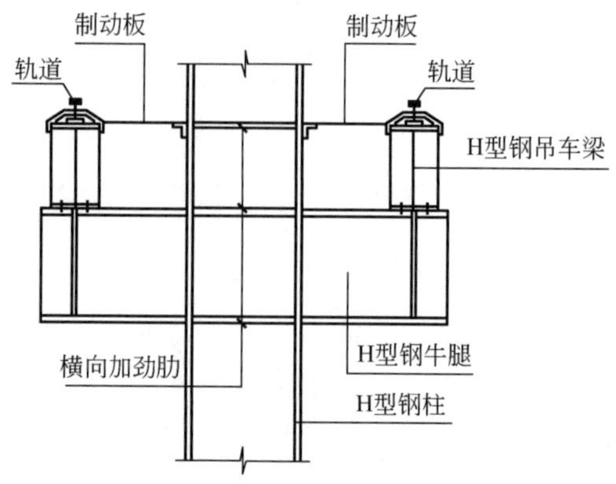

图 2.16　设置横向加劲肋

2.7　其他构件设计

2.7.1　檩条设计

1. 檩条形式

檩条宜优先采用实腹式，也可采用格构式。实腹式檩条宜采用卷边C形冷弯薄壁型钢和带斜卷边的Z形冷弯薄壁型钢，也可以采用直卷边的Z形冷弯薄壁型钢，实腹式檩条截面如图2.17所示。当檩条跨度大于9m时宜采用格构式，并应验算其下翼缘的稳定性。格构式檩条可采用平面桁架式、空间桁架式或下撑式。檩条一般设计成单跨简支构件，实腹式檩条尚可设计成连续构件。

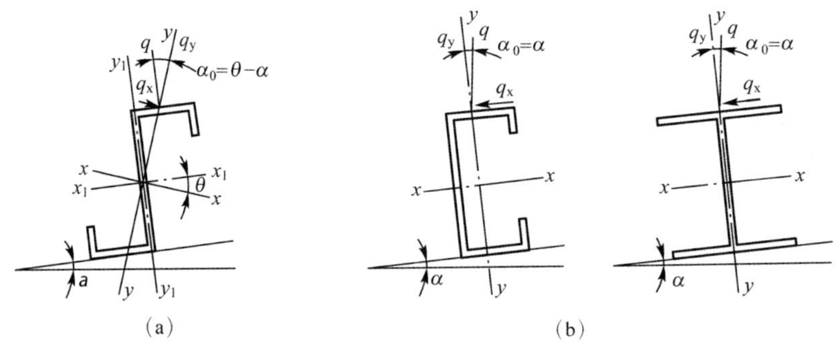

图 2.17　实腹式檩条截面

实腹式檩条跨度不宜大于12m。当檩条跨度大于4m时，宜在檩条跨中位置设置拉条或撑杆。当檩条跨度大于6m时，宜在檩条跨度三分点处各设一道拉条或撑杆；当檩条跨度大于9m时，宜在檩条跨度四分点处各设一道拉条或撑杆。斜拉条和刚性撑杆组成的桁架结构体系应分别设在檐口和屋脊处（图2.18），当构造能保证屋脊处拉条互相拉结平衡时，在屋脊处可不设斜拉条和刚性撑杆。

当单坡长度大于 50m 时，宜在中间增加一道双向斜拉条和刚性撑杆组成的桁架结构体系（图 2.18）。

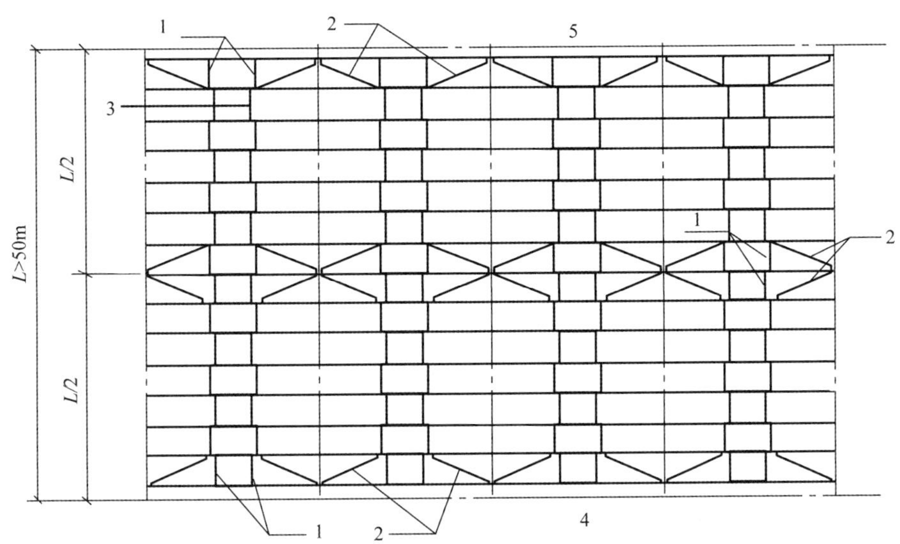

1—刚性撑杆；2—斜拉条；3—拉条；4—檐口位置；
5—屋脊位置；L—单坡长度。

图 2.18 双向斜拉条和刚性撑杆

2. 檩条强度与稳定

(1) 实腹式檩条。

屋面檩条属于双向受弯构件。当屋面能阻止檩条侧向位移和扭转时，实腹式檩条只计算强度，不计算整体稳定性。实腹式檩条强度可按式(2－80)、式(2－81) 计算。

$$\frac{M_{x'}}{W_{\mathrm{cn}x'}} \leqslant f \tag{2-80}$$

$$\frac{3V_{y',\max}}{2h_0 t} \leqslant f_{\mathrm{v}} \tag{2-81}$$

式中 $M_{x'}$——腹板平面内的弯矩设计值；

$W_{\mathrm{en}x'}$——按腹板平面内（图 2.19，绕 $x'-x'$轴）计算的有效净截面模量（对冷弯薄壁型钢）或净截面模量（对热轧型钢）；

$V_{y',\max}$——腹板平面内的最大剪力设计值；

h_0——檩条腹板扣除冷弯半径后的平直段高度；

t——檩条厚度（当双檩条搭接时，取两檩条厚度之和并乘以折减系数 0.9）；

f——钢材的抗拉、抗压和抗弯强度设计值；

f_{v}——钢材的抗剪强度设计值。

冷弯薄壁型钢的有效净截面模量，应按现行国家标准《冷弯薄壁型钢结构技术规范》(GB 50018—2019) 的方法计算，其中，翼缘屈曲系数可取 3.0，腹板屈曲系数可取 23.9，卷边屈曲系数可取 0.425；对于双檩条搭接段，可取两檩条有效净截面模量之和并乘以折减系数 0.9。

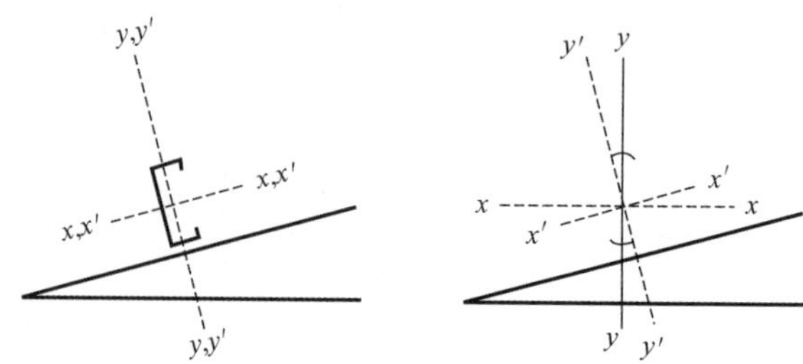

图 2.19　檩条的计算惯性轴

当屋面不能阻止檩条侧向位移和扭转时，应按式(2－82) 计算檩条的稳定性。

$$\frac{M_x}{\varphi_{by}W_{enx}}+\frac{M_y}{W_{eny}}\leqslant f \tag{2-82}$$

式中　M_x、M_y——对截面主轴 x 轴、y 轴的弯矩设计值；

W_{enx}、W_{eny}——对截面主轴 x 轴、y 轴的有效净截面模量（对冷弯薄壁型钢）或净截面模量（对热轧型钢）；

φ_{by}——梁的整体稳定系数［冷弯薄壁型钢构件按现行国家标准《冷弯薄壁型钢结构技术规范》(GB 50018—2019)，热轧型钢构件按现行国家标准《钢结构设计标准》(GB 50017—2017) 的规定计算］。

在风吸力作用下，受压下翼缘的稳定性应按现行国家标准《冷弯薄壁型钢结构技术规范》(GB 50018—2019) 的规定计算；当受压下翼缘有内衬板约束且能防止檩条截面扭转时，其整体稳定性可不计算。

当檩条腹板高厚比大于 200 时，应设置檩托板连接檩条腹板传力；当檩条腹板高厚比不大于 200 时，可不设置檩托板，由翼缘支承传力，但应按《门式刚架轻型房屋钢结构技术规范》(GB 51022—2015) 的相关要求计算檩条的局部屈曲承压能力。

檩条兼做屋面横向水平支撑压杆和纵向系杆时，檩条长细比不应大于 200。兼做横向水平支撑压杆、纵向系杆的檩条应按压弯构件计算，在式(2－80) 和式(2－82) 中叠加轴向力产生的应力，其压杆稳定系数应按构件平面外方向计算，计算长度应取拉条或撑杆的间距。

吊挂在屋面上的普通集中荷载宜通过螺栓或自攻螺钉直接作用在檩条的腹板上，也可在檩条之间加设冷弯薄壁型钢作为扁担支承吊挂荷载，冷弯薄壁型钢扁担与檩条间宜采用螺栓连接或自攻螺钉连接。

(2) 桁架式檩条。

桁架式檩条可采用平面桁架式，平面桁架式檩条应设置拉条体系。平面桁架式檩条的计算应符合下列规定。

① 所有节点均应按铰接进行计算，上下弦杆的轴向力应按式(2－83) 计算。

$$N_s=M_x/h \tag{2-83}$$

上弦杆应计算节间局部弯矩，见式(2－84)。

$$M_{1x}=q_x a^2/10 \tag{2-84}$$

腹杆的轴向压力应按式(2－85) 计算：

$$N_w = V_{max}/\sin\theta \tag{2-85}$$

式中 N_s——檩条上下弦杆的轴向力；

N_w——腹杆的轴向压力；

M_x、M_{1x}——垂直于屋面方向的主弯矩和节间局部弯矩；

h——檩条上下弦杆中心的距离；

q_x——垂直于屋面的荷载；

a——上弦杆节间长度；

V_{max}——檩条的最大剪力；

θ——腹杆与弦杆之间的夹角。

② 在重力荷载作用下，当屋面板能阻止檩条侧向位移时，上下弦杆强度验算应符合下列规定。

上弦杆的强度应按式(2－86) 进行验算。

$$\frac{N_s}{A_{n1}} + \frac{M_{1x}}{W_{n1x}} \leqslant 0.9f \tag{2-86}$$

式中 A_{n1}——杆件的净截面面积；

W_{n1x}——杆件的净截面模量；

f——钢材强度设计值。

下弦杆的强度应按式(2－87) 进行验算。

$$\frac{N_s}{A_{n1}} \leqslant 0.9f \tag{2-87}$$

腹杆应按式(2－88)、式(2－89) 进行验算。

强度：

$$\frac{N_w}{A_{n1}} \leqslant 0.9f \tag{2-88}$$

稳定性：

$$\frac{N_w}{\varphi_{min} A_{n1}} \leqslant 0.9f \tag{2-89}$$

式中 φ_{min}——腹杆的轴压稳定系数，φ_{min} 为 φ_x 和 φ_y 中的较小值，计算长度取节点间距离。

③ 在重力荷载作用下，当屋面板不能阻止檩条侧向位移时，应按式(2－90) 计算上弦杆的平面外稳定。

$$\frac{N_s}{\varphi_y A_{n1}} + \frac{\beta_{tx} M_{1x}}{\varphi_b W_{n1xc}} \leqslant 0.9f \tag{2-90}$$

式中 φ_y——上弦杆的轴心受压稳定系数，计算长度取侧向支撑点的距离；

φ_b——上弦杆的均匀受弯整体稳定系数，计算长度取上弦杆侧向支撑点的距离（上弦杆 $I_y \geqslant I_x$ 时，$\varphi_b = 1.0$）；

β_{tx}——等效弯矩系数，可取 0.85；

W_{n1xc}——上弦杆在 M_{1x} 作用下受压纤维的净截面模量。

④ 在风吸力作用下，下弦杆的平面外稳定应按式(2－91) 计算。

$$\frac{N_s}{\varphi_y A_{n1}} \leqslant 0.9f \tag{2-91}$$

式中　φ_y——下弦杆的平面外受压稳定系数，计算长度取侧向支撑点的距离。

（3）构造要求。

① 屋面檩条与刚架斜梁宜采用普通螺栓连接，檩条每端应设两个螺栓（图2.20）。檩条连接宜采用檩托板，檩条高度较大时，檩托板处宜设加劲板。嵌套搭接方式的Z形连续檩条，当有可靠依据时，可不设檩托板，由Z形檩条翼缘用螺栓连接在刚架上。

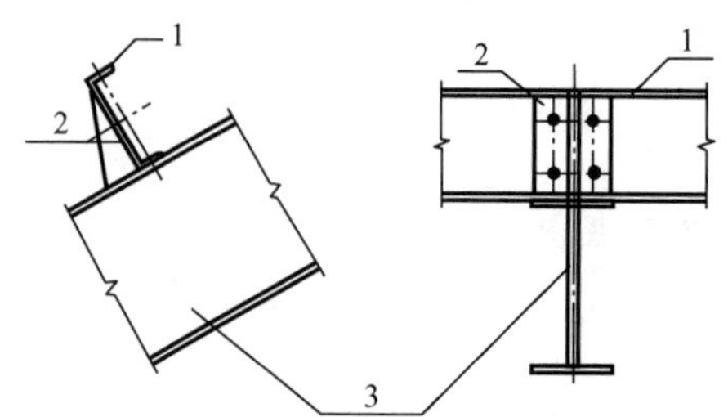

1—檩条；2—檩托板；3—刚架斜梁。

图2.20　檩条与刚架斜梁连接

② 连续檩条的搭接长度$2a$不宜小于10%的檩条跨度（图2.21），嵌套搭接部分的檩条应采用螺栓连接，按连续檩条支座处弯矩验算螺栓连接强度。

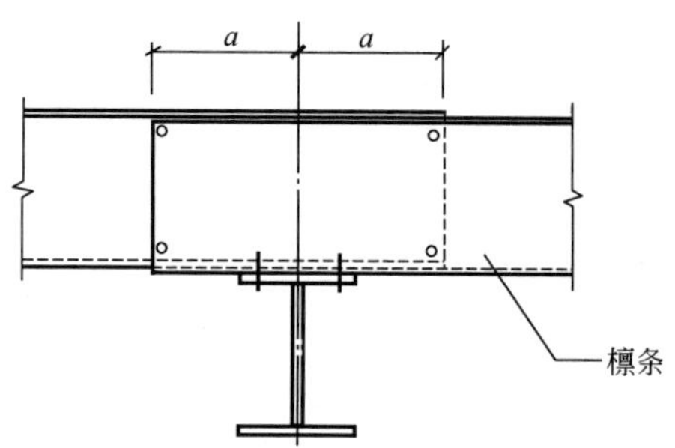

图2.21　连续檩条的搭接

③ 檩条之间的拉条和撑杆应直接连在檩条腹板上，并采用普通螺栓连接［图2.22（a）］，斜拉条端部宜弯折或设置垫块［图2.22（b）、（c）］。

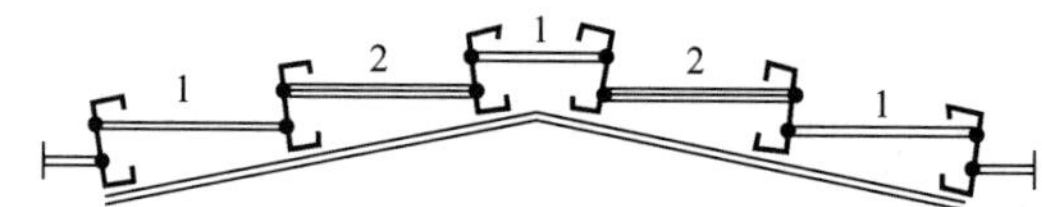

(a) 普通螺栓连接

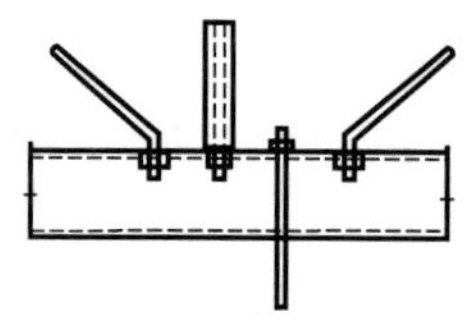

(b) 斜拉条端部弯折

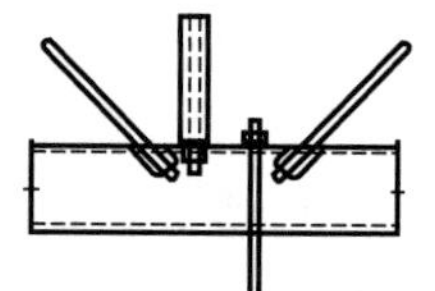

(c) 斜拉条端部设置垫块

1—拉条；2—撑杆。

图2.22　拉条和撑杆与檩条连接

④ 屋脊两侧檩条可用槽钢和圆钢连接（图2.23）。

(a) 用槽钢连接

(b) 用圆钢连接

图 2.23　屋脊两侧檩条连接

⑤ C形和Z形檩条上翼缘的肢尖或卷边应朝向屋脊方向，以减小荷载偏心引起的扭矩。檩条计算时，不能把隅撑作为檩条的支撑点。屋面板对檩条产生的倾覆力矩，可采取变化檩条翼缘的朝向使之相互平衡。当变化檩条翼缘的朝向不能平衡倾覆力矩时，应通过檩间支撑传递至屋面梁，檩间支撑由拉条和斜拉条共同组成。应根据屋面荷载、屋面坡度计算檩条的倾覆力矩的大小和方向，按《门式刚架轻型房屋钢结构技术规范》（GB 51022—2015）的相关规定验算檩间支撑体系的承载力。

⑥ 拉条通常采用圆钢，圆钢直径不宜小于10mm。圆钢拉条可设在距檩条上翼缘1/3腹板高度的范围内。檩间支撑的形式可采用刚性支撑或柔性支撑，应根据檩条的整体稳定性设置一层檩间支撑或上下两层檩间支撑。当在风吸力作用下檩条下翼缘受压时，拉条宜在檩条上下翼缘附近适当布置。刚性支撑可采用钢管、方钢或角钢，支撑长细比不应大于220。斜拉条可弯折也可不弯折，弯折时要求弯折的直线长度不超过15mm，不弯折时则需要通过斜垫板或角钢与檩条连接。

2.7.2 墙梁设计

墙梁宜采用卷边C形或Z形冷弯薄壁型钢。墙梁可设计成简支梁或连续构件，两端支承在刚架柱上。墙梁主要承受水平风荷载，宜将腹板置于水平面。当墙板底部端头自承重且墙梁与墙板间有可靠连接时，可不考虑墙面自重引起的弯矩和剪力。当墙梁需承受墙板重力时，应考虑双向弯曲。

当墙梁跨度为4～6m时，宜在跨中设一道拉条；当墙梁跨度大于6m时，宜在跨间三分点处各设一道拉条。在最上层墙梁处宜设斜拉条，从而将拉力传至承重柱或墙架柱；当墙板的竖向荷载有可靠途径直接传至地面或托梁时，可不设拉条。

单侧挂墙板的墙梁应计算其强度和稳定性。

(1) 在承受朝向面板的风压时，墙梁的强度可按式(2-92)～式(2-94)验算。

$$\frac{M_{x'}}{W_{\mathrm{en}x'}}+\frac{M_{y'}}{W_{\mathrm{en}y'}}\leqslant f \tag{2-92}$$

$$\frac{3V_{y',\max}}{2h_0 t}\leqslant f_{\mathrm{v}} \tag{2-93}$$

$$\frac{3V_{x',\max}}{4b_0 t}\leqslant f_{\mathrm{v}} \tag{2-94}$$

式中　$M_{x'}$、$M_{y'}$——水平荷载和竖向荷载产生的弯矩（下标x'和y'分别表示墙梁的竖向轴和水平轴，当墙板底部端头自承重时，$M_{y'}=0$）；

$V_{x',\max}$、$V_{y',\max}$——竖向荷载和水平荷载产生的剪力，当墙板底部端头自承重时，$V_{x',\max}=0$；

$W_{\mathrm{en}x'}$、$W_{\mathrm{en}y'}$——绕竖向轴x'和水平轴y'的有效净截面模量（对冷弯薄壁型钢）或净截面模量（对热轧型钢）；

b_0、h_0——墙梁在竖向和水平向的计算高度，取板件弯折处两圆弧起点之间的距离；

t——墙梁壁厚。

(2) 仅外侧设有压型钢板的墙梁在风吸力作用下的稳定性，可按现行国家标准《冷弯薄壁型钢结构技术规范》(GB 50018—2019) 的规定计算。

双侧挂墙板的墙梁应按式(2－92)～式(2－94)计算朝向面板的风压和风吸力作用下的强度；当有一侧墙板底部端头自承重时，$M_{y'}$和$V_{x',\max}$均可取0。

2.7.3 支撑构件设计

门式刚架轻型房屋钢结构中的交叉支撑和柔性系杆可按拉杆设计，非交叉支撑的受压杆件及刚性系杆可按压杆设计。

刚架斜梁上横向水平支撑的内力，应根据纵向风荷载按支承于柱顶的水平桁架计算，并计入横向水平支撑对刚架斜梁起减少计算长度作用而承担的力；交叉支撑可不计压杆的受力。

刚架柱间支撑的内力，应根据该柱列所受纵向风荷载（如有吊车，还应计入吊车纵向制动荷载），按支承于柱脚基础上的竖向悬臂桁架计算，并计入刚架柱间支撑对柱起减小计算长度作用而承担的力。对交叉支撑可不计压杆的受力。当同一柱列设有多道纵向柱间支撑时，纵向力在支撑间可按均匀分布考虑。

支撑杆件中的拉杆可采用圆钢制作，用特制的连接件与梁柱的腹板连接，并应以花篮螺栓张紧。支撑杆件中的压杆宜采用双角钢组成的T形截面或十字形截面，刚性系杆可采用圆管截面。

支撑构件的计算按轴心受力构件的相关内容进行。

2.7.4 屋面板和墙面板设计

屋面板和墙面板可选用建筑外用彩色镀锌压型钢板或镀铝锌压型钢板、夹芯压型复合板、玻璃纤维增强水泥外墙板等。

一般建筑屋面板或墙面板采用的压型钢板宜采用长尺压型钢板。压型钢板的计算和构造应遵照现行国家标准《冷弯薄壁型钢结构技术规范》(GB 50018—2019) 的规定。屋面外板及墙面外板的基板厚度不应小于0.45mm，屋面板及墙面板的基板厚度不应小于0.35mm。屋面板与檩条的连接方式可分为直立缝锁边连接型、扣合式连接型、螺钉连接型。屋面板沿板长方向的搭接位置宜在屋面檩条上，搭接长度不应小于150mm，在搭接处应做防水处理。墙面板的搭接长度不应小于120mm。墙面板的自重宜直接传至地面，板与板间应适当连接。

当房屋内部有自然采光要求时，可在金属板屋面设置点状或带状采光板。当采用带状采光板时，应采取释放温度变形的措施。屋面板与相配套的屋面采光板连接时，必须在长度方向和宽度方向上使用有效的密封胶进行密封，连接方式宜和金属板之间的连接方式一致。金属屋面板上附件的材质宜优先采用铝合金或不锈钢，与屋面板的连接要有可靠的防水措施。

屋面排水坡度不应小于表 2-4 的限值。

表 2-4 屋面排水坡度限值

连接方式	屋面排水坡度限值
直立缝锁边连接型	1/30
扣合式连接型及螺钉连接型	1/20

2.8 节点设计

节点包括梁柱连接节点、梁梁拼接节点、柱脚节点及其他一些次结构与刚架的连接节点。当有吊车时，刚架柱上还有牛腿节点。节点设计应满足以下要求：①传力简洁、构造合理，具有必要的延性；②便于焊接，避免应力集中和过大的约束应力；③便于加工及安装，容易就位和调整。

2.8.1 梁柱连接节点与梁梁拼接节点

门式刚架横梁与柱的连接一般采用外伸端板与高强度螺栓连接的形式，主要分为端板竖放、端板横放和端板斜放 3 种形式，如图 2.24 所示。梁梁拼接也可采用外伸端板与高强度螺栓连接的形式，如图 2.25 所示。

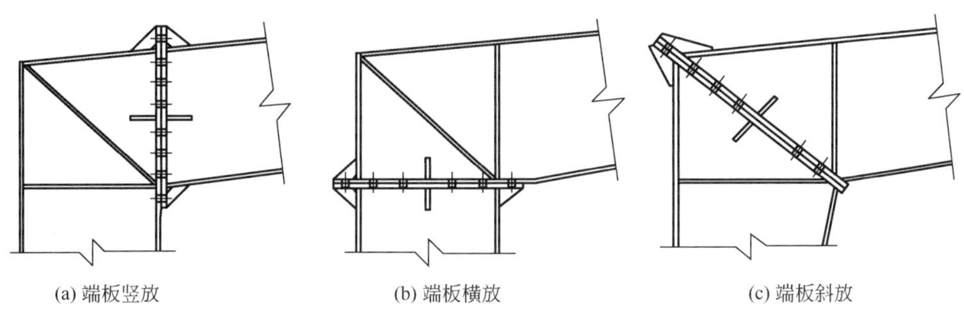

图 2.24 刚架横梁与柱的连接

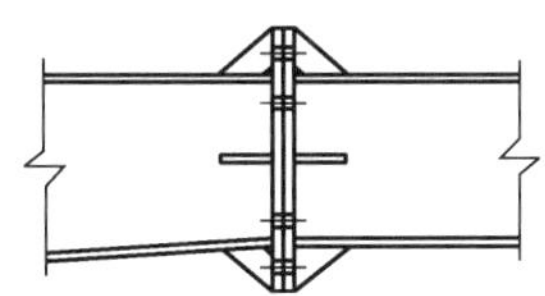

图 2.25 梁梁拼接

1. 梁柱和梁梁端板连接的构造要求

端板连接的构造应符合以下要求。

(1) 刚架构件间的连接可采用高强度螺栓端板连接。高强度螺栓直径应根据受力确定，可采用 M16～M24 螺栓。高强度螺栓承压型连接可用于直接承受静力荷载和间接承受动力荷载的结构；重要结构或承受动力荷载的结构应采用高强度螺栓摩擦型连接；用来耗能的连接接头可采用高强度螺栓承压型连接。

（2）端板厚度取各种支承条件下计算确定的最大值，但不应小于 16mm 及 0.8 倍的高强度螺栓直径。

（3）端板螺栓宜成对布置。螺栓中心至翼缘板表面的距离，应满足拧紧螺栓时的施工要求，不宜小于 45mm。螺栓端距不应小于 2 倍螺栓孔径；螺栓中距不应小于 3 倍螺栓孔径。当端板上两对螺栓间最大距离大于 400mm 时，应在端板中间增设一对螺栓。

（4）端板直接与柱翼缘连接而柱翼缘厚度小于端板厚度时，相连的柱翼缘部分宜采用局部变厚板，其厚度应与端板相同。

（5）外伸端板可只在受拉螺栓一侧外伸，当有必要加强接头刚度时，可在外伸部分设短加劲肋。

2. 端板连接节点设计

端板连接节点设计应包括连接螺栓设计、端板厚度确定、节点域剪应力验算、端板螺栓处构件腹板强度验算、端板连接刚度验算，并应符合下列规定。

（1）连接螺栓应按现行国家标准《钢结构设计标准》（GB 50017—2017）验算螺栓在拉力、剪力或拉力、剪力共同作用下的强度。

（2）端板厚度应根据支承条件（图 2.26）确定，各种支承条件下端板区格的厚度应分别按式(2－95)～式(2－99)计算。

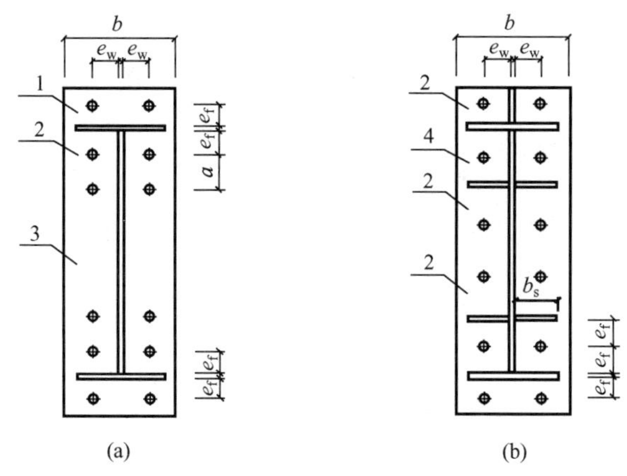

1—伸臂；2—两边；3—无肋；4—三边。

图 2.26　端板支承条件

① 伸臂类区格。

$$t \geqslant \sqrt{\frac{6e_f N_t}{bf}} \tag{2-95}$$

② 无加劲肋类区格。

$$t \geqslant \sqrt{\frac{3e_w N_t}{(0.5a+e_w)f}} \tag{2-96}$$

③ 两邻边支承类区格。

当端板外伸时：

$$t \geqslant \sqrt{\frac{6e_f e_w N_t}{[e_w b + 2e_f(e_f + e_w)]f}} \tag{2-97}$$

当端板平齐时：

$$t \geqslant \sqrt{\frac{12e_f e_w N_t}{[e_w b + 4e_f(e_f + e_w)]f}} \tag{2-98}$$

④ 三边支承类区格。

$$t \geqslant \sqrt{\frac{6e_f e_w N_t}{[e_w(b + 2b_s) + 4e_f^2]f}} \tag{2-99}$$

式中 N_t——1个高强度螺栓的受拉承载力设计值；

e_w、e_f——螺栓中心至腹板、翼缘板表面的距离；

b、b_s——端板、加劲肋板的宽度；

a——螺栓间距；

f——端板钢材的抗拉强度设计值。

(3) 门式刚架斜梁与柱相交的节点域［图2.27 (a)］，应按式(2-100) 验算剪应力，当不满足式(2-100) 的要求时，应增加腹板厚度或设置斜加劲肋［图2.27 (b)］。

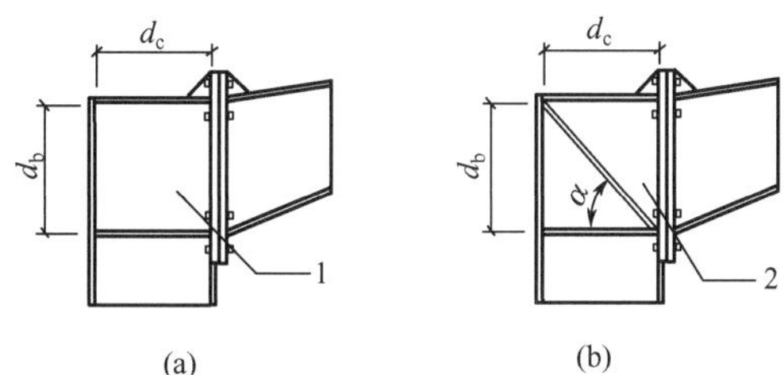

1—节点域；2—使用斜向加劲肋补强的节点域。

图2.27 节点域

$$\tau = \frac{M}{d_b d_c t_c} \leqslant f_v \tag{2-100}$$

式中 d_c、t_c——节点域的宽度、厚度；

d_b——斜梁端部高度或节点域高度；

M——节点承受的弯矩（多跨刚架中间柱处的弯矩，应取两侧斜梁端弯矩的代数和或柱端弯矩）；

f_v——节点域钢材的抗剪强度设计值。

(4) 端板螺栓处构件腹板强度应按式(2-101)、式(2-102) 计算。

当 $N_{t2} \leqslant 0.4P$ 时：

$$\frac{0.4P}{e_w t_w} \leqslant f \tag{2-101}$$

当 $N_{t2} > 0.4P$ 时：

$$\frac{N_{t2}}{e_w t_w} \leqslant f \tag{2-102}$$

式中 N_{t2}——翼缘内第二排第1个螺栓的轴向拉力设计值；

P——1个高强度螺栓的预拉力设计值；

e_w——螺栓中心至腹板表面的距离；

t_w——腹板厚度；

f——腹板钢材的抗拉强度设计值。

(5) 端板连接刚度应按式(2-103)～式(2-106)进行验算。

梁柱连接节点刚度应满足：

$$R \geqslant 25EI_b/l_b \tag{2-103}$$

式中 R——刚架梁柱转动刚度；

I_b——刚架横梁跨间的平均截面惯性矩；

l_b——刚架横梁跨度（中柱为摇摆柱时，取摇摆柱与刚架柱距离的2倍）；

E——钢材的弹性模量。

梁柱转动刚度应满足：

$$R=\frac{R_1R_2}{R_1+R_2} \tag{2-104}$$

$$R_1=Gh_1d_ct_p+Ed_bA_{st}\cos^2\alpha\sin\alpha \tag{2-105}$$

$$R_2=\frac{6EI_eh_1^2}{1.1e_f^3} \tag{2-106}$$

式中 R_1——与节点域剪切变形对应的刚度；

R_2——连接的弯曲刚度，包括端板弯曲、螺栓拉伸和柱翼缘弯曲所对应的刚度；

h_1——梁端翼缘板中心间的距离；

t_p——柱节点域腹板厚度；

I_e——端板惯性矩；

e_f——端板外伸部分的螺栓中心到其加劲肋外边缘的距离；

A_{st}——两条斜加劲肋的总截面积；

α——斜加劲肋倾角；

G——钢材的剪切模量。

2.8.2 柱脚节点

柱脚分为铰接和刚接两种形式。采用铰接柱脚时，常设一对或两对柱脚锚栓，如图2.28(a)、(b)所示。当厂房内设有5t以上的桥式吊车时，应将柱脚设计成刚接，如图2.28(c)、(d)所示。

计算带有柱间支撑的柱脚锚栓在风荷载作用下的上拔力时，应计入柱间支撑产生的最大竖向分力，且不考虑活荷载、雪荷载、积灰荷载和附加荷载的影响，恒荷载分项系数应取1.0。计算柱脚锚栓的受拉承载力时，应采用螺纹处的有效截面面积。

带靴梁的锚栓不宜受剪，柱底受剪承载力按底板与混凝土基础间的摩擦力取用，摩擦系数可取0.4。计算底板与混凝土间的摩擦力时，应考虑屋面风吸力产生的上拔力的影响。当剪力由不带靴梁的锚栓承担时，应将螺母、垫板与底板焊接，柱底的受剪承载力可按0.6倍的锚栓受剪承载力取用。当柱底水平剪力大于受剪承载力时，应设置抗剪键。

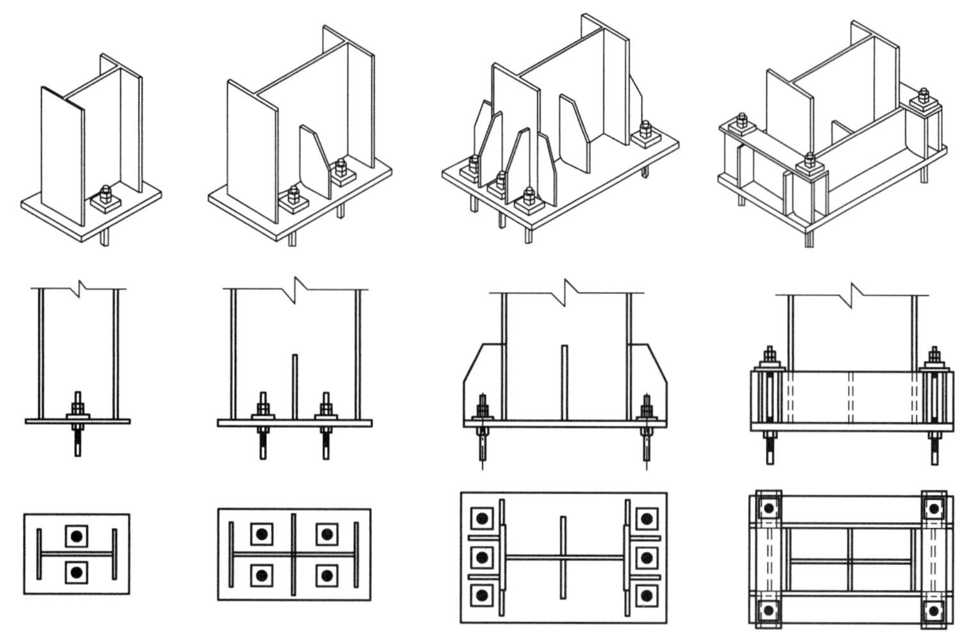

(a) 一对锚栓的铰接柱脚 (b) 两对锚栓的铰接柱脚 (c) 带加劲肋的刚接柱脚 (d) 带靴梁的刚接柱脚

图 2.28 柱脚形式

柱脚锚栓应采用 Q235 钢或 Q355 钢。锚栓端部应设置弯钩或锚件，且应符合现行国家标准《混凝土结构设计规范（2015 年版）》（GB 50010—2010）的有关规定。锚栓的最小锚固长度 l_a（投影长度）应符合表 2-5 的规定，且不应小于 200mm。锚栓直径 d 不宜小于 24mm，且应采用双螺母。

表 2-5 锚栓的最小锚固长度

锚栓钢材	混凝土强度等级					
	C25	C30	C35	C40	C45	≥C50
Q235	$20d$	$18d$	$16d$	$15d$	$14d$	$14d$
Q355	$25d$	$23d$	$21d$	$19d$	$18d$	$17d$

注：d 为锚栓直径。

2.8.3 牛腿节点

吊车梁与钢柱通常是通过牛腿来连接的。牛腿一般为工字形截面、H 形截面或 T 形截面，可采用等截面或变截面（图 2.29），并与柱翼缘对焊。为了加强牛腿的刚度，应在集中力 F 作用处的上盖板表面设置垫板，腹板的两边设置横向加劲肋。为了防止柱翼缘变形，在牛腿的上下盖板与柱翼缘同一标高处，应设置横向加劲肋，其厚度与牛腿翼缘厚度相等。

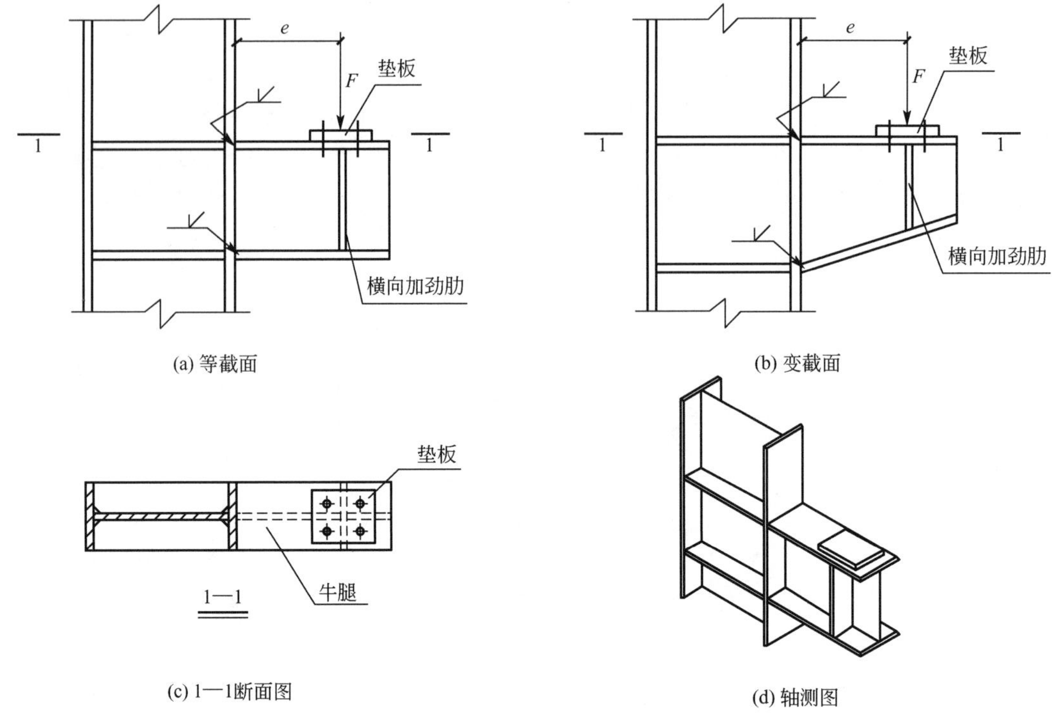

图 2.29　牛腿节点构造图

牛腿的强度计算，按式(2-107)～式(2-109)计算牛腿截面上的正应力、剪应力及折算应力。

$$\frac{M}{\gamma W_{n}} \leqslant f \tag{2-107}$$

$$\tau=\frac{VS}{It_{w}} \leqslant f_{v} \tag{2-108}$$

$$\sqrt{\sigma_{1}^{2}+3\tau_{1}^{2}} \leqslant \beta f \tag{2-109}$$

式中　W_n——牛腿根部截面对 x 轴的净截面模量；

t_w——牛腿腹板的厚度；

f、f_v——钢材的抗拉（压）、抗剪强度设计值。

牛腿的上下翼缘与钢柱宜采用完全焊透的对接 V 形焊缝，V 形焊缝强度与钢柱母材强度相等，因此不必计算 V 形焊缝强度。

2.8.4　摇摆柱与斜梁的连接构造

摇摆柱与斜梁的连接应设计成铰接，采用端板横放的顶接连接方式。通过设置摇摆柱可以使梁柱连接节点构造简单、传力明确，摇摆柱仅传递竖向轴力。图 2.30 所示为摇摆柱与斜梁的连接构造示意图。

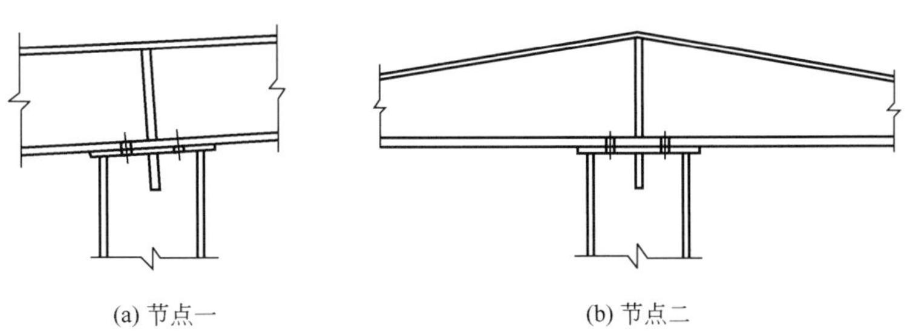

(a) 节点一　　(b) 节点二

图 2.30　摇摆柱与斜梁的连接构造示意图

2.8.5 其他节点

在设有夹层的结构中，夹层梁与柱可采用刚接，也可采用铰接（图 2.31）。当采用刚接时，夹层梁翼缘与柱翼缘应采用全熔透焊接，腹板采用高强度螺栓与柱连接。柱与夹层梁上下翼缘对应处应设置水平加劲肋。

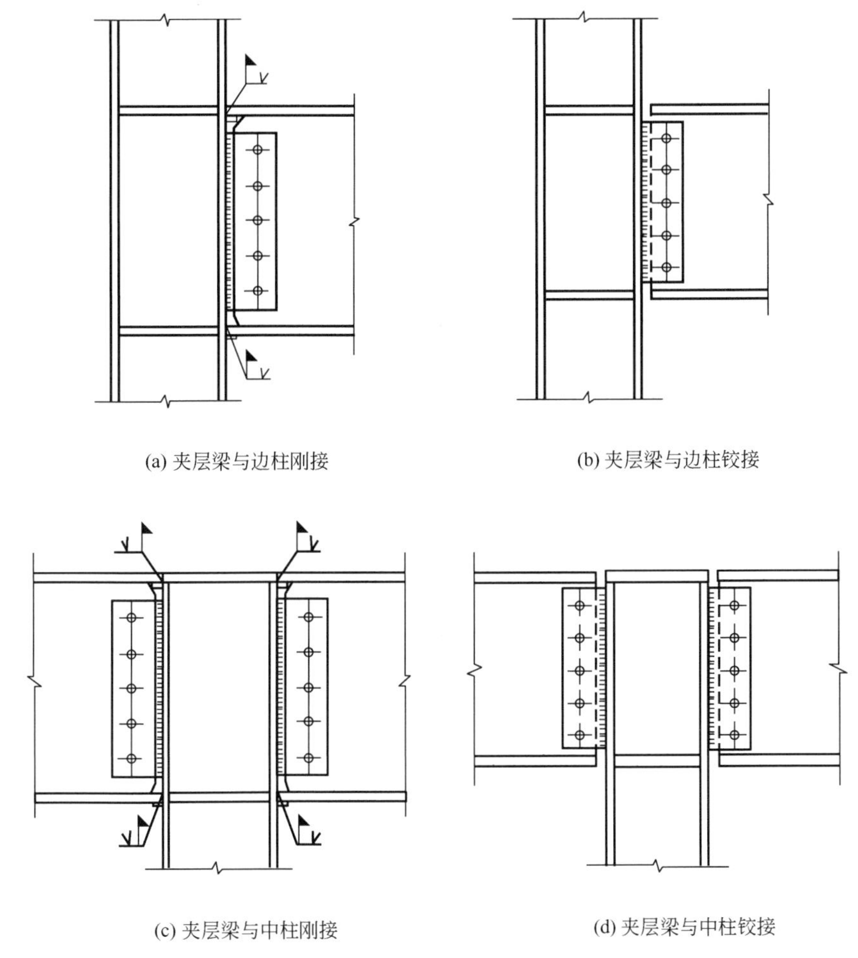

(a) 夹层梁与边柱刚接　　(b) 夹层梁与边柱铰接

(c) 夹层梁与中柱刚接　　(d) 夹层梁与中柱铰接

图 2.31　夹层梁与柱的连接

抽柱处托架或托梁宜与柱采用铰接［图 2.32（a)］。当托架或托梁挠度较大时，也可采用刚接，但柱应考虑由此引起的弯矩影响。屋面梁搁置在托架或托梁上宜采用铰接[图 2.32（b）]；当采用刚接时，托梁应选择抗扭性能较好的截面；托架或托梁连接尚应考虑屋面梁产生的水平推力。

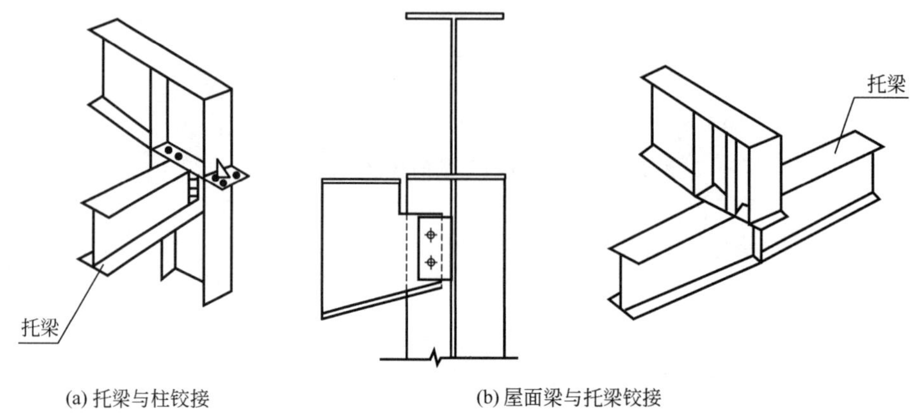

(a) 托梁与柱铰接　　(b) 屋面梁与托梁铰接

图 2.32　托梁连接

女儿墙立柱可直接焊接在屋面梁上（图 2.33），应按悬臂构件计算其内力，并应对女儿墙立柱与屋面梁连接处的焊缝进行计算。

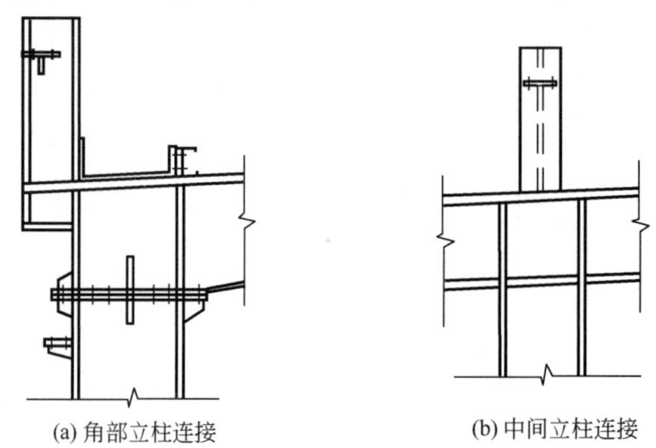

(a) 角部立柱连接　　(b) 中间立柱连接

图 2.33　女儿墙立柱直接焊接在屋面梁上

气楼或天窗可直接焊接在屋面梁或槽钢托梁上（图 2.34），当气楼间距与屋面梁相同时，可取消槽钢托梁。气楼支架及其连接应进行计算。

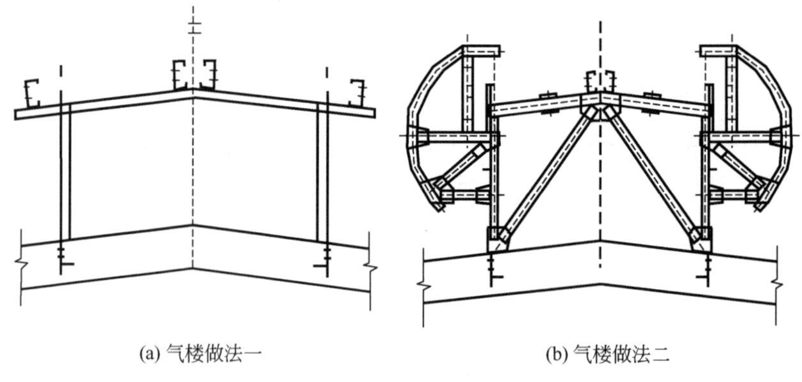

(a) 气楼做法一　　(b) 气楼做法二

图 2.34　气楼大样

2.9 结构设计软件应用

在进行刚架结构设计时，工程中使用较多的有 PKPM 系列软件的 STS 模块、3D3S 中的轻型门式刚架模块、PS2000 等，这三种软件各有特点，设计者在进行软件选择时会有一定的偏好。本章主要介绍 PKPM 系列软件的 STS 模块，在单层工业厂房钢结构设计中的应用。

2.9.1 参数限制

钢结构 CAD 软件 STS 是 PKPM 系列的一个功能模块，既可独立运行，又可与 PKPM 其他模块数据共享，可以完成钢结构的模型输入、优化设计、结构计算、连接节点设计与施工图辅助设计。

PKPM 的 STS 模块二维模型输入、节点设计与施工图设计部分的计算参数限制如下。

(1) 总节点数（包括支座）≤1000。

(2) 柱子数≤1000。

(3) 梁数≤1000。

(4) 支座约束数≤100。

(5) 地震计算时合并的质点数≤100。

(6) 吊车跨数（每跨可为双层吊车）≤15。

2.9.2 使用说明

1. *启动门式刚架平面设计*

双击 PKPM 快捷图标，启动 PKPM 软件 STS 模块后，进入用户界面，如图 2.35 所示。在正式进行设计之前，需要为所分析工程建立一个独立的工作目录，存放其模型和分析数据，以免不同工程的数据发生冲突，以便有效利用设计成果。

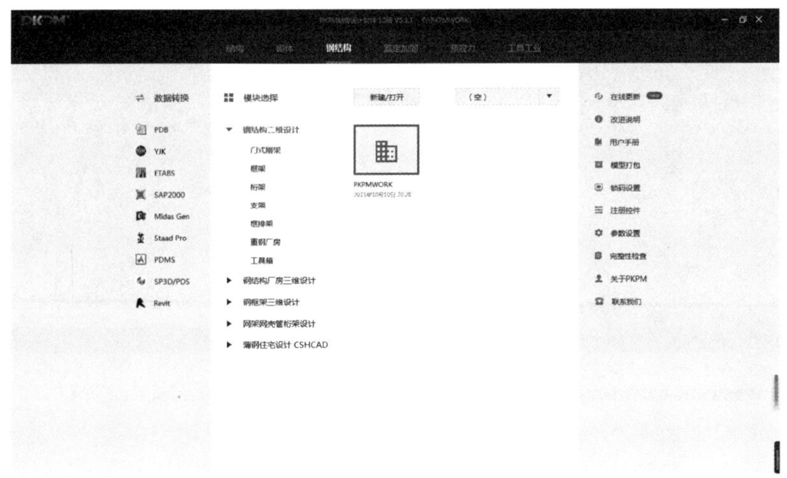

图 2.35 PKPM 用户界面

双击图 2.35 中的“门式刚架”，打开图 2.36 所示的 PK 结构计算交互式数据输入界面。

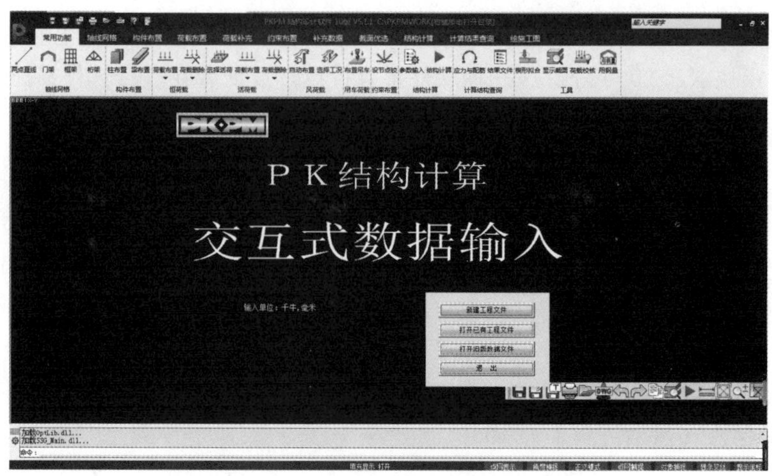

图 2.36　PK 结构计算交互式数据输入界面

单击“新建工程文件”，程序弹出“输入文件名称”对话框（图 2.37），输入 GJ－1 后，单击“确定”按钮，进入平面建模的主界面，如图 2.38 所示。

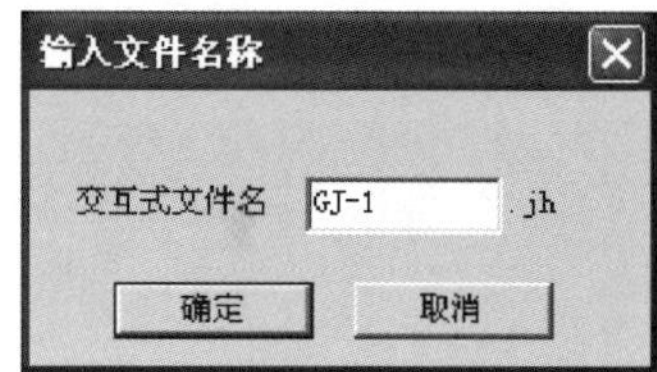

图 2.37　“输入文件名称”对话框

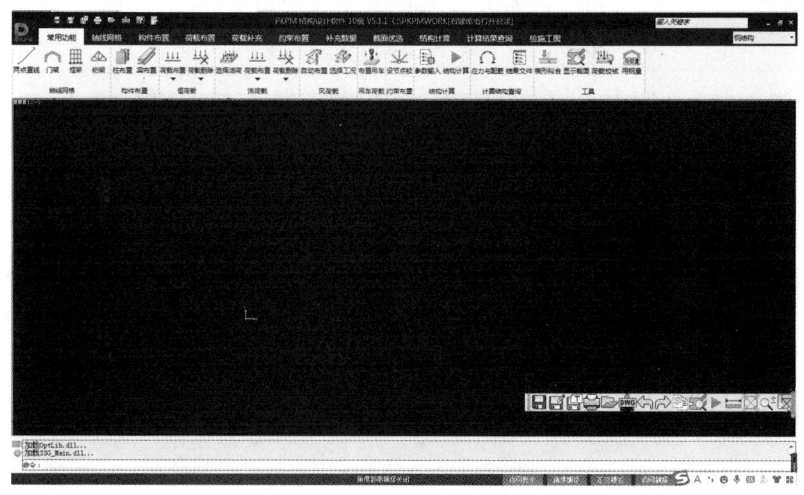

图 2.38　平面建模主界面

单击“常用功能”“门式刚架快速建模”弹出“门式刚架网格输入向导”选项框［图 2.39（a）］和“设计信息设置”选项框［图 2.39（b）］。按要求填写数据，完成建模。

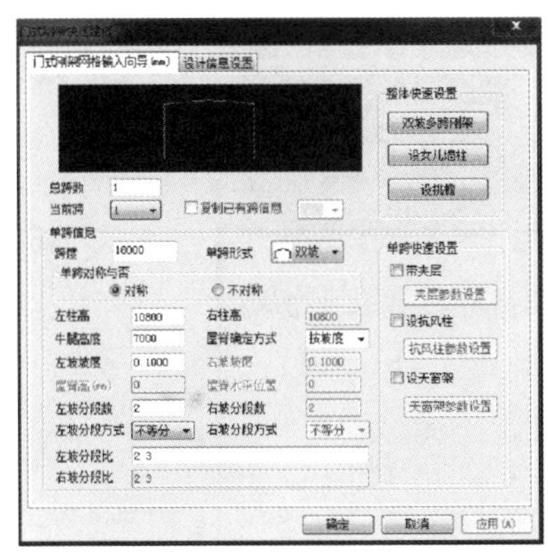

(a)“门式刚架网格输入向导”选项框

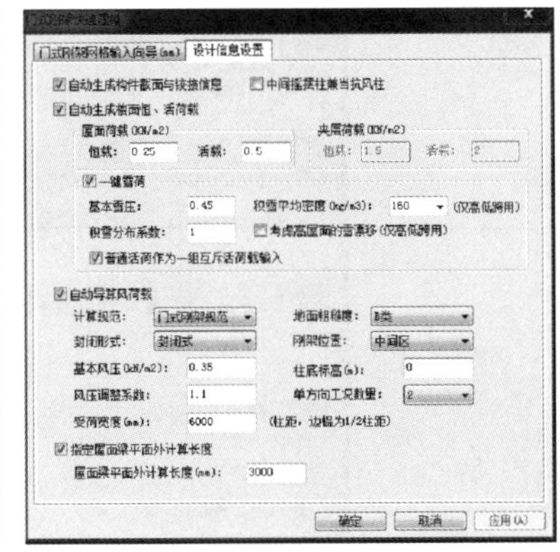

(b)“设计信息设置”选项框

图 2.39 门式刚架快速建模

总跨数按实际情况填写，当修改其他参数后，模型会动态更新。其余参数都是针对当前跨而言的，通过改变当前跨的下拉按钮，可实现对整个模型的建立。

柱高是从檐口到基础顶面（钢柱底面）的距离，本工程的基础顶面标高为±0.000m。

梁的分段主要考虑受力和运输要求。此工程为单跨，跨度 18m，柱距 6m，柱高 10.8m，牛腿高 7m。将设计信息输入完毕后，单击“确定”按钮，弹出门式刚架设计操作界面，如图 2.40 所示。

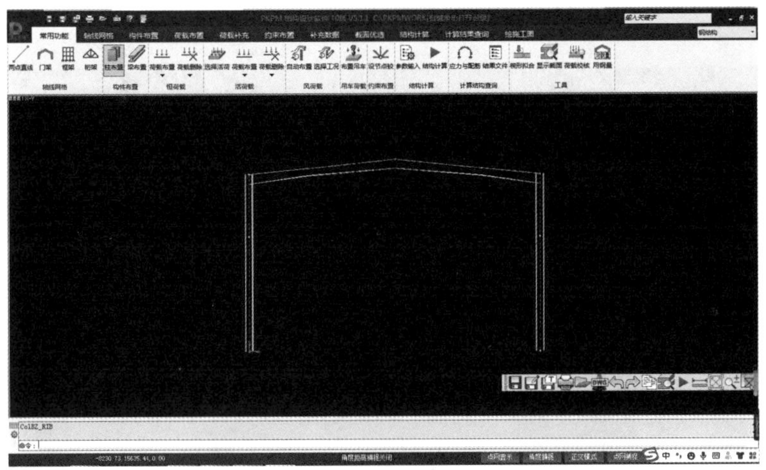

图 2.40 门式刚架设计操作界面

2. 布置柱

本工程柱采用等截面的焊接 H 型钢，截面选用 H450×290×8×14。选择“柱布置”菜单完成柱的布置，具体步骤如下。

(1) 单击“柱布置”命令，弹出“截面定义及布置”对话框，如图 2.41 所示。在此对话框中，可进行柱截面定义，包括截面增加、截面删除、修改截面参数与截面类型、柱对轴线的偏心设置和布置方式等功能。

(2) 完成截面参数的定义后，从定义好的截面库中选中要布置的柱截面类型，依次进行布置。

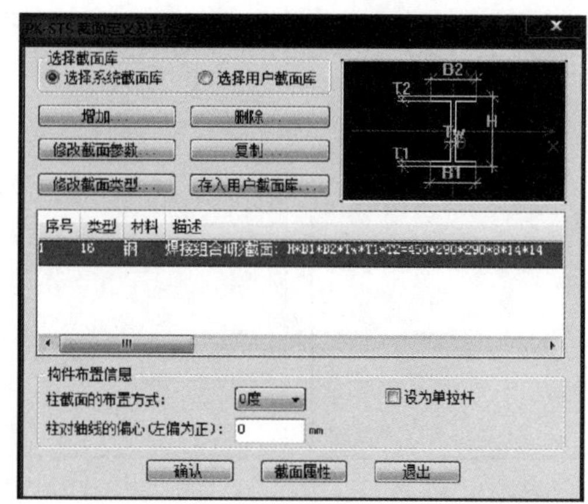

图 2.41 “截面定义及布置”对话框

3. 布置梁

本工程左半坡梁的截面尺寸为 H（500～300）×200×6×10，右半坡梁与之对称。梁的布置和设计知识参考柱的相关操作即可，不再细述。需要注意的是：选择“变截面梁”布置时，连接点两侧截面宜连续。

4. 检查与修改计算长度

单击“计算长度”命令，弹出图 2.42 所示界面。

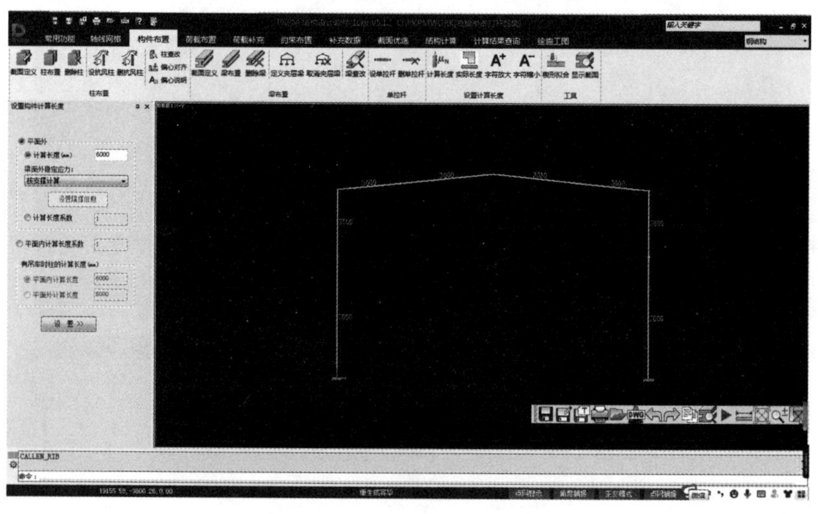

图 2.42 “计算长度”界面

通过设置界面左侧的构件计算长度，单击“设置”按钮，即可修改构件平面内和平面外的计算长度。平面内计算长度系数软件默认值为－1，即结构计算时取程序自动计算结果，如有充分依据，也可采用自定义值，此时只需键入自定义值，点取相应构件即可。修改构件平面外计算长度时，单击“平面外”选项，输入计算长度（也可输入计算长度系数），再点取需要修改的构件。本算例在牛腿设置有吊车梁，柱的平面外计算长度不需要修改。平面内计算长度可按照软件默认值，不予修改。

5. 执行“约束布置”

“约束布置”的主要功能是定义杆件两端的约束，即定义两端刚接、左固右铰、右固左铰、两端铰接。“约束布置”界面如图 2.43 所示。

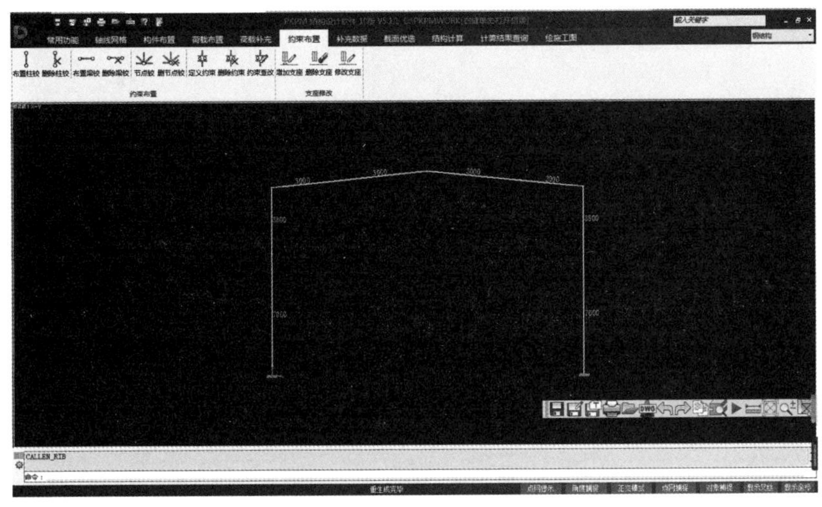

图 2.43 “约束布置”界面

单击“布置柱铰”“布置梁铰”命令，按提示完成相应的操作。如果布置错误，可以按照相应的操作，删除布置。本工程有吊车，GJ－1 的节点按刚接考虑，不修改。

6. 恒荷载布置

构件布置完成后，单击“荷载布置”菜单（图 2.44），进入结构荷载布置和修改阶段。单击“节点恒载”“梁间恒载”“柱间恒载”命令，输入荷载参数。“荷载查询”菜单可以查询构件上所有荷载的信息，同时可以修改荷载信息。界面中梁上的均布荷载由图 2.39（b）中所输荷载信息直接导出，通常情况下可不进行调整。

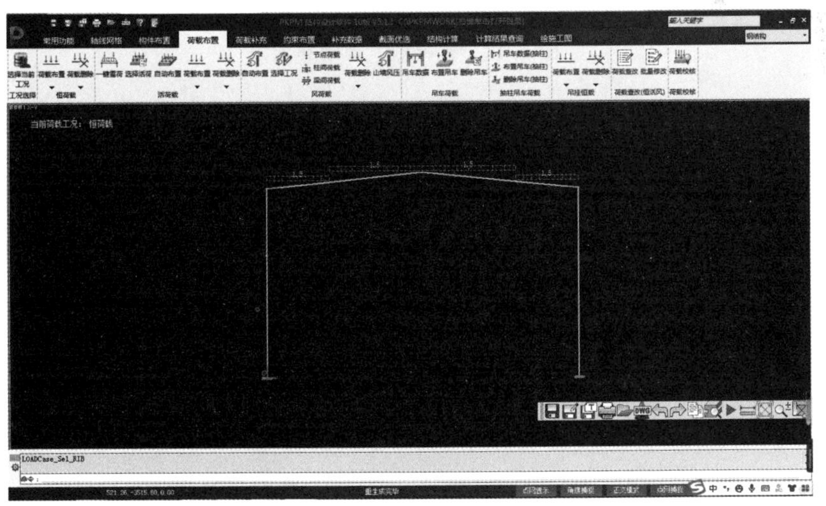

图 2.44 “荷载布置”菜单

7. 活荷载布置

单击“节点活载”“梁间活载”和“柱间活载”命令。活荷载的输入模式与方法和恒荷载相同，对其操作不再赘述。本工程没有积灰荷载，屋面雪荷载标准值为0.45kN/m²，本跨刚架梁的受荷面积为6×18＝108（m²）＞60m²，刚架梁的屋面活荷载为0.3kN/m²＜0.45kN/m²，取0.45kN/m²计算。

8. 风荷载输入

程序提供3种风荷载形式，即节点左风、柱间左风、梁间左风。人工布置风荷载时，需要注意风荷载的正负。程序规定：水平风荷载以向右为正，竖向风荷载以向下为正。对于典型的门式刚架，程序还提供“自动布置”功能，可快速完成风荷载的输入。

本工程的刚架是典型的两坡门式刚架，风荷载输入与修改使用“自动布置”功能（图2.45）。单击“左风输入”“自动布置”命令，根据工程实际，填写参数即可。

右风输入与左风输入操作相同，不再赘述。

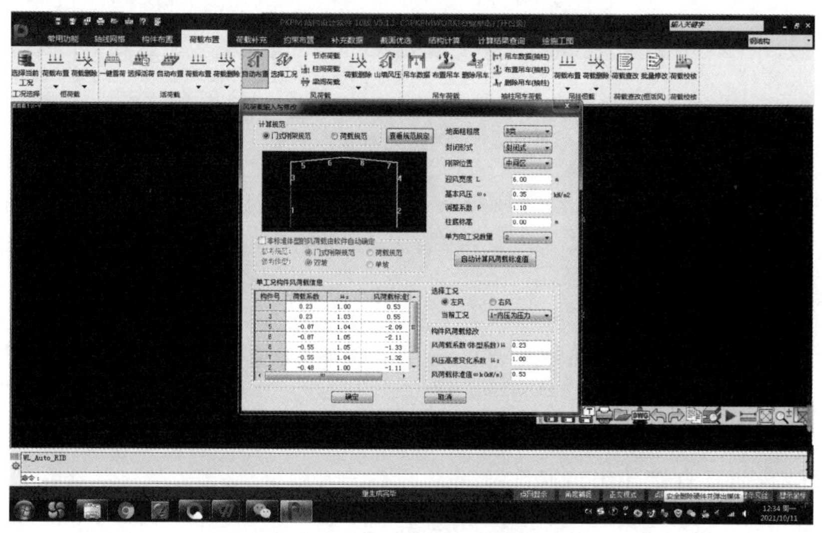

图2.45　风荷载“自动布置”

9. 补充数据

单击“补充数据”菜单，可完成“附加重量”与“基础布置”功能。

附加重量是正常使用阶段没有直接作用在结构上或已考虑在其他荷载类型（非恒荷载、活荷载）中，而地震力计算时，需要考虑这部分地震力作用，需要把这部分重量作为附加重量输入到地震力计算时质点集中的节点上的荷载。

如果需要程序自动设计基础，则可以在此菜单下输入基础数据与布置基础。

10. 吊车荷载

单击“吊车荷载”“吊车数据”命令，弹出如图2.46所示的“吊车荷载定义”对话框。单击“增加”按钮，打开图2.47所示的“吊车荷载数据”对话框。

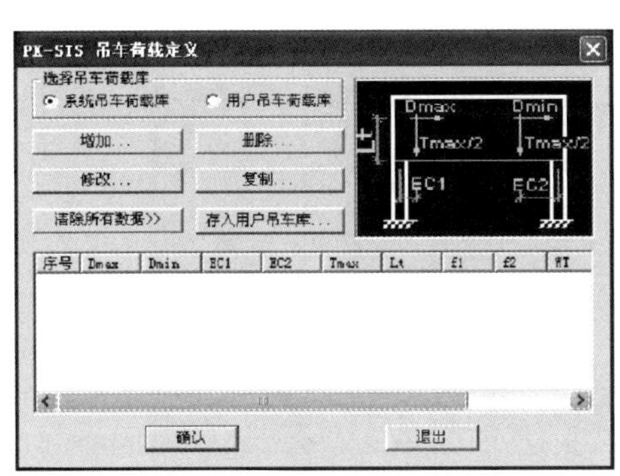

图 2.46 “吊车荷载定义”对话框

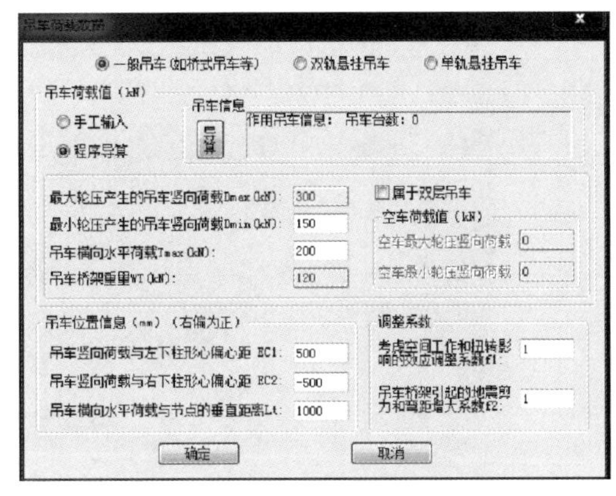

图 2.47 “吊车荷载数据”对话框

吊车荷载有手工输入和程序导算两种。单击“导算”命令，打开图 2.48 所示的“吊车荷载输入向导”对话框。单击“第一台吊车序号”选项，输入吊车资料（也可从“导入吊车库”中选取相应的吊车资料），单击“确定”按钮。如果有两台吊车，在“吊车台数”中选择“2”后，按照上述操作即可输入第 2 台吊车资料。

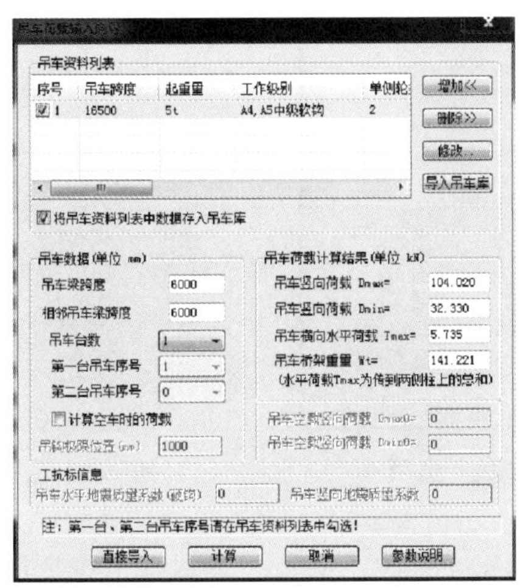

图 2.48 “吊车荷载输入向导”对话框

单击图 2.48 中的“计算”按钮，程序开始计算，并把计算结果显示在该图右侧的“吊车荷载计算结果”。单击“直接导入”按钮，程序自动把计算结果传到图 2.47 中的“吊车荷载荷载数据”对话框。

单击“荷载布置”“布置吊车”命令，选择吊车数据，按照命令行提示完成吊车荷载布置（图 2.49）即可。

11. 参数输入

单击“结构计算”“参数输入”命令，弹出“钢结构参数输入与修改”对话框，共有 7 个选项卡，其中 4 个选项卡为：“结构类型参数”（图 2.50），“总信息参数”（图 2.51），“地震计算参数”（图 2.52）和“荷载分项及组合系数”（图 2.53）。

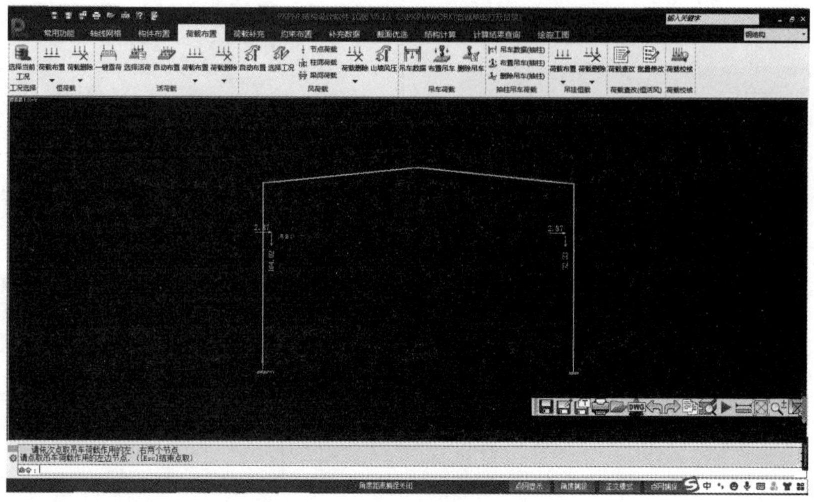

图 2.49 “吊车荷载”布置

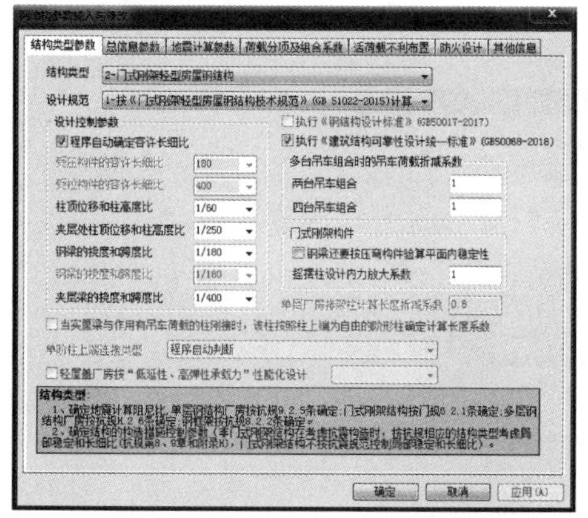

图 2.50 “结构类型参数”选项卡

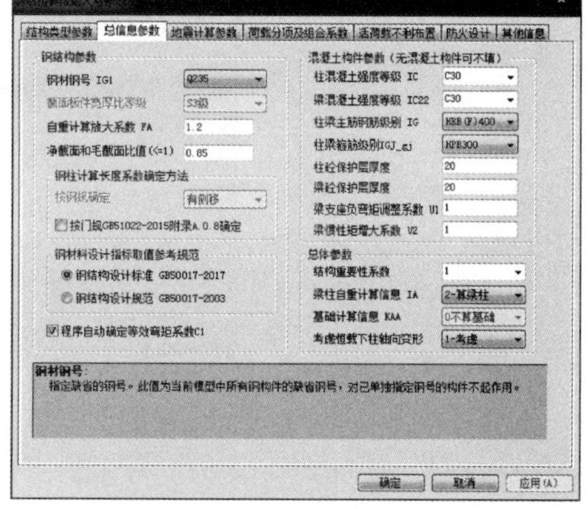

图 2.51 “总信息参数”选项卡

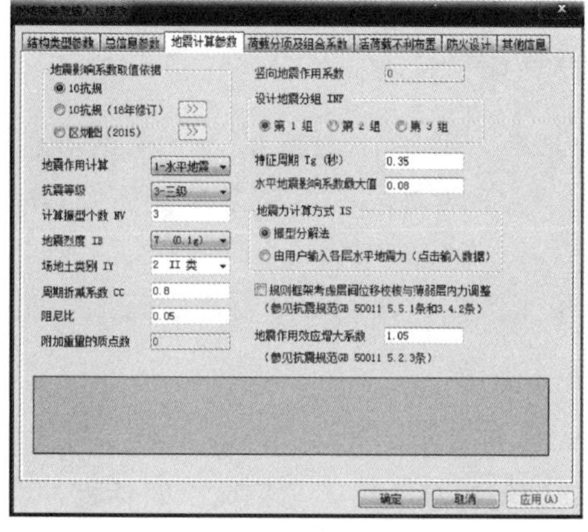

图 2.52 “地震计算参数”选项卡

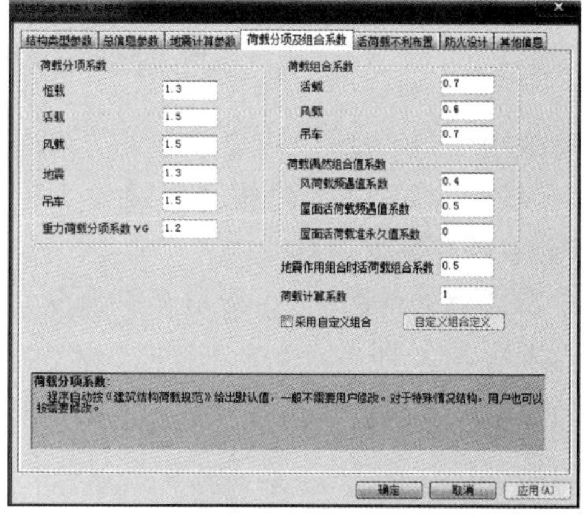

图 2.53 “荷载分项及组合系数”选项卡

程序中的钢材牌号为Q235钢、Q355钢、Q390钢、Q420钢，并选Q355钢。自重计算放大系数取默认值1.2；钢柱计算长度系数的计算方法分为有侧移和无侧移，首选有侧移；净截面与毛截面比值取默认值；结构重要性系数选1；梁柱自重计算信息选“2算梁柱”；基础计算信息在布置基础后即被激活，程序提供两种选择，用户可根据情况选择；结果文件输出格式分宽行和窄行两种，任选一种即可；结果文件中包含内力，一般全选即可。地震计算参数根据工程实际填写，其余参数一般取默认值即可，不需要改动。荷载分项及组合系数按程序默认值。

12. 计算简图

计算简图包括几何简图和各种荷载简图，读者需要依次检查。正确的模型是正确计算的前提，检查计算简图是保证正确输入计算模型参数的有效方式。

13. 计算分析

单击“结构计算”菜单，程序执行计算完毕后，自动给出“计算结果查询”界面，如图2.54所示。在此界面中，可查询构件应力比、节点位移和变形、杆件内力及包络图、结构计算书等。图2.54所示界面显示为门式刚架结构的应力比。

图2.54 “计算结果查询”界面

PKPM软件STS模块设计的门式刚架结构应力比控制取值需要综合考虑结构的重要性、跨度和荷载等因素，通常对钢柱的控制一般严于钢梁。本工程中梁柱的应力比应满足结构安全受力要求，也可以进一步优化设计，读者可以进行相关练习。

检查计算结果的基本原则和步骤：①保证内力和位移的正确性；②在此基础上通过应力比简单判断应力结果是否满足要求；③必要时可以通过分析计算结果文本，详细判断计算结果的合理性。

检查正确后，这些计算结果可以作为计算书存档。

在各项指标都满足设计要求的情况下，需要比较方案的经济性，以便确定出技术、经济都合理的方案。

14. 查看超限信息

单击“结果文件”命令，打开图 2.55 所示的“结果文件”选项。

选择“超限信息文件”选项，就可以打开文本文件。可查看的具体超限信息有：长细比、宽厚比、挠度和应力，特别是关于刚度指标的超限信息。通过查看超限信息可以简单明了地快速检查超限信息。本工程没有超限信息，结果如图 2.56 所示。

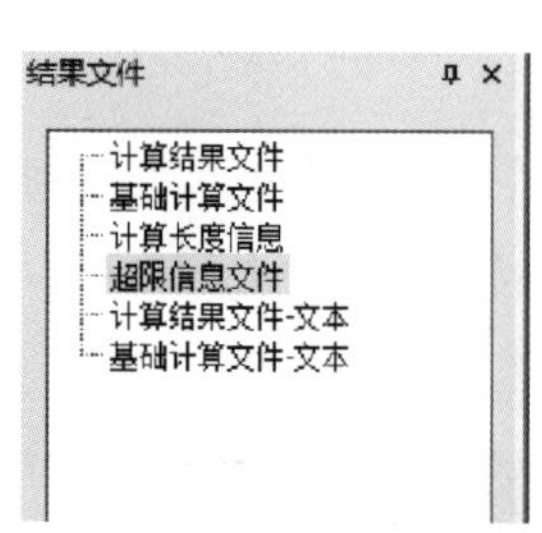

图 2.55　“结果文件”选项

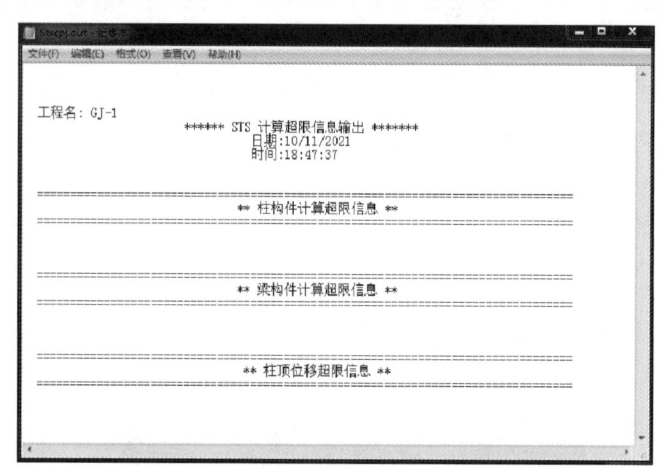

图 2.56　本工程查看超限信息结果

15. 施工图绘制

一般来说，设计方案经计算、分析、比较后，一旦确定下来，计算工作就算完成，接下来的就是施工图绘制。

单击“绘施工图”命令，打开“施工图绘制”界面，如图 2.57 所示。

单击“设置参数”，打开图 2.58 所示的“绘图参数”对话框，一般取默认值即可，单击“确定”按钮。

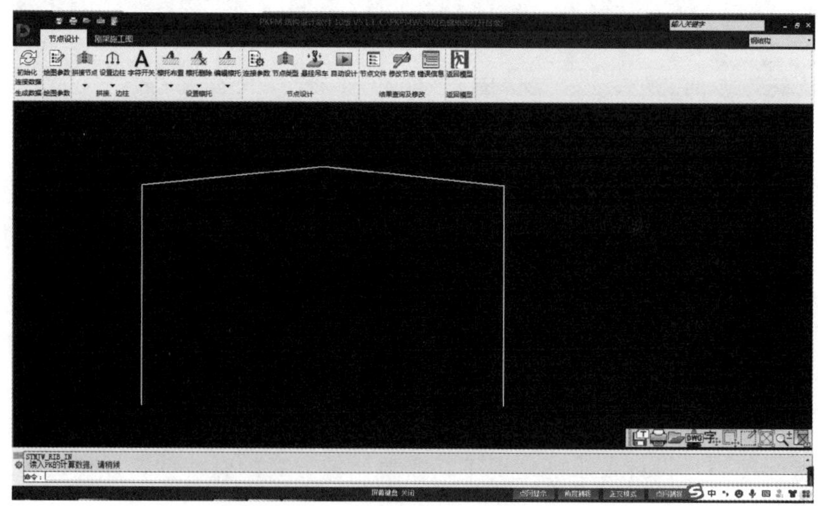

图 2.57　“施工图绘制”界面

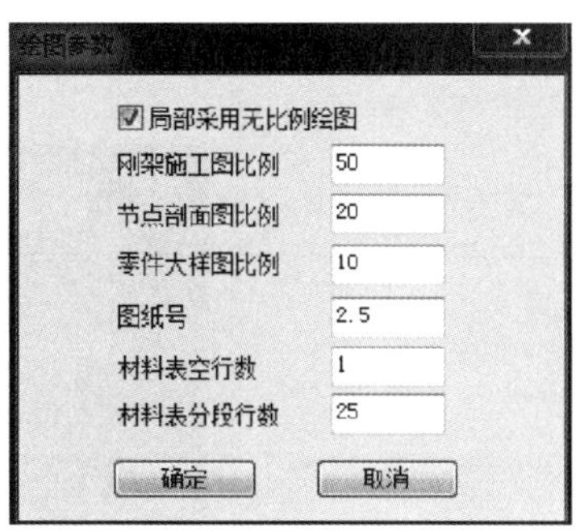

图 2.58　“绘图参数”对话框

（1）拼接节点、设置檩托。

“拼接节点”“设置檩托”菜单的主要功能：①检查程序自动生成的拼接点是否正确、是否符合要求、是否可以根据需要增加或删除；②完成梁上的檩托和柱的檩托布置，需要说明的是，如此处布置了檩托，则施工图中会出现檩托；否则，程序不绘出檩托。

（2）节点设计。

单击“连接参数”命令，弹出“输入或修改设计参数”对话框，对话框中有 5 个选项卡，包括“连接节点形式”选项卡、“连接节点设计参数”选项卡、“柱脚形式和设计参数”选项卡、“牛腿设计参数”选项卡、“钢板厚度规格化”选项卡。

根据设计需要选择图 2.59 中梁柱与梁梁连接节点形式。在图 2.60 中，选择连接节点设计参数，包括高强度螺栓的连接类型、强度等级、直径、间距、接触面的处理方式等。程序根据前面计算模型选择的柱脚自动把未用到的柱脚变成不可选状态，把用到的柱脚根据设计需要，选择柱脚做法（图 2.61）。图 2.62 所示为“牛腿设计参数”选项卡。钢板厚度规格通常默认软件设置。

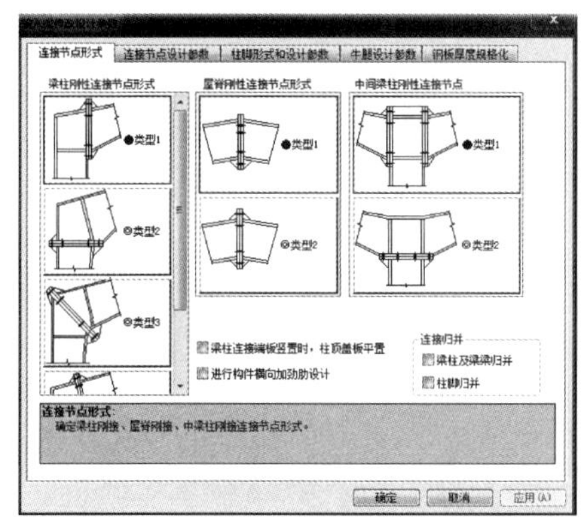

图 2.59　“连接节点形式”选项卡

图 2.60　“连接节点设计参数”选项卡

选填好全部设计参数后，先单击“确定”按钮，再单击“自动设计”命令，完成施工图设计过程。设计完毕后，可通过“结果查询及修改”功能查询节点设计结果，并可出具相关节点计算书。

（3）整体出图。

节点设计完成后，就可以进入施工图绘制了。程序提供了 3 种出图形式，即整体图、构件详图、节点详图。读者可以根据需要选择即可。

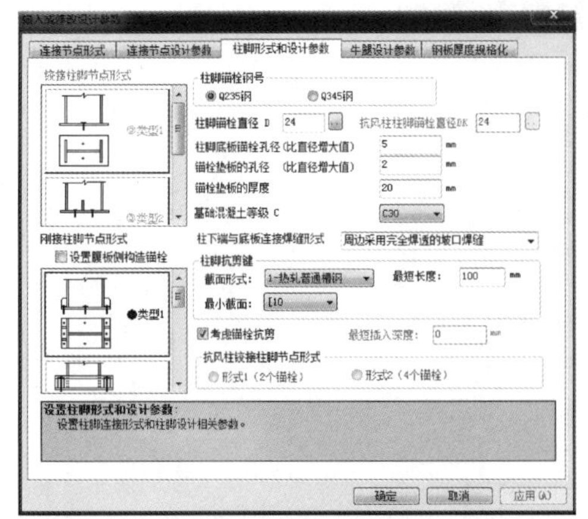

图 2.61 “柱脚形式和设计参数”选项卡

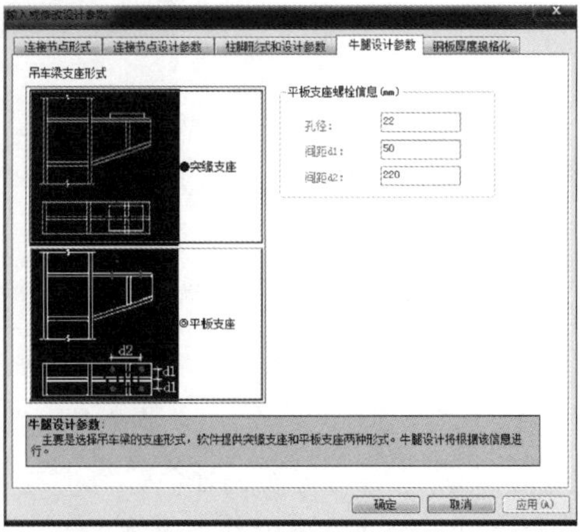

图 2.62 “牛腿设计参数”选项卡

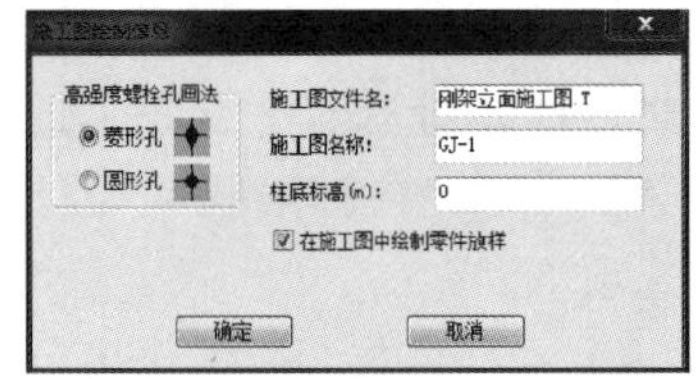

图 2.63 “施工图绘制信息”

现以整体图为例说明。单击“绘施工图”命令后，程序提示输入施工图绘制信息（图 2.63），一般取默认值即可，单击“确定”按钮后，程序自动进行图纸绘制。

用户可以在图 2.64 所示“刚架施工图”界面中，用程序提供的编辑工具进行图面整理。“移动图块”和“移动标注”是经常需要用到的命令。用户可以直接在此工作环境下进行图纸的进一步美化，也可以借助其他工作平台进行图纸的进一步美化。

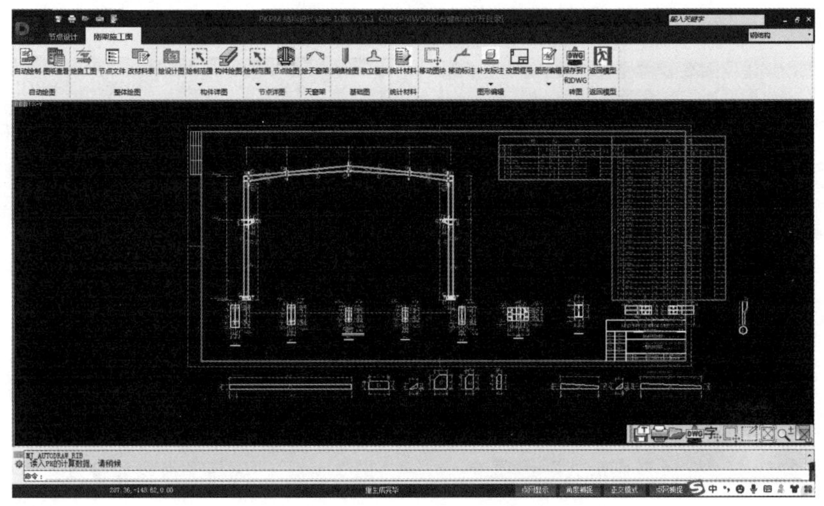

图 2.64 “刚架施工图”

16. 维护结构设计

檩条和墙梁是门式刚架屋盖体系和墙架体系的主要构件，其特点是覆盖面积很大，在总用钢量中的比例不小，是维护结构设计中的主要内容，其设计可以通过 STS“工具箱”模块的主菜单实现，如图 2.65 所示。

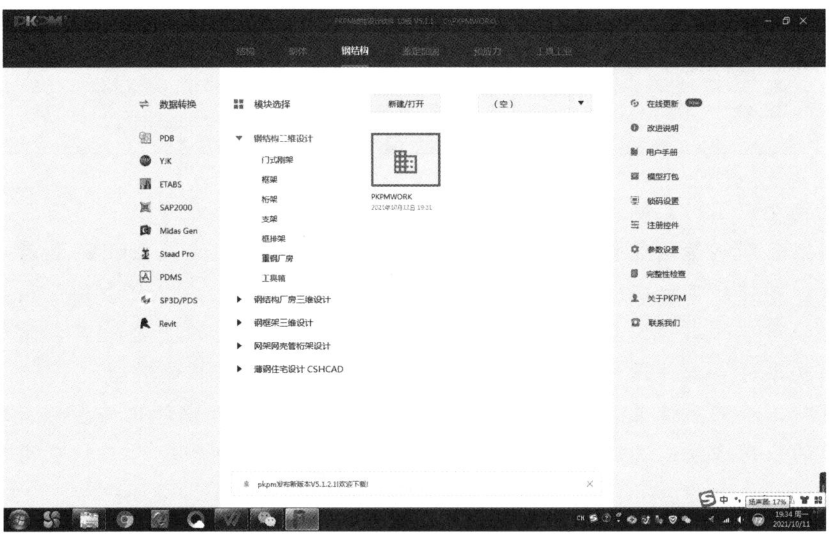

图 2.65 “工具箱”模块的主菜单

单击“工具箱”选项，系统弹出“工具箱”模块界面，如图 2.66 所示。在此界面中，可进行梁柱构件、抗风柱、支撑构件、吊车梁、檩条等许多常用钢结构构件的计算。具体计算操作可根据相应界面提示进行，此处不再一一介绍。

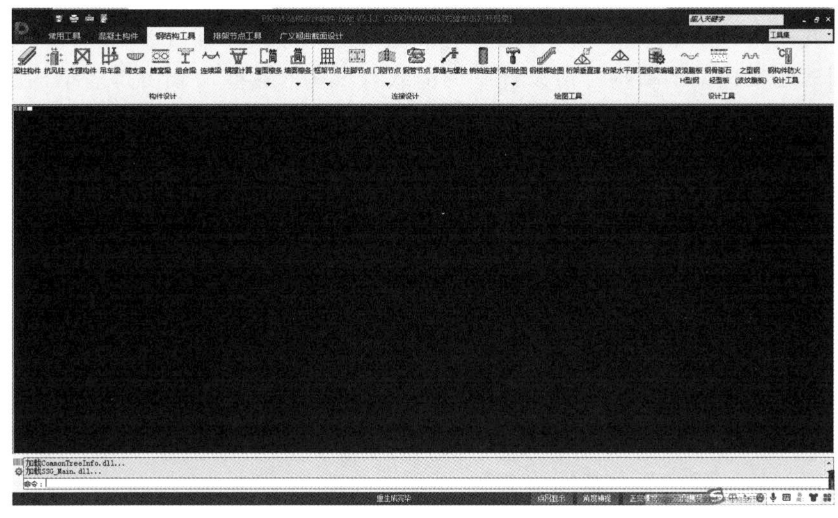

图 2.66 “工具箱”模块界面

由于篇幅所限，其余设计内容请读者参考相关软件操作说明和专业资料。

2.10 工 程 应 用

某电机维修车间为单跨双坡门式刚架，屋面坡度为 8%，钢柱采用等截面 H 型钢，钢梁采用变截面 H 型钢，柱脚为刚接，柱距为 6m，厂房总长为 90m，跨度为 18m，主体结构钢材采用 Q355B 钢，次结构（支撑、柱间支撑及其他辅助构件）钢材均采用 Q235B 钢，焊条采用 E50 型和 E43 型。基本雪荷载为 0.45kN/m^2，基本风荷载为 0.35kN/m^2，地面粗糙度为B类，抗震设防烈度为6度（0.05g），设计地震分组为第一组。

具体计算过程详见本章2.8节，部分施工图见附录B。

本章小结

本章主要介绍了门式刚架轻型钢结构体系的结构形式与设计方法。

门式刚架轻型钢结构凭借其优越的经济性和适应性而得到广泛应用。其跨度较大，结构布置灵活，制作加工和安装均较为简单，工期短，造价较低。但由于其使用要求不同而导致在工程应用中的影响因素较多。掌握门式刚架轻型钢结构的受力特点、结构体系的组成要素、结构设计、构件设计和连接节点设计方法，是学好本章的关键。

结合目前工程应用情况，介绍了PKPM－STS钢结构分析设计软件在门式刚架轻型钢结构设计中的应用方法以及钢屋架结构施工图的表达方式，为今后的工程应用打下坚实的基础。

习　　题

1. 思考题

(1) 当门式刚架轻型钢结构的长度超过一定的限值后，需设置温度伸缩缝，常见的温度伸缩缝做法有哪几种？

(2) 门式刚架轻型钢结构厂房与钢筋混凝土结构厂房设计有何不同？

(3) 门式刚架轻型钢结构厂房设计中的荷载有哪些？这些荷载由哪些结构承担？

(4) 吊车梁的设计是否一定要有制动系统？

(5) 设计有吊车的门式刚架轻型钢结构厂房，柱脚设计应注意什么问题？

(6) 单层门式刚架轻型钢结构厂房的檩条设计应注意什么问题？

(7) 刚架柱进行最不利内力组合时，应进行哪几种内力组合？内力组合时需注意什么问题？

2. 设计题

一单层单跨门式刚架轻型钢结构厂房，长度为81m，跨度为24m，柱距为9m，檐口高度为14m，厂房内有2台工作级别为A5的桥式吊车，起重量为30t，当地基本风压为0.35kN/m^2，基本雪压为0.45kN/m^2，地震设防烈度为6度。试对该结构进行设计，并绘制相应的结构施工图（不含基础施工图）。

第3章 多高层钢框架结构设计

思维导图

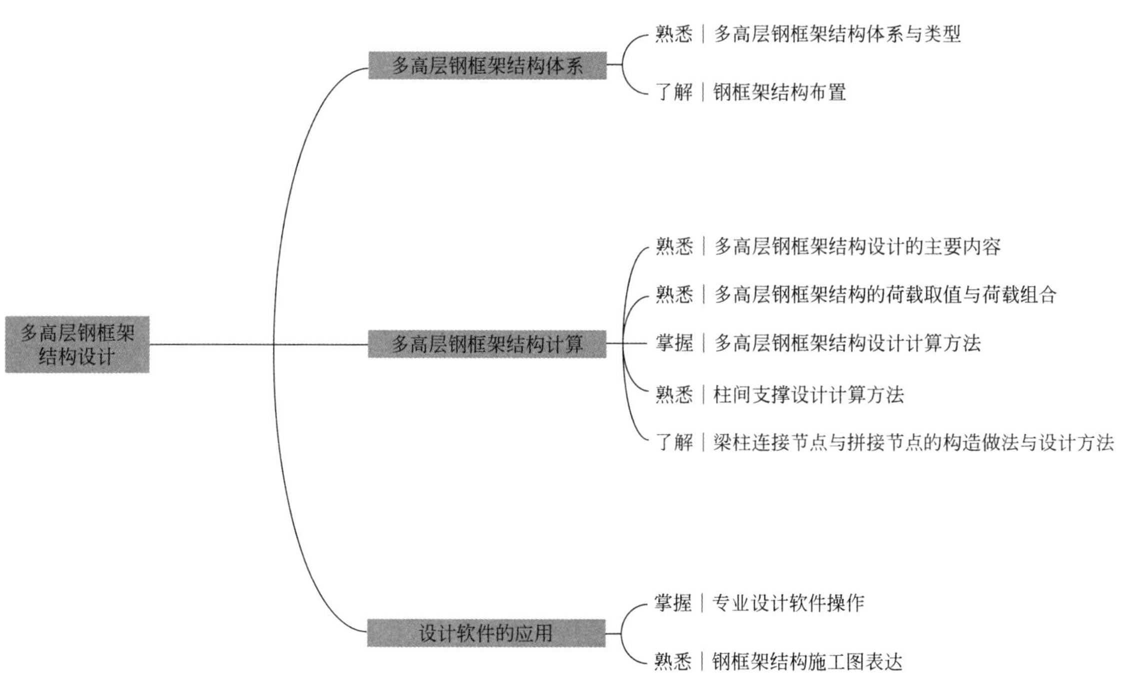

引例

钢框架结构空间分隔灵活，自重轻，节省材料；钢框架结构的梁柱构件易于标准化、定型化，便于采用装配整体式结构，对缩短施工工期十分有利。因而，钢框架结构在工业与民用建筑中应用十分广泛，如工业建筑中的钢平台、设备塔架和民用建筑的高层公寓、办公大楼等。钢框架结构体系依据梁、柱连接刚度和抗侧力体系分为不同的结构形式。

钢框架结构受力性能优良、使用广泛，但倘若对该类型结构性能了解不足，一旦发生工程事故就会造成巨大的损失。图3.1所示为某水泥有限公司设备塔架发生垮塌后的照片，图3.1(a)所示为过热器与尘降室垮塌照片，图3.1(b)显示尘降室钢板焊缝断裂破坏照片。该工程事故发生在2012年7月16日，7层主体钢框架的第3层结构发生了垮塌，造成了设备损坏、生产停止，给企业带来了巨大的经济损失。

造成钢框架出现垮塌的原因很多，一是结构设计中荷载考虑不够全面，结构布置存在缺陷；二是施工单位的焊接施工质量不合格；三是使用环境封闭而导致积灰荷载过大等。希望读者通过本章内容的学习，对多高层钢框架结构的结构布置、结构分析与设计有一个较全面的了解与掌握，能对此类工程事故产生的原因进行分析。

(a) 过热器和尘降室垮塌照片

(b) 尘降室钢板焊缝断裂破坏照片

图3.1 某水泥有限公司设备塔架垮塌后的照片

3.1 结构体系与布置

《高层民用建筑钢结构技术规程》(JGJ 99—2015)中规定：高层民用建筑是指10层及10层以上或房屋高度大于28m的住宅建筑，以及房屋高度大于24m的其他高层民用建筑。

3.1.1 钢框架结构体系与适用范围

钢框架结构是由钢梁、钢柱及支撑以一定的连接方式组成并能承受各种荷载的结构体系。钢框架结构承受的荷载主要有竖向荷载和水平荷载。竖向荷载包括恒荷载、楼（屋）面活荷载、竖向地震作用等；水平荷载包括风荷载、水平地震作用等。当建筑物的层数较少、总高不大时，竖向荷载起控制作用；当建筑物的层数较多、总高较大时，水平荷载起控制作用。因此，钢框架结构除了应设置承担竖向荷载的结构体系，还应该设置承担水平荷载的结构体系。

根据结构抗侧力体系的不同，钢框架结构的结构形式可分为纯钢框架结构、中心支撑钢框架结构、偏心支撑钢框架结构和钢框筒结构等，如图 3.2 所示。

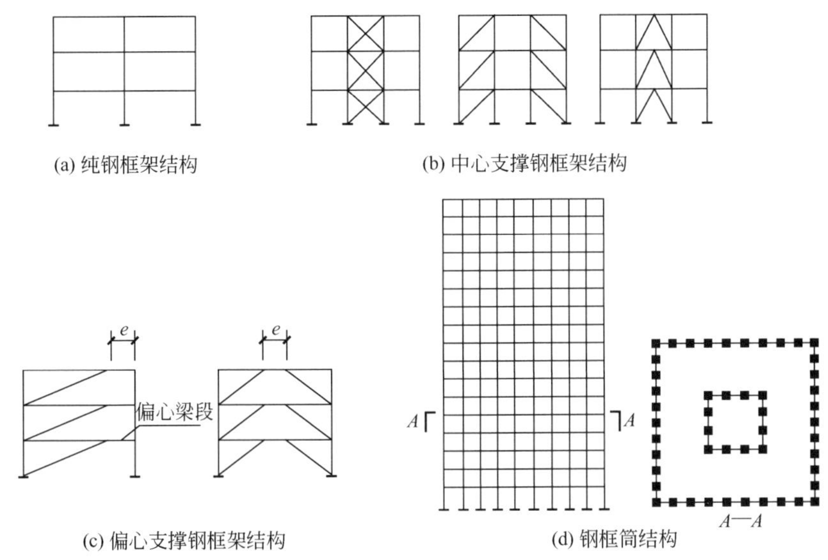

图 3.2 钢框架结构形式

纯钢框架结构延性好，但抗侧刚度较差；中心支撑钢框架结构通过支撑提高框架的刚度，但支撑受压会屈曲，从而导致其承载力降低；偏心支撑钢框架结构可通过偏心梁段剪切屈服来限制支撑的受压屈曲，从而保证其具有稳定的承载力和良好的耗能性能，其结构抗侧刚度介于纯钢框架结构和中心支撑钢框架结构之间；钢框筒结构实际上属于密柱钢框架结构，梁的跨度小、刚度大，使梁周围柱近似构成一个整体受弯的薄壁筒体，具有较大的抗侧刚度和承载力，因而钢框筒结构多用于高层建筑。

房屋高度不超过 50m 的高层民用建筑可采用纯钢框架、钢框架－中心支撑或其他体系的结构；房屋高度超过 50m 的高层民用建筑，抗震设防烈度为 8、9 度时宜采用钢框架-偏心支撑等结构。高层民用建筑钢结构不应采用单跨钢框架结构。依据上述不同类型钢框架的结构性能，《高层民用建筑钢结构技术规程》（JGJ 99—2015）规定了各类型钢框架结构适用的最大高度（表 3－1）及最大高宽比（表 3－2）。

表 3-1　高层建筑钢框架结构适用的最大高度

单位：m

<table>
<tr><th rowspan="3">结构类型</th><th colspan="5">抗震设计</th><th rowspan="3">非抗震设计</th></tr>
<tr><th rowspan="2">6、7 度
(0.10g)</th><th rowspan="2">7 度
(0.15g)</th><th colspan="2">8 度</th><th rowspan="2">9 度
(0.40g)</th></tr>
<tr><th>(0.20g)</th><th>(0.30g)</th></tr>
<tr><td>纯钢框架结构</td><td>110</td><td>90</td><td>90</td><td>70</td><td>50</td><td>110</td></tr>
<tr><td>中心支撑钢框架结构</td><td>220</td><td>200</td><td>180</td><td>150</td><td>120</td><td>240</td></tr>
<tr><td>偏心支撑钢框架结构</td><td>240</td><td>220</td><td>200</td><td>180</td><td>160</td><td>260</td></tr>
<tr><td>钢框筒结构</td><td>300</td><td>280</td><td>260</td><td>240</td><td>180</td><td>360</td></tr>
</table>

注：1. 房屋高度指室外地面到主要屋面板板顶的高度（不包括局部凸出屋顶部分）。
2. 超过表内高度的房屋，应进行专门研究和论证，采取有效的加强措施。
3. 表内筒体不包括混凝土筒。
4. 框架柱包括全钢柱和钢管混凝土柱。
5. 甲类建筑，6、7、8 度时宜按本地区抗震设防烈度提高 1 度后符合本表要求，9 度时应专门研究。

表 3-2　高层建筑钢框架结构适用的最大高宽比

设防烈度	最大高宽比
6 度、7 度	6.5
8 度	6
9 度	5.5

注：1. 计算高宽比的高度从室外地面算起。
2. 当塔形建筑底部有大底盘时，计算高宽比的高度从大底盘顶部算起。

3.1.2 钢框架结构布置

钢框架结构及其抗侧力结构的平面布置宜规则、对称，并应具有良好的整体性；建筑的立面和竖向剖面宜规则，结构的侧向刚度沿高度宜均匀变化，竖向抗侧力构件的截面尺寸和材料强度宜自下而上逐渐减小，避免抗侧力结构的侧向刚度和承载力突变。

1. 纯钢框架结构体系

纯钢框架结构由钢梁和钢柱以正交或非正交方式构成，水平横梁与竖直框架柱以刚性或半刚性连接在一起，沿房屋的横向和纵向设置，形成双向抗侧力结构，承受竖向荷载和任意方向的水平荷载。

在纯钢框架结构中，柱网布置在整个结构设计中往往起决定性作用。在确定柱网尺寸时，主要考虑建筑物的使用要求、平面形状、楼盖形式和经济性等因素。常用柱网形式有方形柱网和矩形柱网（图 3.3），柱距以 6～9m 为宜。当柱网确定后，梁格即可自然地按柱网分格来布置，钢框架主梁应按框架方向布置于框架柱间，与柱刚性或半刚性连接。考虑楼板或受载要求，一般在主梁之间须设置次梁，次梁间距为 3～4m；当为双向受力钢框架时，主次梁也相应双向布置。常用梁格布置如图 3.4 所示。

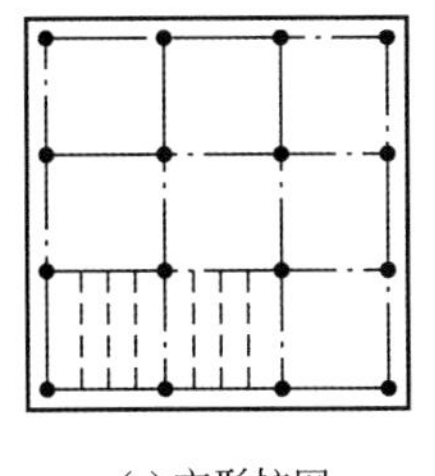

(a) 方形柱网

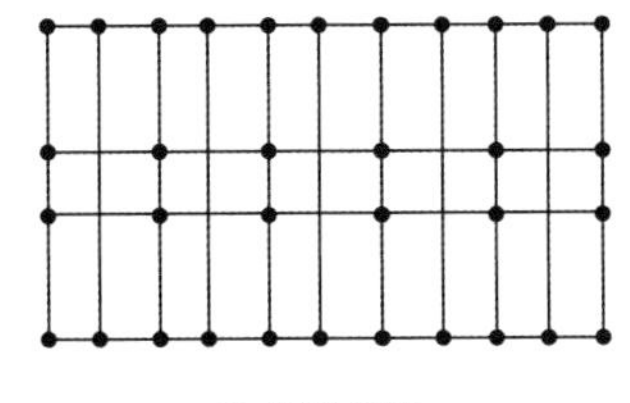

(b) 矩形柱网

图 3.3 常用柱网形式

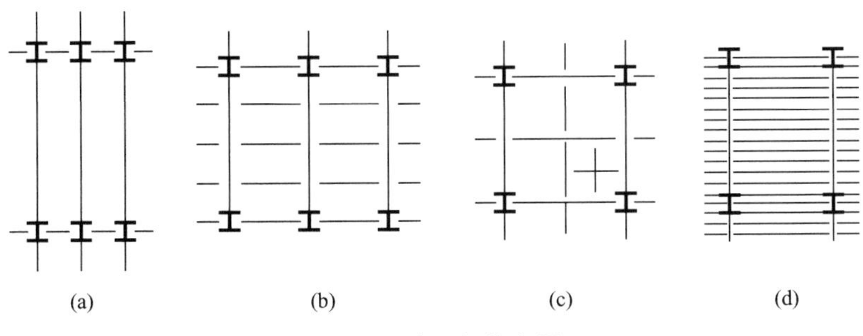

(a) (b) (c) (d)

图 3.4 常用梁格布置

纯钢框架结构在建筑平面设计中具有较大的灵活性，可采用较大柱距，能获得较大的使用空间，易于满足多功能的使用要求；纯钢框架结构刚度比较均匀，构造简单，便于施工；纯钢框架结构具有较好的延性，自震周期长，对地震作用不敏感，是较好的抗震结构形式。

纯钢框架结构依靠钢梁和钢柱的抗弯刚度提供整体结构的侧向刚度，所以其抗侧力能力较弱。在水平荷载作用下，纯钢框架结构顶部侧向位移较大，在框架柱内引起较严重的 $P-\Delta$ 效应，同时易使非结构构件损坏。纯钢框架结构往往造价较高，在高层建筑中并不合适。

2. 钢框架-支撑结构体系

在纯钢框架结构的基础上，沿房屋纵向和横向布置一定数量的竖向支撑桁架结构就组成了钢框架-支撑结构体系，如图 3.5 所示。这种结构体系是在高层钢框架结构中应用最多的结构体系，其特点是钢框架和支撑体系协同工作，竖向支撑具有较大的侧向刚度，起抗震墙的作用，承担大部分的水平剪力，减小了整体结构的水平位移。在罕遇地震的作用下，若支撑体系遭到破坏，可以通过内力重分布使钢框架结构承担水平力，即所谓的两道抗震设防。

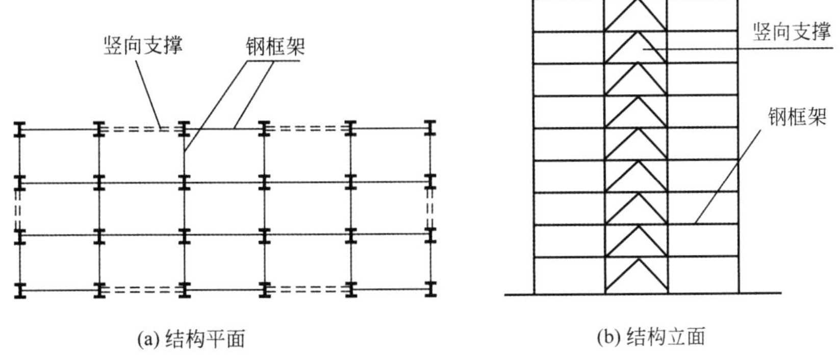

(a) 结构平面 (b) 结构立面

图 3.5 钢框架-支撑结构体系

竖向支撑应沿建筑物的两个方向布置，其数量、形式及刚度应根据建筑物的高度和水平力作用情况进行设置，竖向支撑之间楼盖的长宽比不宜大于3。当考虑抗震时，竖向支撑一般在同一竖向柱距内连续布置［图3.6（a）］，使层间刚度变化比较均匀。当不考虑抗震时，根据建筑结构立面要求，竖向支撑可交错布置［图3.6（b）］。当竖向支撑布置在建筑物中部时，外围柱一般不参与抵抗水平剪力。

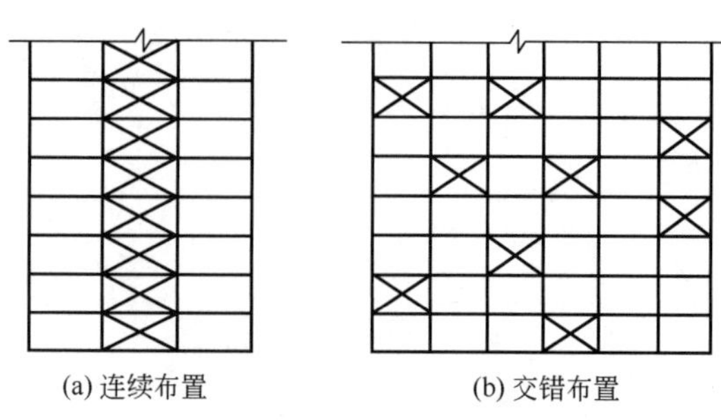
(a) 连续布置　(b) 交错布置

图3.6　竖向支撑的立面布置

竖向支撑的类型有中心支撑和偏心支撑。中心支撑是指斜杆与横梁、柱交汇于一点，交汇时无偏心距的影响。根据斜杆的布置形式不同，中心支撑的形式可分为十字交叉斜杆、单斜杆、人字形斜杆、V形斜杆、K形斜杆等（图3.7）。中心支撑在地震时的耗能能力相对较低。地震区的高层建筑宜采用偏心支撑。偏心支撑是指斜杆与横梁、柱的交点有一定的偏心距，此偏心距即为耗能梁段。偏心支撑在水平地震的作用下，一是通过耗能梁段的非弹性变形进行耗能，二是耗能梁段先剪切屈服（同跨的其余梁段未屈服）以达到保护斜杆的目的。偏心支撑的形式有单斜杆、V字形斜杆、人字形斜杆和门架式斜杆，如图3.8所示。

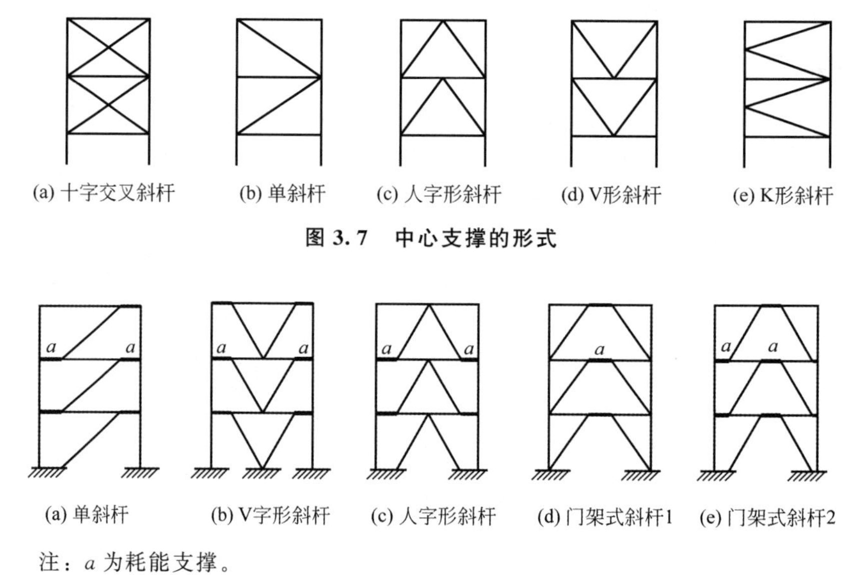

(a) 十字交叉斜杆　(b) 单斜杆　(c) 人字形斜杆　(d) V形斜杆　(e) K形斜杆

图3.7　中心支撑的形式

(a) 单斜杆　(b) V字形斜杆　(c) 人字形斜杆　(d) 门架式斜杆1　(e) 门架式斜杆2

注：a为耗能支撑。

图3.8　偏心支撑的形式

对于抗震等级为三、四级且高度不大于50m的钢框架宜采用中心支撑，也可采用偏心支撑等耗能支撑。钢框架结构房屋的抗震等级一般按表3-3确定。

表 3-3 钢框架结构房屋的抗震等级

房屋高度/m	抗震设防烈度			
	6 度	7 度	8 度	9 度
≤50	—	四	三	二
>50	四	三	二	一

注：1. 房屋高度接近或等于高度分界时，应允许结合房屋不规则程度和场地、地基条件确定抗震等级。

2. 一般情况，构件的抗震等级应与结构相同；当某个部位各构件的承载力均满足 2 倍地震作用组合下的内力要求时，抗震设防烈度 7～9 度的构件抗震等级可降低 1 度。

中心支撑的形式宜采用十字交叉斜杆，也可采用人字形斜杆或单斜杆。考虑在水平地震的往复作用下，斜杆易产生重复压曲而降低受压承载力，尤其是K形斜杆在水平地震的往复作用下，会使支撑及其节点、相邻的构件产生很大的附加应力，所以对于地震区的建筑，不得采用K形斜杆。支撑的轴线宜交汇于梁柱构件轴线的交点，偏离交点时的偏心距不应超过支撑杆件宽度，并应计入由此产生的附加弯矩。当中心支撑采用只能受拉的单斜杆时，应同时设置不同倾斜方向的两组斜杆，且每组中不同方向单斜杆的截面面积在水平方向的投影面积之差不应大于10%。

偏心支撑形式的每根支撑应至少有一端与钢框架梁连接，并在支撑与梁交点和柱之间或同一跨内两个支撑与梁的交点之间形成耗能梁段。

3.2 多高层钢框架结构设计的主要内容

多高层钢框架结构设计的主要内容包括以下几个方面。

(1) 设计资料的准备。

① 工程性质及建筑安全等级。

② 荷载和作用资料，包括恒荷载标准值及其分布、活荷载标准值及其分布、基本风压及地面粗糙度类型、抗震设防烈度、环境温度变化状况和基本雪压等。

③ 地质条件资料。

(2) 确定合理的结构形式和节点的连接方法（形式）。

(3) 确定结构平面布置与支撑体系布置。

(4) 钢框架梁和柱截面形式选定并初估截面尺寸。

① 钢框架梁截面尺寸。估算梁截面高度应考虑建筑高度、刚度条件和经济条件；确定梁翼缘、腹板尺寸应考虑局部稳定、经济条件和连接构造等因素。

② 钢框架柱截面尺寸。柱截面尺寸可由1根柱所承受的轴向力乘以1.2，按轴心受压估算所需柱截面尺寸。

(5) 钢框架梁、柱线刚度计算及梁、柱计算长度的确定。

(6) 荷载计算。

① 恒荷载统计。

② 活荷载统计。

③ 风荷载计算。

④ 地震作用计算。

⑤ 温度作用计算。

⑥ 施工荷载计算。

（7）结构分析。

① 荷载作用下框架内力分析。恒荷载作用下框架内力分析建议采用弯矩分配法。活荷载作用下框架内力分析建议采用分层法。为便于内力组合，可将活荷载分跨布置计算；因非上人屋面活荷载一般较小，可不考虑活荷载的最不利布置，将活荷载在屋面满跨布置。风荷载作用下的框架内力分析建议采用D值法；地震作用下的框架内力分析建议采用底部剪力法。

② 荷载作用下框架侧移分析。包括风荷载作用下的框架侧移分析，小震作用下的框架侧移分析，大震作用下的框架侧移分析，地震作用下的框架内力分析。

（8）作用效应组合与构件截面验算。

① 承载力极限状态验算，包括如下内容。

根据抗震设防情况，对横梁、框架柱、支撑分别进行无地震情形与有地震情形的作用效应组合。

依据作用效应组合得出构件的控制内力，对构件及连接进行设计，包括钢框架梁、柱设计，支撑设计，节点设计，柱脚设计。

② 正常使用极限状态验算。主梁和次梁的挠度验算、风荷载作用下钢框架水平侧移验算、小震作用下钢框架水平侧移验算和大震作用下钢框架水平侧移验算。

（9）绘制结构施工图。

3.3 荷载与作用

3.3.1 竖向荷载

结构上的永久荷载包括建筑物的自重与楼（屋）盖上的工业设备荷载，结构自重由构件尺寸与材料重度计算确定，设备荷载由工艺提供数据。

结构上的楼面和屋面活荷载、雪荷载的标准值及准永久系数，应按《建筑结构荷载规范》（GB 50009—2012）规定。层数较少的多层钢框架应考虑活荷载的不利分布。与永久荷载相比，高层钢框架的活荷载值不大，可不考虑活荷载的不利分布。在计算构件效应时，楼面及屋面竖向荷载可仅考虑各跨满载的情况，从而简化计算；但是在楼面竖向荷载大于4kN/m^{2}时，需要考虑荷载的不利布置情形。在高层建筑施工中所采用的附墙塔、爬塔等起重机械或其他设备，可能对结构有较大影响，应根据具体情况分施工阶段进行验算。

多层钢结构工业建筑中设有吊车时，吊车竖向荷载应按《建筑结构荷载规范》（GB 50009—2012）中的规定进行计算。

3.3.2 风荷载

《建筑结构荷载规范》(GB 50009—2012)对风荷载的规定：一般建筑结构的重现期为50年，高层建筑采用的重现期可适当提高，对于特别重要和有特殊要求的高层建筑，重现期可取100年。垂直于房屋表面上的风荷载标准值按式(3-1)计算。

$$w_k = \beta_z \mu_s \mu_z w_0 \tag{3-1}$$

式中 w_0——基本风压；

μ_s、μ_z、β_z——风荷载的体型系数、风压高度变化系数与高度 z 处的风振系数(对基本自重周期 $T_1 > 0.25$s 的框架及高度大于30m且高宽比大于1.5的框架，要考虑风振系数，否则可取 $\beta_z = 1.0$)。

3.3.3 地震作用

地震作用应按《建筑抗震设计规范(2016年版)》(GB 50011—2010)的弹性反应谱理论计算，设计反应谱以水平地震影响系数 α 曲线(图3.9)的形式表达。场地特征周期 T_g 和水平地震影响系数 α 的最大值分别见表3-4、表3-5。

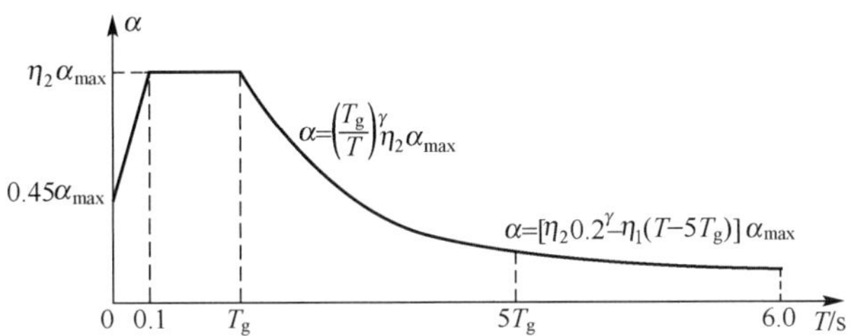

α—水平地震影响系数；α_{max}—水平地震影响系数最大值；T—结构自振周期；η_1—直线下降段的下降斜率调整系数；η_2—阻尼调整系数；T_g—场地特征周期；γ—衰减系数。

图3.9 水平地震影响系数 α 曲线

表3-4 场地特征周期 T_g 单位：s

设计地震分组	场地类别				
	I_0	I_1	Ⅱ	Ⅲ	Ⅳ
第一组	0.20	0.25	0.35	0.45	0.65
第二组	0.25	0.30	0.40	0.55	0.75
第三组	0.30	0.35	0.45	0.65	0.90

表 3 - 5　水平地震影响系数 α 的最大值

地震影响	抗震设防烈度			
	6 度	7 度	8 度	9 度
多遇地震	0.04	0.08 (0.12)	0.16 (0.24)	0.32
罕遇地震	0.28	0.50 (0.72)	0.90 (1.20)	1.40

注：括号中数值分别用于设计基本地震加速度为 0.15g 和 0.30g 的地区。

在确定钢框架的地震作用时，钢框架结构阻尼比应按下列规定取值。

(1) 多遇地震下钢框架高度不大于 50m 时，结构阻尼比取 0.04；钢框架高度大于 50m 且小于 200m 时，结构阻尼比可取 0.03；钢框架高度不小于 200m 时，结构阻尼比宜取 0.02。

(2) 当偏心支撑钢框架部分承担的地震倾覆力矩大于结构总地震倾覆力矩的 50%时，结构阻尼比可比上述规定值增加 0.05。

(3) 罕遇地震下钢框架结构的弹塑性分析，结构阻尼比可取 0.05。

1. 水平地震作用计算

根据《建筑抗震设计规范（2016 年版）》(GB 50011—2010) 的要求，高度不超过 40m、以剪切变形为主、质量和刚度沿高度分布均匀的结构，可采用底部剪力法计算地震作用。底部剪力法是结构手算中最常采用的方法，但一般设计分析软件中多采用振型分解反应谱法计算水平地震作用。

2. 竖向地震作用计算

当多层钢框架中有大跨度（$l>24$m）的桁架、长悬臂及托柱梁等结构时，其竖向地震作用标准值可采用竖向地震影响系数最大值与结构等效总重力荷载代表值的乘积，计算见式(3 - 2)。

$$F_{\mathrm{Evk}}=\alpha_{\mathrm{vmax}}G_{\mathrm{eq}} \tag{3-2}$$

式中　F_{Evk}——大跨或悬臂构件的竖向地震作用标准值；

α_{vmax}——竖向地震影响系数最大值，可取水平地震影响系数最大值的 65%；

G_{eq}——结构等效总重力荷载代表值，可取其总重力荷载代表值的 75%。

3.4　多高层钢框架的结构分析与效应组合

3.4.1　结构分析一般原则

(1) 钢框架结构分析可采用弹性计算方法。抗震设防的结构除进行地震作用下的弹性效应计算外，尚应计算结构在罕遇地震作用下进入弹塑性状态时的变形。当进行结构的作用效应组合计算时，可假定楼面在其自身平面内为绝对刚性，设计时应采取保证楼面整体刚度的构造措施。对整体性较差、开孔面积大、有较长外伸段、相邻层刚度有突变的楼面，当不能保证楼面整体刚度时，宜采用楼板平面内的实际刚度或调整按刚性楼面的假定计算所得结果。

(2) 钢框架结构中，梁与柱的刚接应符合受力过程中梁柱间交角不变的假定，同时，梁与柱的刚接应具有充分的强度来承担由构件端部传递的所有最不利内力。梁与柱的铰接应使连接具有充分的转动能力，且能有效地传递横向剪力与轴向力。梁与柱的半刚接具有的转动刚度有限，在承受弯矩时会产生一定的交角变化，在内力分析中，必须预先确定连接的弯矩-转角特性曲线，以便考虑连接变形的影响。

(3) 钢框架结构的内力分析，可采用一阶弹性分析、二阶 $P-\Delta$ 弹性分析、直接分析。应根据式(3－3)、式(3－4) 计算的最大二阶效应系数 $\theta_{i,\max}^{\mathrm{II}}$ 选用适当的结构分析方法。当 $\theta_{i,\max}^{\mathrm{II}} \leqslant 0.1$ 时，可采用一阶弹性分析；当 $0.1 < \theta_{i,\max}^{\mathrm{II}} \leqslant 0.25$ 时，宜采用二阶 $P-\Delta$ 弹性分析或直接分析；当 $\theta_{i,\max}^{\mathrm{II}} > 0.25$ 时，应增大结构的侧移刚度或采用直接分析。

① 规则钢框架结构的二阶效应系数。

规则钢框架结构的二阶效应系数可按式(3－3) 计算。

$$\theta_i^{\mathrm{II}} = \frac{\sum N_i \cdot \Delta u_i}{\sum H_{\mathrm{k}i} \cdot h_i} \tag{3-3}$$

式中 $\sum N_i$ ——所计算 i 楼层各柱轴心压力设计值之和；

$\sum H_{\mathrm{k}i}$ ——产生层间侧移 Δu 的计算楼层及以上各层的水平力标准值之和；

h_i——所计算 i 楼层的层高；

Δu_i—— $\sum H_{\mathrm{k}i}$ 作用下按一阶弹性分析求得的计算楼层的层间侧移。

② 一般钢框架结构的二阶效应系数。

一般钢框架结构的二阶效应系数可按式(3－4) 计算。

$$\theta_i^{\mathrm{II}} = \frac{1}{\eta_{\mathrm{cr}}} \tag{3-4}$$

式中 η_{cr}——整体结构最低阶弹性临界荷载与荷载设计值的比值。

(4) 不规则且具有明显薄弱部位的、较高的高层钢框架结构，宜进行罕遇地震下的弹塑性变形分析，依据结构特点可以采用静力弹塑性分析或弹塑性时程分析。

(5) 钢框架结构的二阶弹性分析一般由结构分析软件完成，以考虑了结构整体初始几何缺陷、构件局部初始缺陷（含构件残余应力）和合理的节点连接刚度的结构模型为分析对象，计算结构在各种设计荷载（作用）组合下的内力和位移。结构整体初始几何缺陷代表值的最大值 Δ_0 可取为 $H/250$，H 为结构总高度。框架及支撑结构整体初始几何缺陷代表值(图 3.10) 也可按式(3－5) 确定，或可通过在每层柱顶施加由式(3－6) 计算的假想水平力 H_{ni} 等效考虑（图 3.10、图 3.11)，假想水平力的施加方向应考虑荷载的最不利组合。

$$\Delta_i = \frac{h_i}{250}\sqrt{0.2+\frac{1}{n_{\mathrm{s}}}} \tag{3-5}$$

$$H_{ni} = \frac{G_i}{250}\sqrt{0.2+\frac{1}{n_{\mathrm{s}}}} \tag{3-6}$$

式中 Δ_i——第 i 楼层的初始几何缺陷代表值；

G_i——第 i 楼层的总重力荷载设计值；

n_{s}——结构总层数（当 $\sqrt{0.2+\frac{1}{n_{\mathrm{s}}}} < \frac{2}{3}$ 时，此值取为 $\frac{2}{3}$；当 $\sqrt{0.2+\frac{1}{n_{\mathrm{s}}}} > 1.0$ 时，此值取为 1.0)；

h_i——计算楼层的高度。

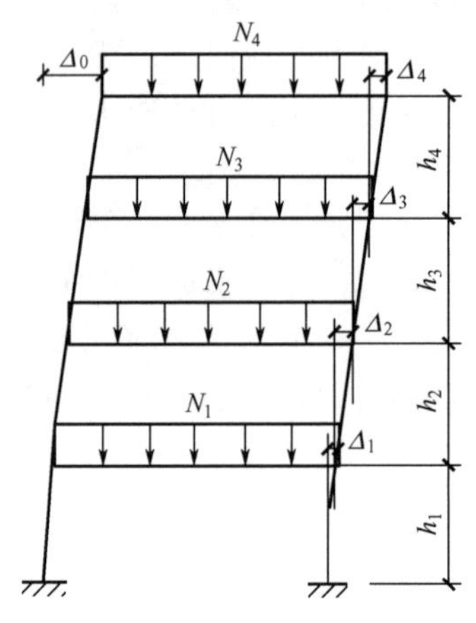

(a) 框架结构整体初始几何缺陷代表值

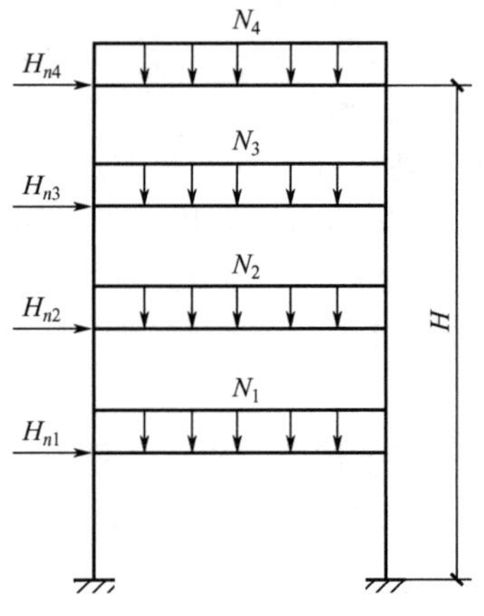

(b) 框架结构等效水平力

图 3.10　结构整体初始几何缺陷代表值及等效水平力

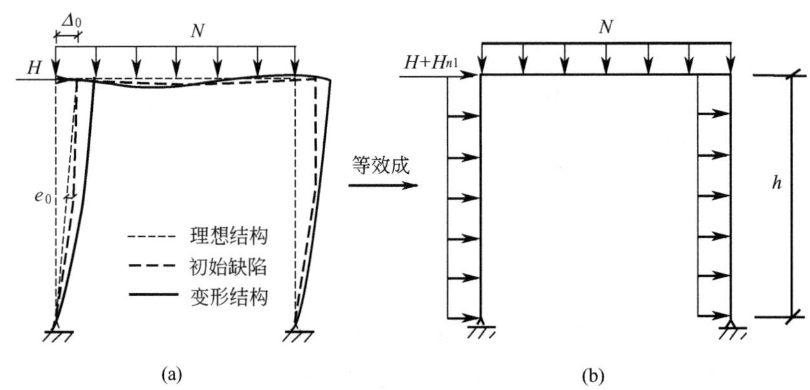

图 3.11　框架结构计算模型

（6）对于无支撑的纯框架结构，多杆件杆端的弯矩 M^{II} 可采用近似式(3－7)、式(3－8)进行计算。

$$M^{\mathrm{II}} = M_{\mathrm{q}} + \alpha_i^{\mathrm{II}} M_{\mathrm{H}} \tag{3-7}$$

$$\alpha_i^{\mathrm{II}} = \frac{1}{1-\theta_i^{\mathrm{II}}} \tag{3-8}$$

式中　M_{q}——结构在竖向荷载作用下的一阶弹性弯矩；

M_{H}——结构在水平荷载作用下的一阶弹性弯矩；

M^{II}——仅考虑 $P-\Delta$ 效应的二阶弯矩；

α_i^{II}——考虑二阶效应第 i 层杆件的侧移弯矩增大系数（当 $\alpha_i^{\mathrm{II}} > 1.33$ 时，宜增大结构的抗侧刚度）；

θ_i^{II}——二阶效应系数。

（7）当进行钢框架结构弹性分析时，宜考虑现浇钢筋混凝土楼板与钢梁的共同工作，且在设计中应使楼板与钢梁间有可靠连接。对两侧有楼板的梁，压型钢板组合楼盖中梁的惯性矩宜取 $1.5I_{\mathrm{b}}$，对仅一侧有楼板的梁，压型钢板组合楼盖中梁的惯性矩宜取 $1.2I_{\mathrm{b}}$（I_{b}

为钢梁惯性矩)。当进行钢框架结构弹塑性分析时,可不考虑现浇钢筋混凝土楼板与钢梁的共同工作。

(8) 高层钢框架结构的计算模型,可采用平面抗侧力结构的空间协同计算模型。当结构布置规则、质量及刚度沿高度分布均匀、不计扭转效应时,可采用平面结构计算模型。当结构平面或立面不规则、体型复杂、无法划分为平面抗侧力单元,或为筒体结构时,应采用空间结构计算模型。

(9) 在钢框架结构作用效应计算中,应计算梁柱的弯曲变形和柱的轴向变形。计算梁柱的剪切变形时,应考虑梁柱节点域剪切变形对侧移的影响,通常可不考虑梁的轴向变形;但当梁同时作为腰桁架或帽桁架的弦杆时,应计算轴向变形。

(10) 支撑构件两端应为刚接,但可按两端铰接计算。偏心支撑中的耗能梁段应取为单独单元。

3.4.2 钢框架结构的静力分析要点

纯钢框架结构与钢框架-支撑结构的内力和位移均可采用矩阵位移法计算。

在预估截面尺寸后,可采用下述的近似方法计算荷载效应。

(1) 在竖向荷载作用下,纯钢框架内力可以采用分层法进行简化计算。在水平荷载作用下,纯钢框架内力和位移可采用D值法进行简化计算。

(2) 平面布置规则的钢框架-支撑结构,在水平荷载作用下当简化为平面抗侧力体系进行分析时,可将所有框架合并为总钢框架,并将所有竖向支撑合并为总支撑,然后进行协同工作分析,如图3.12所示。总支撑可当作一根弯曲杆件,其等效惯性矩 I_{eq} 可按式(3-9)计算。

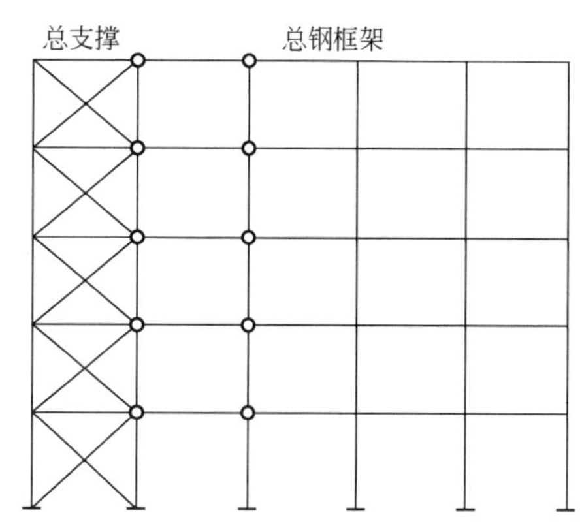

图3.12 钢框架-支撑结构协同工作分析

$$I_{eq}=\mu\sum_{j=1}^{m}\sum_{i=1}^{n}A_{ij}a_{ij}^{2} \tag{3-9}$$

式中 μ——折减系数,中心支撑可取0.8~0.9;

A_{ij}——第 j 榀柱竖向支撑第 i 根柱的截面面积;

a_{ij}——第 i 根柱至第 j 榀竖向支撑的柱截面形心轴的距离;

n——每一榀竖向支撑的柱子数;

m——水平荷载作用方向竖向支撑的榀数。

(3) 当对规则但有偏心的钢框架结构进行近似分析时,可先按无偏心结构进行分析,再将内力乘以修正系数。内力修正系数应按式(3-10)计算(但当扭矩计算结果对构件的内力起有利作用时,应忽略扭矩的作用)。

$$\Psi_i=1+\frac{e_d a_i\sum k_i}{\sum k_i a_i^2} \tag{3-10}$$

式中 e_d——偏心矩设计值(非地震作用时,$e_d=e_0$;地震作用时,$e_d=e_0+0.05L$。e_0 为楼层水平荷载合力中心至刚心的距离;L 为垂直于楼层剪力方向的结构平面尺寸;

Ψ_i——楼层第 i 榀抗侧力结构的内力修正系数；

a_i——楼层第 i 榀抗侧力结构至刚心的距离；

k_i——楼层第 i 榀抗侧力结构的侧向刚度。

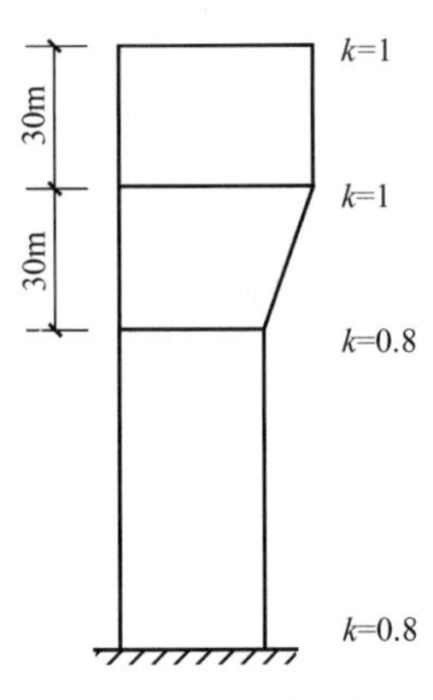

图 3.13　折减系数 k 的取值

(4) 用底部剪力法估算高层钢框架结构的构件截面时，水平地震作用下倾覆力矩引起的柱轴力，对体型较规则的丙类建筑可折减，但对乙类建筑不应折减。折减系数 k 的取值，根据所考虑截面的位置，按图 3.13 的规定采用。下列情况，水平地震作用下倾覆力矩引起的柱轴力不应折减。

① 体型不规则的建筑。

② 体型规则但基本自振周期 $T_1 \leqslant 1.5\text{s}$ 的结构。

(5) 应计入梁柱节点域剪切变形对高层建筑钢结构侧移的影响，可将梁柱节点域当作一个单独单元进行结构分析，也可按下列规定做近似计算。

① 对于箱形截面柱钢框架，可将节点域当作刚域，刚域的尺寸取节点域尺寸的一半。

② 对工字形截面柱钢框架，可按结构轴线尺寸进行分析，并应按下一条的规定对侧移进行修正。

③ 当工字形截面柱钢框架所考虑楼层的主梁线刚度平均值与节点域剪切刚度平均值之比 $EI_{\text{bm}}/(K_{\text{m}}h_{\text{bm}})>1$ 或参数 $\eta>5$ 时，按上一条近似方法计算的楼层侧移，可按式(3－11)～式(3－13) 进行修正。

$$\mu_i' = \left(1+\frac{\eta}{100-0.5\eta}\right)\mu_i \tag{3-11}$$

$$\eta = \left[17.5\frac{EI_{\text{bm}}}{K_{\text{m}}h_{\text{bm}}} - 1.8\left(\frac{EI_{\text{bm}}}{K_{\text{m}}h_{\text{bm}}}\right)^2 - 10.7\right]\sqrt[4]{\frac{I_{\text{cm}}h_{\text{bm}}}{I_{\text{bm}}h_{\text{cm}}}} \tag{3-12}$$

$$K_{\text{m}} = h_{\text{cm}}h_{\text{bm}}t_{\text{m}}G \tag{3-13}$$

式中　μ_i'——修正后的第 i 层楼层侧移；

μ_i——忽略节点域剪切变形，并按结构轴线分析得出的第 i 层楼层侧移；

I_{cm}、I_{bm}——结构中柱截面惯性矩的平均值和梁截面惯性矩的平均值；

h_{cm}、h_{bm}——结构中柱腹板高度的平均值和梁腹板高度的平均值；

K_{m}——节点域剪切刚度平均值；

t_{m}——节点域腹板厚度平均值；

G——钢材的剪切模量；

E——钢材的弹性模量。

3.4.3　钢框架结构的稳定分析要点

稳定分析是高层钢框架结构设计必须考虑的关键问题之一，它主要指考虑二阶效应的结构构件极限承载力计算。二阶效应是 $P-\Delta$ 效应和梁柱效应。高层钢框架结构一般不会因竖向荷载引起结构整体失稳，但当其在风荷载或地震作用下产生水平位移时，竖向荷载产生的 $P-\Delta$ 效应将使结构的稳定问题变得十分突出。尤其对于非对称结构，平移与扭转耦联，$P-\Delta$ 效应会同时产生附加弯矩和附加扭矩。如果侧移引起的内力增加最终能与竖向荷载平衡，结构就是稳定的；否则，将出现 $P-\Delta$ 效应，引起结构的整体失稳。在高层钢框架结构设计中，应尽可能采用带 $P-\Delta$ 效应分析功能的分析程序或考虑 $P-\Delta$ 效应的计算方法。

理论分析和实例计算显示，若将钢框架结构的层间位移、柱的轴压比和柱的长细比限制在一定范围内，就能控制二阶效应对结构极限承载力的影响。《高层民用建筑钢结构技术规程》（JGJ 99—2015）通过对钢框架结构层间位移、柱的轴压比和柱的长细比的限制，来考虑结构的整体稳定问题。该规程规定，当高层建筑钢框架结构同时符合两个条件时，可以不验算结构的整体稳定性，第一个条件是考虑梁柱效应，第二个条件是考虑 $P-\Delta$ 效应。

（1）钢框架结构各楼层柱的平均长细比和平均轴压比应满足式(3－14）的要求。

$$\frac{N_m}{N_{pm}}+\frac{\lambda_m}{80}\leqslant 1 \tag{3-14}$$

式中　λ_m——楼层柱的平均长细比；

N_m——楼层柱的平均轴压力设计值；

N_{pm}——楼层柱的平均全塑性轴压力，$N_{pm}=f_y A_m$；

f_y——钢材屈服强度；

A_m——柱截面面积的平均值。

（2）结构按一阶线弹性计算所得的各楼层层间相对侧移值，应满足式(3－15）的要求。

$$\frac{\Delta_u}{h}\leqslant 0.12\frac{\sum F_h}{\sum F_v} \tag{3-15}$$

式中　Δ_u——按一阶线弹性计算所得的质心处层间相对侧移值；

h——楼层层高；

$\sum F_h$——计算楼层以上全部水平作用之和；

$\sum F_v$——计算楼层以上全部竖向作用之和。

对于不符合式(3－14）和式(3－15）要求的高层钢框架，可按下列要求验算其整体稳定。

① 有支撑的钢框架结构，且 $\Delta_u/h\leqslant 1/1000$ 时，按有效长度法验算，柱的计算长度系数按国家标准《钢结构设计标准》（GB 50017—2017）附录 E 的规定取值；

② 无支撑的钢框架结构和 $\Delta_u/h>1/1000$ 的有支撑钢框架结构，应按能反映二阶效应的方法验算其整体稳定。

3.4.4 钢框架作用效应组合

荷载效应与地震作用效应组合的设计值，应按式(3－16)、式(3－17）确定。

（1）无地震作用。

$$S=\gamma_G C_G G_k+\gamma_{Q1} C_{Q1} Q_{1k}+\gamma_{Q2} C_{Q2} Q_{2k}+\Psi_W \gamma_W C_W w_k \tag{3-16}$$

（2）有地震作用，第一阶段抗震设计。

$$S=\gamma_G C_G G_E+\gamma_E C_E F_{Ek}+\gamma_{Ev} C_{Ev} F_{Evk}+\Psi_W \gamma_W C_W w_k \tag{3-17}$$

式中 G_k、Q_{1k}、Q_{2k}——永久荷载、楼面活荷载、雪荷载等竖向荷载标准值；

F_{Ek}、F_{Evk}、w_k——水平地震作用、竖向地震作用和风荷载的标准值；

G_E——考虑地震作用时的重力荷载代表值；

$C_G G_k$、$C_{Q1} Q_{1k}$、$C_{Q2} Q_{2k}$、$C_W w_k$、$C_G G_E$、$C_E F_{Ek}$、$C_{Ev} F_{Evk}$——上述各相应荷载（作用）标准值产生的荷载效应（作用效应），按力学计算求得；

γ_G、γ_{Q1}、γ_{Q2}、γ_W、γ_E、γ_{Ev}——上述各相应荷载或作用的分项系数；

Ψ_W——风荷载组合系数（无地震作用的组合中取 1.0，有地震作用的组合中取 0.2）。

抗震设计进行构件承载力验算时，其荷载或作用的分项系数取值见表 3-6，并应取各构件可能出现的最不利组合进行截面设计。

当第一阶段抗震设计进行结构侧移验算时，应取与构件承载力验算相同的组合，但各荷载或作用的分项系数应取 1.0；当第二阶段抗震设计采用时程分析法验算时，不应计入风荷载，其竖向荷载宜取重力荷载代表值。

表 3-6　荷载或作用的分项系数取值

参考组合的荷载和作用	重力荷载 γ_G	水平地震作用 γ_{Eh}	竖向地震作用 γ_{Ev}	风荷载 γ_W	说明
重力荷载及水平地震作用	1.2	1.3	—	—	抗震设计的高层民用建筑均应考虑
重力荷载、水平地震作用及风荷载	1.2	1.3	—	1.4	用于 60m 以上的高层民用建筑
重力荷载及竖向地震作用	1.2	—	1.3	—	用于抗震设防烈度为 9 度的结构；抗震设防烈度为 7 度（0.15g）、8 度、9 度的大跨度结构和水平长悬臂结构
重力荷载、水平地震作用及竖向地震作用	1.2	1.3	0.5	—	
考虑重力荷载、水平地震作用、竖向地震作用及风荷载	1.2	1.3	0.5	1.4	60m 以上的高层民用建筑；水平长悬臂结构和大跨度结构 7 度（0.15g）、8 度、9 度抗震设计时考虑
	1.2	0.5	1.3	1.4	

注：1. 在地震作用组合中，重力荷载代表值应按规定取值。当重力荷载效应对构件承载力有利时，γ_G 宜取 1.0。

2. 对楼面结构，当活荷载标准值不小于 4.0kN/m² 时，其分项系数取 1.3。

3.4.5 作用效应验算

(1) 非抗震设防的高层钢框架结构，以及抗震设防的高层钢框架结构在不计算地震作用的效应组合中，构件承载力应满足式(3-18) 的要求。

$$\gamma_0 S \leqslant R \tag{3-18}$$

式中 γ_0——结构重要性系数，按结构构件的安全等级确定；

S——荷载或作用效应组合设计值；

R——结构构件承载力设计值。

(2) 考虑抗震设防的钢框架结构的第一阶段抗震设计，构件的承载力应满足式(3-19) 的要求。

$$S \leqslant R/\gamma_{RE} \tag{3-19}$$

式中 S——地震作用效应组合设计值；

R——结构构件承载力设计值；

γ_{RE}——结构构件承载力的抗震调整系数（结构构件和连接的承载力抗震调整系数应取 0.75；柱和支撑的稳定计算抗震调整系数取 0.8。当仅考虑竖向效应组合时，各类构件承载力的抗震调整系数均取 1.0）。

(3) 高层钢框架结构弹性位移分析的层间侧移标准值，不得超过结构层高的 1/250。

(4) 高层钢框架的薄弱层或薄弱部位弹塑性层间位移不应大于层高的 1/50。

(5) 考虑高层建筑对人体舒适度的要求，高层钢框架结构需依据《高层民用建筑钢结构技术规程》(JGJ 99—2015) 的规定，对钢框架结构在风荷载作用下的顺风向和横风向顶点最大加速度进行验算，并不得超过式(3-20)、式(3-21) 的限值。圆筒形高层民用建筑顶部最大风速和高层建筑楼盖结构舒适度计算方法参见《高层民用建筑钢结构技术规程》(JGJ 99—2015)。

住宅和公寓建筑：

$$\alpha_{lim} \leqslant 0.20\text{m/s}^2 \tag{3-20}$$

办公和旅馆公共建筑：

$$\alpha_{lim} \leqslant 0.28\text{m/s}^2 \tag{3-21}$$

3.5 多高层钢框架构件设计

3.5.1 钢框架梁设计

钢框架楼盖通常采用压型钢板组合楼盖，在工程设计当中，通常钢框架主梁按钢梁设计，次梁按组合梁设计。组合梁设计详见《钢结构设计标准》(GB 50017—2017) 第 14 章的相关规定，钢梁的设计在《钢结构设计原理（第 2 版）》(胡习兵、张再华主编) 中已做了较详细的说明。

3.5.2 钢框架柱设计

1. 钢框架柱的截面形式

钢框架柱常用的截面形式有H形、焊接工字形、箱形、圆形等。H形截面具有截面经济合理、规格尺寸多、加工量少及便于连接等优点，在工程结构中应用最为广泛。焊接工字形截面的最大优点是可灵活地调整截面特性。箱形截面的优点是两个主轴的刚度可以做得相等，缺点是加工量大。采用钢管混凝土的组合柱，将大幅度提高柱的承载力，并提高防火性能，是高层钢结构中采用较多的截面形式。

2. 钢框架柱截面确定

钢框架柱一般都是压（拉）弯构件，在选定了柱截面形式之后，拟定柱截面尺寸要参考同类已建工程。在初步设计阶段，已粗略得到柱的设计轴力值 N，可用承受 $1.2N$ 的轴心受压构件来初拟柱截面尺寸。多高层钢框架可以采用变截面柱的形式，大致可按每3、4层做1次截面变化，尽量使用较薄的钢板。依据结构的抗震等级，钢框架构件的板件宽厚比不应大于表3-7的限值。

表3-7　钢框架构件的板件宽厚比限值

板件名称		抗震等级				非抗震设防
		一级	二级	三级	四级	
柱	工字形截面翼缘外伸部分	10	11	12	13	13
	工字形截面腹板	43	45	48	52	52
	箱形截面腹板	33	36	38	40	40
梁	工字形和箱形截面翼缘外伸部分	9	9	10	11	11
	箱形截面翼缘在两腹板之间部分	30	30	32	36	36
	工字形截面腹板和箱形截面腹板	$72-120\rho$	$72-100\rho$	$80-110\rho$	$85-120\rho$	$85-120\rho$

注：1. $\rho=\frac{N}{Af}$，按实际情况计算，但 ρ 不大于0.125。

2. 表中数值适用于Q235钢，若采用其他牌号钢材，应乘以 $\sqrt{(235/f_y)}$，f_y 为名义屈服强度。

3. 工字形梁和箱形梁的腹板宽厚比，抗震等级为一、二、三、四级时，分别不宜大于（60、65、70、75）$\sqrt{235/f_y}$。

3. 钢框架柱的计算长度

当工程设计中采用弹性二阶分析时，构件的稳定承载力分析不必再考虑计算长度的影响，计算长度系数直接取1.0。当钢框架结构采用弹性一阶分析时，钢框架构件的稳定承载力分析必须考虑计算长度的影响。

在确定钢框架柱计算长度时，钢框架柱的计算长度系数 μ 可按照下列规定确定。

(1) 有支撑钢框架结构。

有支撑钢框架柱的计算长度系数 μ_b 可按式(3-22) 确定，或可查《钢结构设计标准》(GB 50017—2017) 附录 E 附表 E.0.1。

$$\mu_b=\sqrt{\frac{(1+0.41K_1)(1+0.41K_2)}{(1+0.82K_1)(1+0.82K_2)}} \tag{3-22}$$

式中 K_1、K_2——相交于柱上端、柱下端的横梁线刚度之和与柱线刚度之和的比值（当横梁远端为铰接时，应将横梁线刚度乘以 1.5；当横梁远端为嵌固时，应将横梁线刚度乘以 2.0。

(2) 纯钢框架结构。

可查《钢结构设计标准》(GB 50117—2017) 附录 E 表 E.0.2，也可按式(3-23) 确定。

$$\mu_b=\sqrt{\frac{7.5K_1K_2+4(K_1+K_2)+1.52}{7.5K_1K_2+K_1+K_2}} \tag{3-23}$$

式中 K_1、K_2——相交于柱上端、柱下端的横梁线刚度之和与柱线刚度之和的比值（当梁远端为铰接时，应将横梁线刚度乘以 0.5；当横梁远端为嵌固时，横梁线刚度应乘以 2/3)。

4. 抗震设计中钢框架柱的相关规定

(1) 长细比限定。

抗震设计时，抗震等级为一级、二级、三级、四级时，框架柱的长细比不应大于 $60\sqrt{235/f_y}$、$80\sqrt{235/f_y}$、$100\sqrt{235/f_y}$、$120\sqrt{235/f_y}$。

(2) 钢框架-支撑结构体系的构件内力调整。

进行多遇地震作用下构件承载力计算时，钢结构转换构件下的钢框架柱，地震作用产生的内力应乘以增大系数，其值可采用 1.5。

(3) 强柱弱梁的验算。

钢框架柱除满足以下情形外，都应进行强柱弱梁的验算。

① 钢框架柱所在楼层的抗剪承载能力比相邻上一层的抗剪承载能力高出 25%。

② 钢框架柱轴压比不超过 0.4。

③ 钢框架柱轴力符合 $N_2<\varphi A_c f$ (N_2为 2 倍地震作用下的地震组合轴力设计值)。

④ 与支撑斜杆相连的节点。

等截面梁与柱连接时，强柱弱梁验算见式(3-24)。

$$\sum W_{pc}(f_{yc}-N/A_c)\geqslant\sum(\eta W_{pb}f_{yb}) \tag{3-24}$$

梁端加强型连接或骨式连接的端部变截面梁与柱相连时，其验算见式(3-25)。

$$\sum W_{pc}(f_{yc}-N/A_c)\geqslant\sum(\eta W_{pb1}f_{yb}+M_v) \tag{3-25}$$

式中 W_{pc}，W_{pb}——计算平面内交汇于节点的柱和梁的截面塑性抵抗矩；

W_{pb1}——梁塑性铰所在截面的全塑性截面模量；

f_{yc}，f_{yb}——分别为柱和梁钢材的屈服强度；

N——按设计地震作用组合得出的柱轴力；

A_c——柱的截面面积；

η——强柱系数（抗震等级为一级时取 1.15，二级时取 1.10，三级时取 1.05，四级时取 1.0）；

M_v——梁塑性铰剪力对梁端产生的附加弯矩，$M_v = V_{pb}x$，V_{pb}为梁塑性铰剪力；

x——塑性铰至柱面的距离［梁端扩大型或盖板式取梁净跨的 1/10 和梁高二者中的较大值；RBS 连接取$(0.5\sim0.75)b_f+(0.3\sim0.45)h_b$（$h_b$、$b_f$分别为梁翼缘宽度和梁截面高度）］。

（4）梁柱连接节点域验算。

梁柱连接处，柱腹板上应设置与梁上下翼缘相对应的加劲肋。在地震作用下，为了使梁柱连接节点域腹板具有足够的抗剪能力，同时不失稳，节点域应按式(3-26)～式(3-28)进行验算。

① 节点域抗剪验算：

$$(M_{b1}+M_{b2})/V_p \leqslant (4/3)f_v \tag{3-26}$$

② 节点域稳定性验算：

$$t_p \geqslant (h_{0b}+h_{0c})/90 \tag{3-27}$$

③ 节点域屈服承载力验算：

$$\Psi(M_{pb1}+M_{pb2})/V_p \leqslant (4/3)f_{yv} \tag{3-28}$$

式中　M_{b1}、M_{b2}——节点域左右两端弯矩设计值；

V_p——节点域体积，计算方法详见《高层民用建筑钢结构技术规程》(JGJ 99—2015)；

t_p——节点域腹板厚度；

h_{0b}、h_{0c}——梁、柱腹板宽度，自翼缘中心线算起；

Ψ——折减系数（抗震等级为三、四级时取 0.6，抗震等级为一、二级时取 0.7；冷成型箱形柱取 1.0）；

M_{pb1}、M_{pb2}——节点域左右梁的全塑性抗弯承载力；

f_{yv}——钢材屈服抗剪强度，取 $f_{yv}=0.577f_y$。

3.5.3 钢框架-支撑结构设计

在钢框架-支撑结构体系中，支撑是钢框架结构中一个非常重要的构件。支撑可分为中心支撑和偏心支撑两种形式。

1. 中心支撑

（1）中心支撑布置与截面形式。

中心支撑布置应遵循 3.1.2 节相关要求。注意：当采用只能受拉的单斜杆时，应同时布置不同倾斜方向的两组单斜杆，如图 3.14 所示，且每层中不同方向单斜杆的截面面积在水平方向的投影面积之差都不得大于 10%。

斜杆宜采用双轴对称截面。当采用单轴对称截面时（例如双角钢组合 T 形截面），应采取防止绕对称轴屈曲的构造措施。结构抗震设防烈度不小于 7 度时，不宜用双角钢组合 T 形截面。与斜杆一起组成支撑系统的横梁、柱及其连接，应具有承受支撑斜杆传递来的内力。

人字形斜杆［图 3.15（a）］和 V 形斜杆［图 3.15（b）］在斜杆连接处应保持连续。在地震作用下，横梁的计算应按图 3.15（c）、（d）所示的计算简图进行，即考虑受压斜杆在大震时失稳后，斜杆已不能作为横梁的支点，横梁两端也已形成塑性铰，支撑中的内力将由整个横梁承受。因此，横梁承受的荷载有重力荷载和受压支撑屈曲后支撑产生的不平衡力。此不平衡力取受拉斜杆内力的竖向分量减去受压支撑屈曲压力竖向分量的 30%。因为受压支撑屈曲后，其刚度将软化，受力将减少，一般取屈曲压力的 30%。

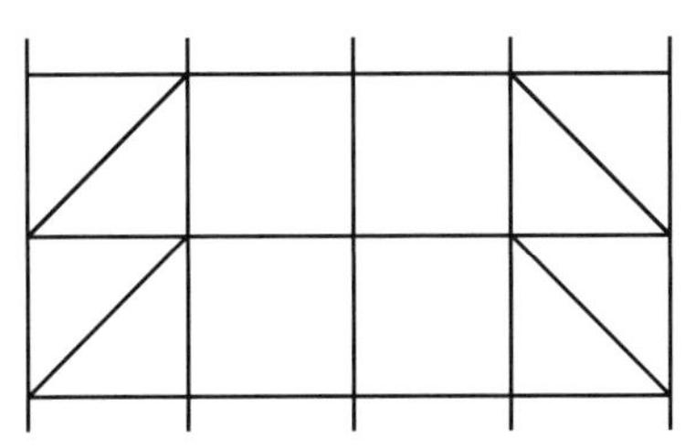

图 3.14　单斜杆的布置

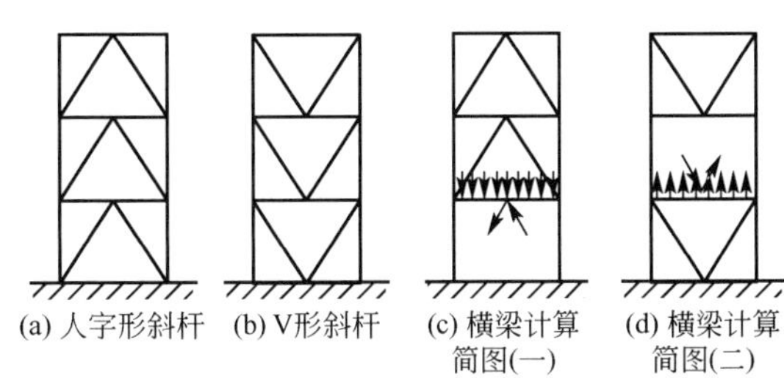

图 3.15　人字形斜杆和 V 形斜杆中横梁的计算简图

（2）中心支撑杆件的长细比与板件宽厚比限值。

中心支撑斜杆的长细比，按压杆设计时，不应大于 $120\sqrt{235/f_y}$。抗震等级为一、二、三级时，中心支撑斜杆不得采用拉杆设计。非抗震设计和抗震等级为四级时，采用拉杆设计，其长细比不应大于 180。

中心支撑板件的宽厚比，依据结构抗震等级的不同，应满足表 3-8 中相应规定的限值。

表 3-8　中心支撑板件的宽厚比限值

板件名称	抗震等级			
	一级	二级	三级	四级
翼缘外伸部分	8	9	10	13
工字形截面腹板	25	26	27	33
箱形截面壁板	18	20	25	30
圆管外径与壁厚比	38	40	40	42

注：表中数值适用于 Q235 钢，其他牌号钢材应乘以 $\sqrt{235/f_y}$，圆管应乘以 $235/f_y$。

（3）中心支撑的计算与构造。

在多遇地震作用效应组合下，斜杆按压杆验算，见式(3-29)。

$$N/\varphi A_{br} \leqslant \varphi f/\gamma_{RE} \tag{3-29}$$

式中　A_{br}——斜杆毛截面面积；

N——斜杆设计内力；

φ——受循环荷载时的设计强度降低系数 $\varphi=1/(1+0.35\lambda_n)$，无地震作用组合时的设计强度降低系数 $\varphi=1.0$；

γ_{RE}——斜杆承载力抗震调整系数，按《建筑抗震设计规范（2016 年版）》（GB 50011—

2010）取0.8；

λ_n——斜杆斜杆的正则化长细比，$\lambda_n=(\lambda/\pi)\sqrt{f_y/E}$。

图3.16为中心支撑节点的一些常见构造形式，其中带有双节点板的通常称为重型支撑，反之称为轻型支撑。地震区的工字形截面中心支撑宜采用轧制宽翼缘H型钢。如果采用焊接工字形截面，则其腹板和翼缘的连接焊缝应设计成焊透的对接焊缝，以免焊缝在地震力的反复作用下出现裂缝。与中心支撑相连接的柱通常加工成带悬臂梁段的形式，以避免梁柱节点施焊。

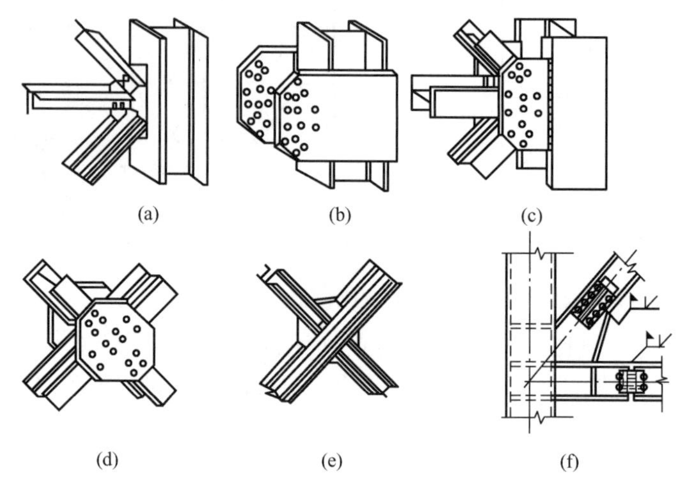

图3.16　中心支撑节点的一些常见构造形式

依据《建筑抗震设计规范（2016年版）》（GB 50011—2010）的规定，中心支撑节点的构造应满足如下要求。

① 结构抗震等级为一、二、三级时，中心支撑宜采用H型钢制作，其两端与框架可采用刚接构造，梁柱与中心支撑连接处应设置加劲肋；结构抗震等级为一级和二级，采用焊接工字形截面的中心支撑，其翼缘与腹板的连接宜采用全熔透连续焊缝。

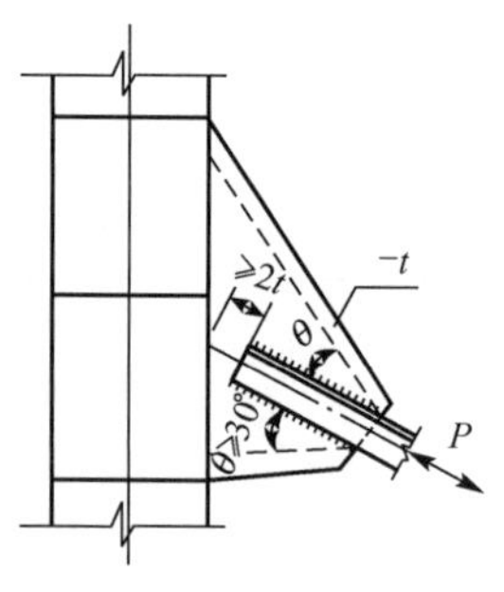

图3.17　节点板连接

② 中心支撑与钢框架连接处的支撑杆端宜做成圆弧状。

③ 梁在其与V形斜杆或人字形斜杆相交处，应设置侧向支承；该支承点与梁端支承点间的侧向长细比以及支承力，应符合《钢结构设计标准》（GB 50017—2017）中塑性设计的规定。

④ 当中心支撑和钢框架采用节点板连接时，节点板在连接杆件每侧夹角应不小于30°；结构抗震等级为一、二级时，支撑端部至节点板最近嵌固点（节点板与框架构件连接焊缝的端部）在沿支撑杆件轴线方向的距离，不应小于节点板厚度的2倍，如图3.17所示。

2. 偏心支撑

在偏心支撑钢框架中，除了支撑斜杆不交于梁柱节点的几何特征，还有一个重要的力学特征，那就是精心设计的耗能梁段，如图3.8中的梁段a所示。这些位于支撑斜杆与梁柱节点（或支撑斜杆）之间的耗能梁段，一般比支撑斜杆的承载力低，同时在重复荷载作用下具有良好的塑性变形能力。在正常的荷载状态下，偏心支撑钢框架具有足够的水平刚度；在遭遇强烈地震作用时，耗能梁段最先屈服并吸收地震能量，有效地控制了作用于支撑斜杆上的荷载份额，使其不丧失承载力，从而保证整个结构不会坍塌。

偏心支撑斜杆的长细比不应大于 $120\sqrt{235/f_y}$，板件宽厚比不应超过《钢结构设计标准》(GB 50017—2017) 规定的轴心受压构件在弹性设计时的宽厚比限值。耗能梁段的局部稳定性要求严于一般框架梁，以利于其塑性发展。

(1) 翼缘板自由外伸宽度 b_1 与其厚度 t_f 之比，应符合式(3-30) 的要求。

$$b_1/t_f \leqslant 8\sqrt{235/f_y} \tag{3-30}$$

(2) 腹板计算高度 h_0 与其厚度 t_w 之比，应符合式(3-31) 的要求。

$$h_0/t_w \leqslant \begin{cases} 90\left[1-1.65N_{lb}/(A_{lb}f)\right]\sqrt{235/f_y} & N_{lb}/(A_{lb}f) \leqslant 0.14 \\ 33\left[2.3-N_{lb}/(A_{lb}f)\right]\sqrt{235/f_y} & N_{lb}/(A_{lb}f) > 0.14 \end{cases} \tag{3-31}$$

式中 N_{lb}——耗能梁段的轴力设计值；

A_{lb}——耗能梁段的截面面积。

耗能梁段的受剪承载力可按式(3-32) ～式(3-35) 计算。

① $N \leqslant 0.15Af$：

$$\min(V_l = 0.58A_w f_y, V_l = 2M_{lp}/a) \tag{3-32}$$

$$A_w = (h-2t_f)t_w \tag{3-33}$$

$$M_{lp} = fW_{np} \tag{3-34}$$

② $N > 0.15Af$：

$$\min\{V_{lc} = 0.58A_w f_y\sqrt{1-[N/(fA)]^2}, V_{lc} = 2.4M_{lp}[1-N/(fA)]/a\} \tag{3-35}$$

式中 V_l——耗能梁段不计入轴力影响的受剪承载力；

V_{lc}——耗能梁段计入轴力影响的受剪承载力；

M_{lp}——耗能梁段的全塑性受弯承载力；

a、h、t_w、t_f——耗能梁段的净长、截面高度、腹板厚度和翼缘厚度；

A_w——耗能梁段腹板截面面积；

A——耗能梁段的截面面积；

W_{np}——耗能梁段对其截面水平轴的塑性净截面模量；

f、f_y——耗能梁段钢材的抗压强度设计值和屈服强度值。

耗能梁段的受弯承载力应符合式(3-36)、式(3-37) 的规定。

① $N \leqslant 0.15Af$：

$$\frac{M}{W} + \frac{N}{A} \leqslant f \tag{3-36}$$

② $N > 0.15Af$：

$$\left(\frac{M}{h} + \frac{N}{2}\right)\frac{1}{b_f t_f} \leqslant f \tag{3-37}$$

式中 M——耗能梁段的弯矩设计值；

N——耗能梁段的轴力设计值；

W——耗能梁段的截面模量；

A——耗能梁段的截面面积；

h、b_f、t_f——耗能梁段的截面高度、翼缘宽度和翼缘厚度。

f——耗能梁端钢材的抗压强度设计值（有地震作用组合时，应除以 γ_{RE}）。

偏心支撑的设计意图是：当地震作用足够大时，耗能梁段屈服，而支撑不屈曲。能否实现这一意图，取决于支撑的承载力。设置适当的加劲肋后，耗能梁段的极限受剪承载力可超过 $0.9f_y h_0 t_w$，约为设计受剪承载力 $0.58f_y h_0 t_w$ 的 1.55 倍。因此，支撑的轴向设计抗力至少应为耗能梁段屈服时支撑轴力的 1.6 倍，才能保证耗能梁段进入非弹性变形且支撑不屈曲。具体设计时，支撑的截面适当取大一些。偏心支撑斜杆的承载力计算见式(3－38)。

$$\frac{N_{br}}{\varphi A_{br}} \leqslant f \tag{3-38}$$

式中　A_{br}——支撑的截面面积；

φ——由支撑斜杆的长细比确定的轴心受压构件稳定系数；

f——钢材的抗拉、抗压强度设计值（有地震作用组合时，应除以 γ_{RE}）；

N_{br}——支撑轴力设计值，可按《高层民用建筑钢结构技术规程》(JGJ 99—2015)中的相关要求进行计算。

耗能梁段所用钢材的屈服强度不应大于 345MPa，以便有良好的延性和耗能能力。此外，还必须采取一系列构造措施，以使耗能梁段在反复荷载作用下具有良好的滞回性能。

(1) 支撑斜杆轴力的水平分量成为耗能梁段的轴力 N，当此轴力较大时，除应降低此耗能梁段的受剪承载力外，还需减少该耗能梁段的长度，以保证它具有良好的滞回性能。因此，耗能梁段轴力 $N>0.16Af$ 时，耗能梁段的长度 a（图 3.18）应符合式(3－39)、式(3－40)的规定。

$\rho\ (A_w/A)\ <0.3$：

$$a < 1.6M_{lp}/V_{lp} \tag{3-39}$$

$\rho\ (A_w/A)\ \geqslant 0.3$：

$$a \leqslant [1.15-0.5\rho(A_w/A)]\ 1.6M_{lb}/V_{lp} \tag{3-40}$$

式中　A，A_w——耗能梁段的截面面积和腹板截面面积；

V_{lp}，M_{lp}——耗能梁段的受剪承载力和全塑性受弯承载力；

ρ——耗能梁段轴力设计值与剪力设计值之比，$\rho=N/V$。

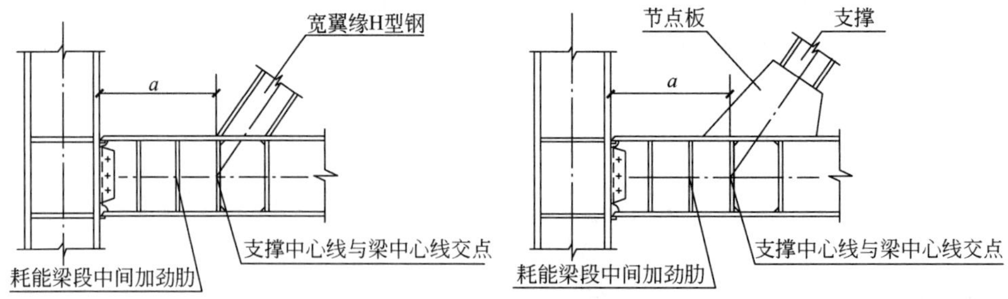

图 3.18　耗能梁段的长度 a

(2) 由于腹板上贴焊的补强板不能进入弹塑性变形，腹板上开洞会影响补强板的弹塑性变形能力。因此，耗能梁段的腹板不得贴焊补强板，也不得开洞。

(3) 为了传递耗能梁段的剪力并防止其腹板屈曲，耗能梁段与支撑连接处，应在耗能梁段腹板两侧配置加劲肋，加劲肋的高度应为耗能梁段腹板高度，一侧的加劲肋宽度不应小于 $b_f/2-t_w$，厚度不应小于 $0.75t_w$ 和 10mm 中的较大值。这里 b_f 和 t_w 分别是耗能梁段的翼缘宽度和腹板厚度。

(4) 耗能梁段腹板的中间加劲肋，需按耗能梁段的长度区别对待，耗能梁段的长度较短时为剪切屈服型，加劲肋间距小；耗能梁段的长度较长时为弯曲屈服型，需在距端部1.5倍的翼缘宽度处布置加劲肋；耗能梁段的长度中等时需同时满足剪切屈服型和弯曲屈服型的要求。具体说来，耗能梁段应按下列要求在其腹板上布置中间加劲肋（图 3.18）。

① 当 $a \leqslant 1.6M_{lp}/V_{lp}$ 时，加劲肋间距不大于 $(30t_w-h/5)$。

② 当 $2.6M_{lp}/V_{lp} \leqslant a \leqslant 5M_{lp}/V_{lp}$ 时，应在距耗能梁段端部 $1.5b_f$ 处布置中间加劲肋，且中间加劲肋间距不应大于 $(52t_w-h/5)$。

③ 当 $1.6M_{lp}/V_{lp} \leqslant a \leqslant 2.6M_{lp}/V_{lp}$ 时，中间加劲肋的间距宜在上述两者间线性插入。

④ 当 $a > 5M_{lp}/V_{lp}$ 时，腹板上可不布置中间加劲肋。

⑤ 中间加劲肋应与耗能梁段的腹板等高，当耗能梁段截面高度不大于 640mm 时，可布置单侧加劲肋；耗能梁段截面高度大于 640mm 时，应在两侧布置加劲肋。一侧加劲肋的宽度不应小于 $b_f/2-t_w$，厚度不应小于 t_w 和 10mm 中的较大值。

偏心支撑和斜杆中心线与梁中心线的交点，一般在耗能梁段的端部，也允许在耗能梁段内（图 3.18），此时将产生与耗能梁段端部弯矩方向相反的附加弯矩，从而减少耗能梁段和斜杆的弯矩，对抗震有利。但交点不应在耗能梁段以外，否则将增大偏心支撑和耗能梁段的弯矩，对抗震不利。

(5) 耗能梁段与柱的连接应符合下列要求。

① 耗能梁段与柱连接时，其长度不得大于 $1.6M_{lp}/V_{lp}$。

② 耗能梁段翼缘与柱翼缘之间应采用坡口全熔透对接焊连接；耗能梁段腹板与柱之间应采用角焊缝连接，角焊缝的承载力不得小于耗能梁段腹板的轴向承载力、受剪承载力和受弯承载力。

③ 耗能梁段与柱腹板连接时，耗能梁段翼缘与连接板间应采用坡口全熔透焊缝，耗能梁段腹板与柱间应采用角焊缝，角焊缝的承载力不得小于耗能梁段腹板的轴向承载力、受剪承载力和受弯承载力。

耗能梁段要承受平面外扭转，与耗能梁段处于同一跨内的框架梁，同样承受轴向力和弯矩作用，为保持其稳定，耗能梁段两端上下翼缘应布置侧向支撑。侧向支撑的轴向力设计值不得小于耗能梁段翼缘轴向承载力设计值（翼缘宽度、厚度和钢材受压承载力设计值三者的乘积）的 6%，即 $0.06b_ft_ff$。偏心支撑框架梁的非耗能梁段上下翼缘也应布置侧向支撑，侧向支撑的轴力设计值不得小于梁翼缘轴向承载力的 2%，即 $0.02b_ft_ff$。

3.6 多高层钢框架梁柱连接节点设计

3.6.1 钢框架梁柱连接节点的类型与受力特点

在钢框架结构中，梁柱连接节点往往是影响钢框架力学性能的关键。梁柱连接节点的

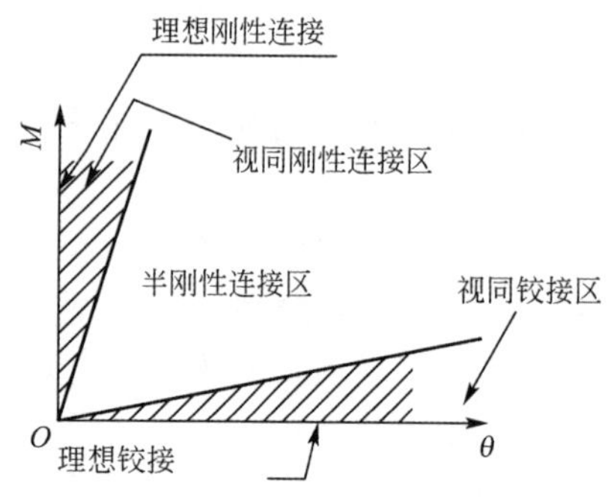

图 3.19　刚性连接节点、半刚性连接节点、铰接连接节点的受力性能

类型，从受力性能上分有刚性连接节点、铰接连接节点和半刚性连接节点；从连接方式上分有全焊连接节点、全栓连接节点和栓焊连接节点。图 3.19 所示为刚性连接节点、半刚性连接节点和铰接节点的受力性能。图中纵坐标 M 为梁端的弯矩，横坐标 θ 为梁柱夹角的改变量。在一般情况下，梁柱连接采用全焊连接［图 3.20 (a)］或梁上下翼缘与柱的连接采用栓焊混合连接时［图 3.20 (b)］可形成刚性连接。刚性连接在梁端弯矩 M 作用下，梁柱夹角的改变量 θ［图 3.20 (c)］很小，可以忽略不计，其 $M-\theta$ 的关系处于图 3.19 中的视同刚性连接区。仅将梁的腹板与柱用螺栓连接［图 3.20 (d)］或将梁搁置在柱的牛腿上［图 3.20 (e)］是铰接连接的常见做法。这种连接在梁端很小的弯矩作用下就会使梁柱夹角发生变化。由于它能承担的弯矩很小，其 $M-\theta$ 的关系处于图 3.19 中的视同铰接区。梁柱连接采用角钢等连接件并用高强度螺栓连接［图 3.20 (f)］的做法，往往形成半刚性连接，这种连接既能承担较大的梁端弯矩又能产生较大的梁柱夹角的改变，其 $M-\theta$ 的关系处于图 3.19 中的半刚性连接区。

钢框架节点构造做法

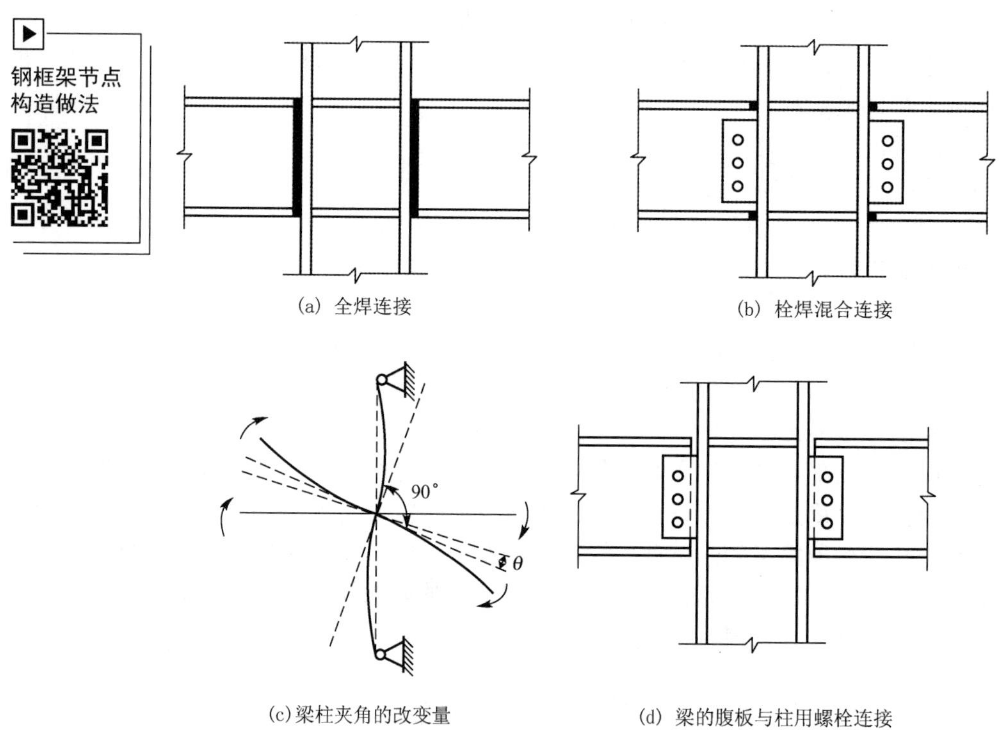

(a) 全焊连接

(b) 栓焊混合连接

(c) 梁柱夹角的改变量

(d) 梁的腹板与柱用螺栓连接

图 3.20　梁柱节点构造形式

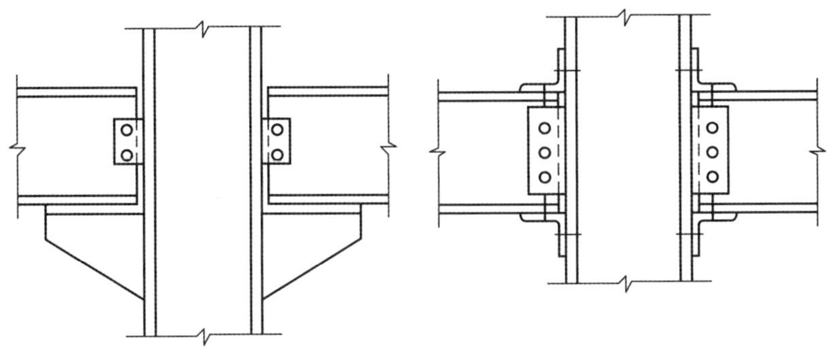

(e) 梁搁置在柱的牛腿上　　(f) 梁柱采用角钢等连接件并用高强度螺栓连接

图 3.20 梁柱节点构造形式（续）

3.6.2 刚性连接节点

1. 梁与柱直接连接节点

图 3.21 所示为梁与柱用栓焊混合连接的构造形式，其应按下列规定设计。

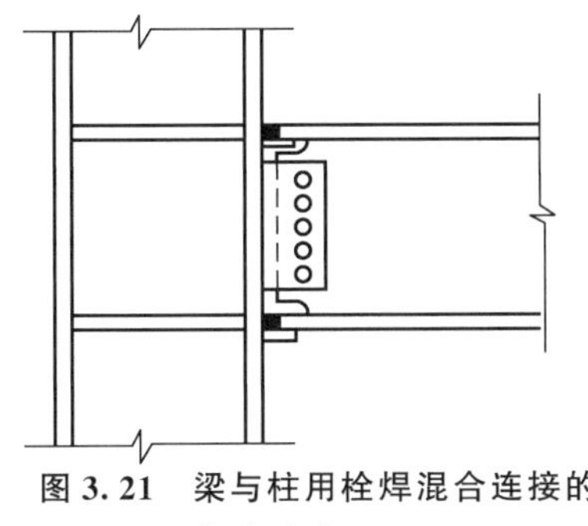

图 3.21 梁与柱用栓焊混合连接的构造形式

(1) 梁翼缘与柱翼缘用全熔透对接焊缝连接，腹板用高强度摩擦型螺栓与焊于柱翼缘上的剪力板相连。剪力板与柱翼缘可用双面角焊缝连接，并应在上下端采用围焊。剪力板的厚度应不小于梁腹板的厚度，当剪刀板的厚度大于 16mm 时，其与柱翼缘的连接应采用 K 形全熔透对接焊缝。

(2) 应在与梁翼缘对应的位置的柱内布置横向加劲肋。横向加劲肋的厚度 t_s应符合表 3－9 的规定，表中 t_{fb}为梁翼缘板的厚度。

表 3－9 横向加劲肋的厚度 t_s

结构	t_s/mm
抗震设防结构	$t_{fb}+2$（$t_{fb}<50$） $t_{fb}+2$（$t_{fb}\geqslant 50$）
非抗震设防结构	由梁腹板的内力计算确定且不小于 $t_{fb}/2$

（3）横向加劲肋与柱翼缘、腹板的连接焊缝形式应符合表3-10的规定。

表3-10 横向加劲肋的连接焊缝形式

结构	焊缝形式
抗震设防结构	与柱翼缘采用坡口全熔透焊缝 与腹板可采用角焊缝
非抗震设防结构	均可采用角焊缝

（4）由柱翼缘与横向加劲肋包围的节点域应按下列规定进行计算。

① 节点域的强度。

节点域的强度计算见式(3-41)。

$$\tau=\frac{(M_{b1}+M_{b2})}{V_p}\leqslant\frac{4}{3}f_v \tag{3-41}$$

式中 M_{b1}、M_{b2}——节点域两侧梁端弯矩设计值；

V_p——节点域体积，$V_p=h_bh_ct_p$，h_b、h_c为梁、柱截面高度，t_p为节点域板的厚度；

f_v——节点域板的抗剪强度。

② 节点域的稳定性。

节点域的稳定性计算见式(3-42)。

$$t_p\geqslant\frac{h_{0b}+h_{0c}}{90} \tag{3-42}$$

式中 h_{0b}、h_{0c}——梁腹板的高度和柱腹板的高度。

③ 其他要求。

抗震设防烈度为7度及以上的结构尚应符合式(3-43)的要求。

$$\frac{\Psi(M_{pb1}+M_{pb2})}{V_p}\leqslant\frac{4}{3}f_{yv} \tag{3-43}$$

式中 M_{pb1}、M_{pb2}——节点域两侧梁端部截面全塑性受弯承载力；

Ψ——折减系数（抗震等级为三、四级时取0.75，抗震等级为一、二级时取0.85）；

f_{yv}——钢材的屈服抗剪强度，取钢材屈服强度的0.58倍。

（5）梁与柱的连接应按下列规定进行计算。

① 梁与柱的连接应按多遇地震组合内力进行弹性设计。

梁翼缘与柱翼缘的连接，因采用全熔透对接焊缝，其连接可以不计算。

梁腹板与柱的连接计算应包括：梁腹板与剪力板间的螺栓连接、剪力板与柱翼缘间的连接焊缝、剪力板的强度。

② 梁与柱的刚性连接应按式(3-44)、式(3-45)验算。

$$M_u^j\geqslant\alpha M_p \tag{3-44}$$

$$V_u^j\geqslant\alpha\left(\sum M_p/l_n\right)+V_{Gb} \tag{3-45}$$

式中 M_u^j——梁与柱连接的极限受弯承载力；

M_p——梁的全塑性受弯承载力（加强型连接按未扩大的原截面计算），考虑轴力影响时按《高层民用建筑钢结构技术规程》(JGJ 99—2015) 中的相关要求计算；

$\sum M_p$——梁两端截面的全塑性受弯承载力之和；

V_u^j——梁与柱连接的极限受剪承载力；

V_{Gb}——梁在重力荷载代表值（抗震设防烈度为 9 度时，尚应包括竖向地震作用标准值）作用下，按简支梁分析的梁端截面剪力设计值；

l_n——梁的净跨；

α——连接系数，按《高层民用建筑钢结构技术规程》(JGJ 99—2015) 的规定采用。

③ 梁与柱连接的受弯承载力应按式(3-46) 计算。

$$M_j = W_e^j \cdot f \tag{3-46}$$

式中 M_j——梁与柱连接的受弯承载力；

W_e^j——连接的有效截面模量 [梁与 H 型柱（绕强轴）连接时，$W_e^j = 2I_e/h_b$]；

I_e——扣除过焊孔的梁端有效截面惯性矩（当梁腹板用高强度螺栓连接时，为扣除螺栓孔和梁翼缘与连接板之间间隙后的截面惯性矩）；

h_b——梁截面高度。

(6) 梁翼缘与柱连接的坡口全熔透焊缝应按规定设置衬板，翼缘坡口两侧设置引弧板（图 3.22）。在梁腹板上下端应设置焊缝通过孔，当梁与柱在现场连接时，其上端孔半径 r_1 应取 35mm，孔在与梁翼缘连接处，应以 r_2 为 10～15mm 的圆弧过渡 [图 3.22 (b)]，下端孔高度为 5～10mm，半径 r 为 35mm [图 3.22 (c)]。圆弧表面应光滑，不得采用火焰切割。

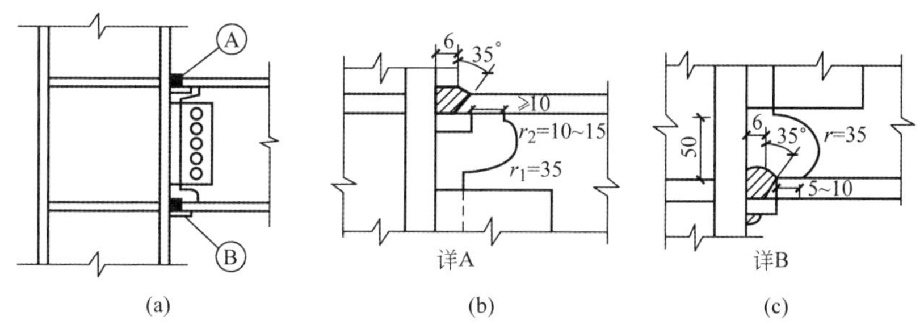

图 3.22 引弧板构造

(7) 柱在梁翼缘上下各 500mm 的节点范围内，柱翼缘与柱腹板的连接焊缝应采用坡口全熔透焊缝。

(8) 柱翼缘厚度大于 16mm 时，为防止柱翼缘板发生层状撕裂，应采用 Z 向性能钢板。

2. 梁与带有悬臂段的柱的连接节点

图 3.23 所示为梁与带有悬臂段的柱的连接。悬臂段与柱的连接采用工厂全焊接连接，梁翼缘与柱翼缘的连接要求与图 3.22 一样，但下部焊缝通过孔的孔型与上部孔相同，且上下设置的衬板在焊接完成后可以去除并清根补焊。腹板与柱翼缘的连接要求与图 3.21 中剪力板与柱的连接一样。悬臂段与柱连接的其他要求与图 3.22 相同。

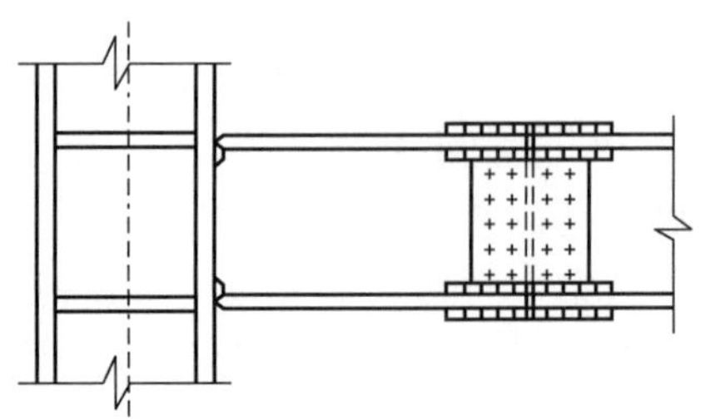

图 3.23　梁与带有悬臂段的柱的连接

梁与带有悬臂段的柱的连接，实质上是梁的拼接，可采用翼缘焊接、腹板高强度螺栓连接或全部高强度螺栓连接。全部高强度螺栓连接（图 3.23）有较好的抗震性能。

3. 梁与柱加强型连接节点

梁与柱加强型连接主要有以下几种形式：翼缘板式连接［图 3.24（a）］、梁翼缘端部加宽［图 3.24（b）］和梁翼缘端部腋形扩大［图 3.24（c）］。翼缘板式连接宜用于梁与工字形柱的连接；梁翼缘端部加宽和梁翼缘端部腋形扩大宜用于梁与箱形柱的连接。

在强地震作用下，梁与柱加强型连接的塑性铰不是在构造比较复杂、应力集中比较严重的梁端部位出现，而是向梁端外移，这有利于抗震性能的改善。

梁与箱形柱相连时，箱形柱在与梁翼缘连接处应设置横隔板。当箱形柱壁板的厚度大于 16mm 时，为了防止壁板出现层状撕裂，宜采用贯通式横隔板，横隔板外伸与梁翼缘相连［图 3.24（b）、（c）］，外伸长度宜为 25～30mm。梁翼缘与横隔板采用全熔透对接焊缝连接，其构造应符合图 3.22（b）、（c）的要求。

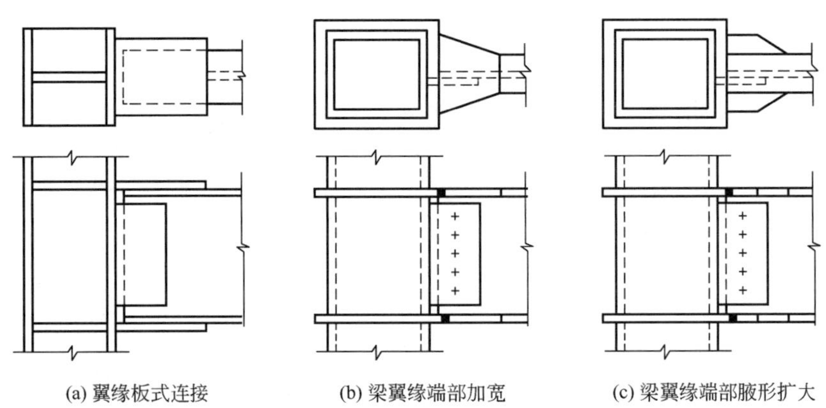

(a) 翼缘板式连接　(b) 梁翼缘端部加宽　(c) 梁翼缘端部腋形扩大

图 3.24　梁与柱加强型连接

4. 柱两侧梁高不等时的连接节点

图 3.25 所示为柱两侧梁高不等时的不同连接形式。柱的腹板在每个梁的翼缘处均应设置水平加劲肋，水平加劲肋的间距不应小于 150mm，且不应小于宽度［图 3.25（a）、（c）］。当不能满足此要求时，应调整梁端部的高度［图 3.25（b）］，梁腋部的坡度不得大于 1∶3。

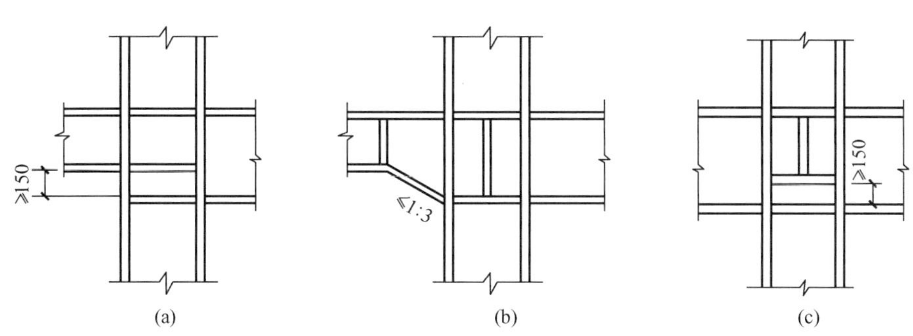

图 3.25 柱两侧梁高不等时的不同连接形式

5. 梁与工字形柱弱轴的连接节点

图 3.26 是梁与工字形柱弱轴的连接节点构造形式。连接中，应在梁翼缘的对应位置设置柱横向加劲肋，在梁高范围内设置柱的竖向连接板。横向加劲肋应外伸 100mm，采取宽度渐变形式，避免应力集中。横向加劲肋与竖向连接板组成一个与图 3.23 相似的悬臂段，其端部截面与梁截面相同。横梁与此悬臂段可采用栓焊混合连接［图 3.26（a)］或高强度螺栓连接［图 3.26（b)］。

梁垂直于工字形柱腹板的连接的计算和构造，可参照图 3.21 和图 3.23 的要求进行。

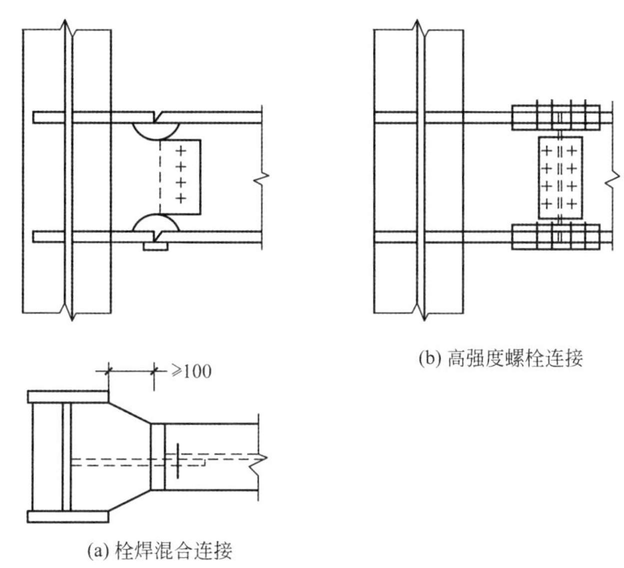

图 3.26 梁与工字形柱弱轴的连接节点构造形式

3.6.3 铰接节点

图 3.27 所示为梁与柱的铰接节点。图 3.27（b）所示为柱两侧梁高不等且与柱腹板相连的情况。

梁与柱铰接时，梁翼缘与柱不应连接，只有腹板与柱相连以传递剪力。在图 3.27（a）

的情况中，柱中不必设置水平加劲肋，但在图 3.27（b）中，为了将梁的剪力传给柱，需在柱中设置剪力板。剪力板的一端与柱腹板相连，另一端与梁腹板相连。为了加强剪力板平面外刚度，在剪力板的上下端设置柱的水平加劲板。

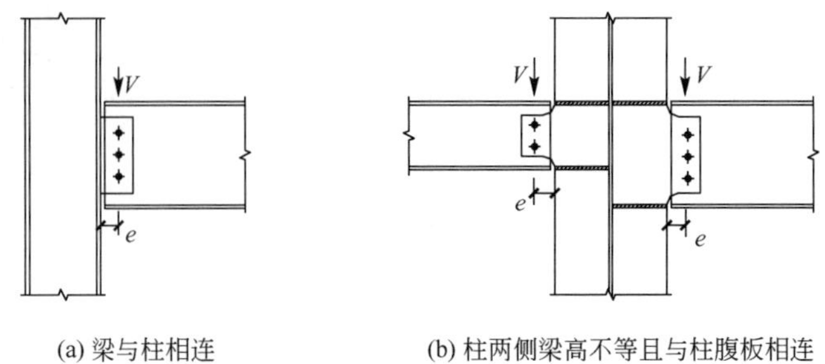

(a) 梁与柱相连　　(b) 柱两侧梁高不等且与柱腹板相连

图 3.27　梁与柱的铰接节点

梁与柱的铰接连接用高强度螺栓连接的计算，除应承受梁端剪力外，尚应承受偏心弯矩 Ve 的作用。

3.6.4　半刚性连接节点

半刚性连接节点是指在梁柱端弯矩作用下，梁与柱在节点处的夹角会产生改变的节点形式。图 3.28 所示为几种常用的半刚性连接节点的构造形式。

图 3.28（a）所示为梁的上下翼缘用角钢与柱相连，图 3.28（b）所示为梁的上下翼缘用 T 形钢与柱相连，可以看出，图 3.28（b）连接的刚度要大于图 3.28（a）。图 3.28（c）所示为梁的上下翼缘、腹板用角钢与柱相连。一般情况下，这种连接的刚度较好。图 3.28（d）、（e）所示为用端板将梁与柱连接。图 3.28（e）连接中的端板上下伸出梁外，刚度较大。如端板厚度取得足够大，这种连接可以成为刚性连接。

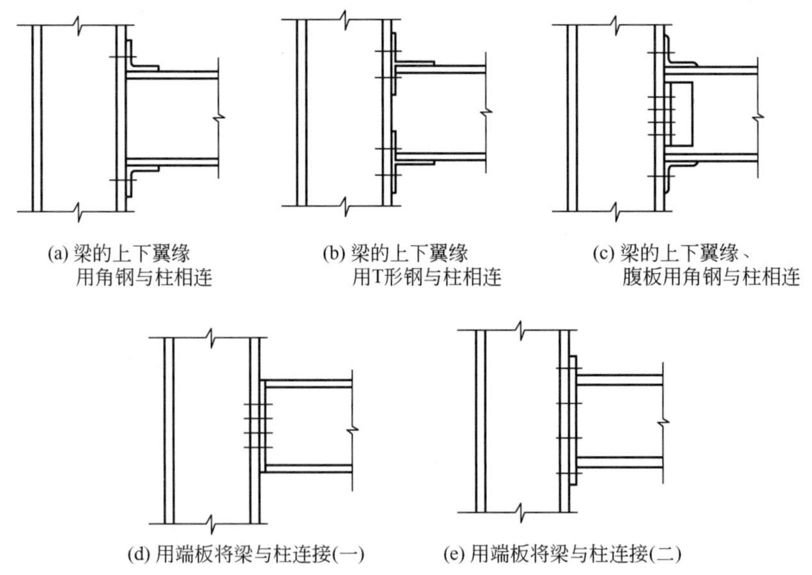

(a) 梁的上下翼缘用角钢与柱相连　　(b) 梁的上下翼缘用T形钢与柱相连　　(c) 梁的上下翼缘、腹板用角钢与柱相连

(d) 用端板将梁与柱连接(一)　　(e) 用端板将梁与柱连接(二)

图 3.28　几种常用的半刚性连接节点的构造形式

3.7 多高层钢框架构件的拼接

3.7.1 柱与柱的拼接

1. 柱截面相同时的拼接

柱与柱的拼接应设在弯矩较小的位置，宜位于梁上方 1.3m 附近。在抗震设防区，柱与柱的拼接应采用与柱本身等强度的连接，一般采用坡口全熔透焊缝，也可用高强度螺栓摩擦型连接。

图 3.29 所示为工字形截面柱的等强拼接构造形式。图 3.29（a）所示为采用定位角钢和安装螺栓定位的情况，定位后施焊，然后割去引弧板和定位角钢，再补焊焊缝。图 3.29（b）所示为采用定位耳板和安装螺栓定位的情况，采用这种定位方式时，焊缝可以一次施焊完成。在工字形截面柱的等强拼接中，腹板可采用高强度螺栓摩擦型连接［图 3.29（c）］，或者翼缘与腹板全部采用高强度螺栓摩擦型连接［图 3.29（d）］。

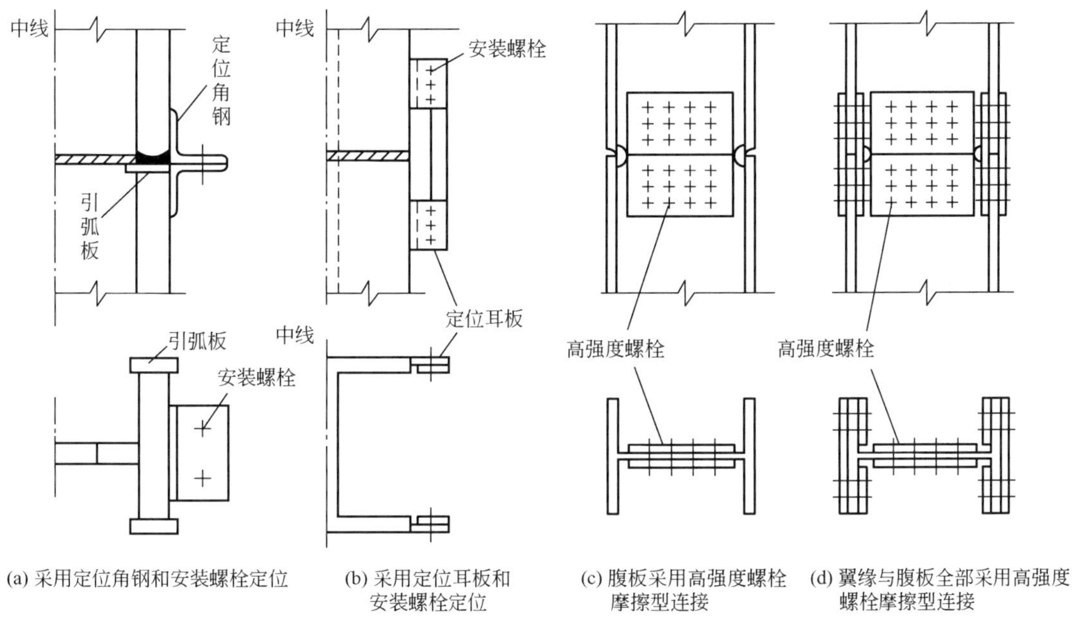

图 3.29 工字形截面柱的等强拼接构造形式

图 3.30 所示为箱形截面柱的等强拼接构造形式。箱形截面柱的拼接应全部采用坡口全熔透焊缝。下部柱的上端应设置与柱口齐平的横隔板，在上部柱的下端附近也应设置横隔板，并采用定位耳板和安装螺栓定位。图 3.30（a）所示为箱形截面柱的定位措施，图 3.30（b）、（c）所示为拼接处的局部构造详图。

在非抗震设防区，当柱与柱的拼接不产生拉力时，可不按等强度连接设计，焊缝连接可采用坡口部分熔透焊缝。当不按等强度连接设计时，可假定柱截面轴压力和弯矩的 25%

直接由上下柱段的接触面传递，接触面，即上下柱段的柱端，应磨平顶紧，并与柱轴线垂直。坡口部分熔透焊缝的有效深度宜不小于焊缝厚度的 1/2，连接强度应通过计算。计算时，弯矩应由翼缘和腹板承受，剪力由腹板承受，轴力由翼缘和腹板共同承受。

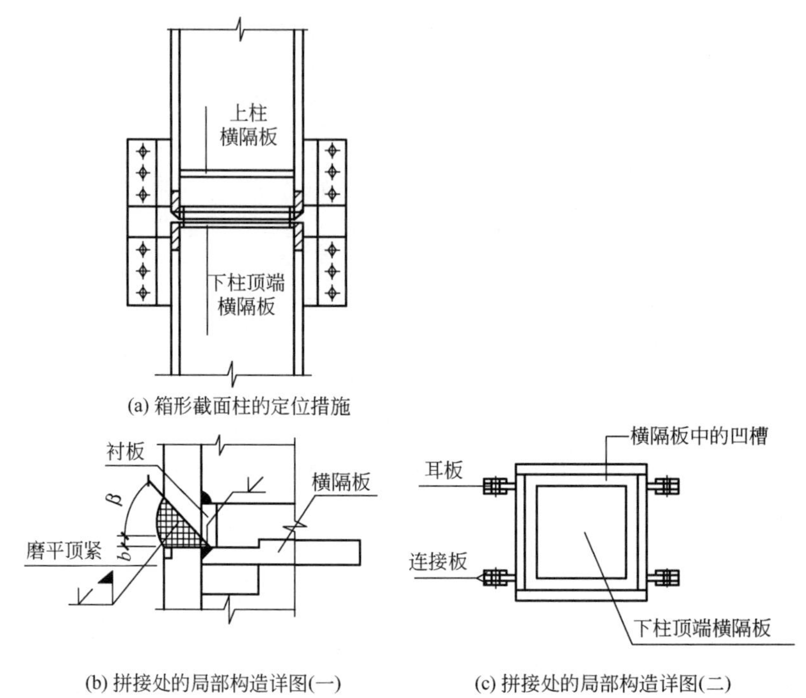

(a) 箱形截面柱的定位措施

(b) 拼接处的局部构造详图(一)

(c) 拼接处的局部构造详图(二)

图 3.30　箱形截面柱的等强拼接构造形式

2. 柱截面不同时的拼接

柱截面改变时，宜保持截面高度不变，而改变其板件的厚度。此时，柱与柱的拼接构造与柱截面相同时一样。当柱截面的高度改变时，可采用图 3.31 所示的拼接构造形式。图 3.31（a）所示为边柱的拼接，计算时应考虑柱上下轴线偏心产生的弯矩，图 3.31（b）所示为中柱的拼接，在变截面段的两端均应设置隔板。图 3.31（c）所示为柱接头设于梁的高度处时的拼接，变截面段的两端距梁翼缘的距离不宜小于 150mm。

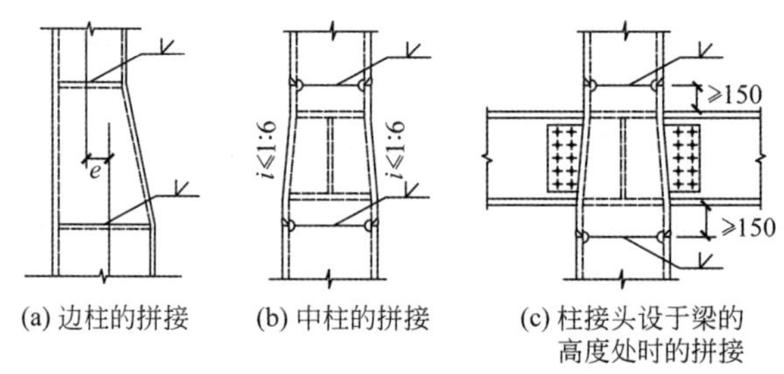

(a) 边柱的拼接　(b) 中柱的拼接　(c) 柱接头设于梁的高度处时的拼接

图 3.31　柱截面高度改变时的拼接构造形式

3.7.2 梁与梁的拼接

梁与梁的拼接可采用图3.32所示的构造形式。图3.32（a）所示为全高强度螺栓连接的拼接，梁翼缘和腹板均采用高强度螺栓连接。图3.32（b）所示为全焊缝连接的拼接，梁翼缘和腹板均采用全熔透焊缝连接。图3.32（c）所示为栓焊混合连接的拼接，梁翼缘采用全熔透焊缝连接，腹板采用高强度螺栓连接。

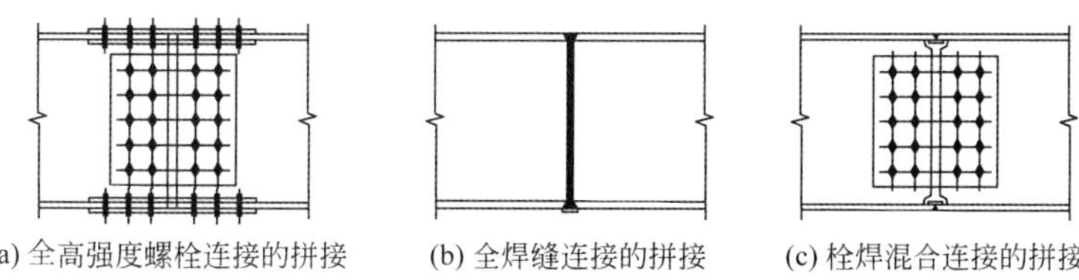

图3.32 梁与梁的拼接构造形式

3.7.3 拼接的计算

当不考虑地震作用组合时，构件拼接应按构件处于弹性阶段的内力进行设计，可只做抗滑移承载力计算。

当考虑地震作用组合时，构件拼接应按等强度原则设计。应先做螺栓连接的抗滑移承载力计算，然后再进行极限承载力计算。

梁拼接的受弯、受剪极限承载力应满足式(3-47)、式(3-48)的要求。

$$M_{\mathrm{ub.sp}}^{\mathrm{j}} \geqslant \alpha M_{\mathrm{p}} \tag{3-47}$$

$$V_{\mathrm{ub.sp}}^{\mathrm{j}} \geqslant \alpha(2M_{\mathrm{p}}/l_{\mathrm{n}})+V_{\mathrm{Gb}} \tag{3-48}$$

式中 $M_{\mathrm{ub.sp}}^{\mathrm{j}}$——梁拼接的受弯极限承载力；

$V_{\mathrm{ub.sp}}^{\mathrm{j}}$——梁拼接的受剪极限承载力；

α——连接系数，按《高层房屋钢结构技术规程》(JGJ 99—2015)的规定取值。

当全截面采用高强度螺栓连接时，框架梁的拼接，在弹性设计时计算截面的翼缘和腹板弯矩应满足式(3-49)～式(3-51)的要求。

$$M=M_{\mathrm{f}}+M_{\mathrm{w}} \geqslant M_{\mathrm{j}} \tag{3-49}$$

$$M_{\mathrm{f}} \geqslant (1-\Psi I_{\mathrm{w}}/I_0)M_{\mathrm{j}} \tag{3-50}$$

$$M_{\mathrm{w}} \geqslant (\Psi I_{\mathrm{w}}/I_0)M_{\mathrm{j}} \tag{3-51}$$

式中 M_{f}、M_{w}——拼接处梁翼缘和梁腹板的弯矩设计值；

M_{j}——拼接处梁的弯矩设计值原则上应等于$W_{\mathrm{b}}f_{\mathrm{y}}$（当拼接处弯矩较小时，$M_{\mathrm{j}}$不应小于$0.5W_{\mathrm{b}}f_{\mathrm{y}}$，$W_{\mathrm{b}}$为梁的截面塑性模量，$f_{\mathrm{y}}$为梁钢材的屈服强度)；

I_{w}——梁腹板的截面惯性矩；

I_0——梁的截面惯性矩；

Ψ——弯矩传递系数，取0.4。

抗震设计时，梁的拼接应按《高层房屋钢结构技术规程》(JGJ 99—2015)的要求考虑轴力的影响；非抗震设计时，梁的拼接可按内力设计，腹板连接应按受全部剪力和部分弯矩计算，翼缘连接应按所分配的弯矩计算。

3.8 结构设计软件应用

在进行钢框架结构设计时，使用得比较多的有 PKPM、MTS、3D3S 等计算软件，这三种软件都有各自的特点，本章主要介绍中国建筑科学研究院研发的 PKPM 软件中的钢结构分析与设计模块的基本操作。

3.8.1 软件应用操作流程

采用 PKPM 进行钢框架结构分析与设计，其基本的操作流程如图 3.33 所示。

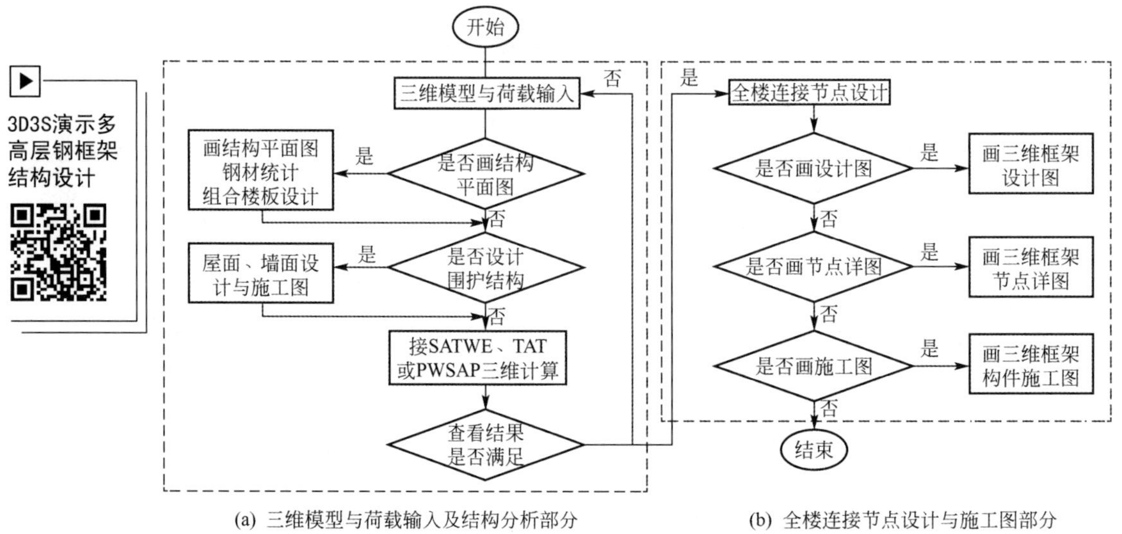

(a) 三维模型与荷载输入及结构分析部分　　(b) 全楼连接节点设计与施工图部分

图 3.33　钢框架结构分析与设计基本的操作流程

3.8.2 使用说明

1. 启动钢框架程序

打开 PKPM 软件，在钢结构主控菜单中选择框架设计软件，屏幕右侧显示该软件相应的主菜单。建模之前先建立工作目录，以存放本工程的模型和分析数据。具体操作详见第 1 章的介绍。

2. 三维模型与荷载输入

首先，建立工作目录，进入“三维建模”主菜单，如图 3.34 所示。

进入主菜单后，输入工程名称“gc1”，确定后就进入三维模型交互输入（图 3.35）。

在三维模型交互输入中依次通过“轴线输入”（定义平面网格），“构件定义”（定义结构中采用的梁、柱、支撑标准截面），“楼层定义”（将梁、柱、支撑、次梁这些构件布置到平面网格上，从而形成标准层并可以编辑标准层)，“荷载定义”(定义荷载标准层)，“楼层组装”(将结构标准层和荷载标准层对应，形成整个结构的实际模型，定义设计参数)，就完成了三维建模。

图 3.34 “三维建模”主菜单

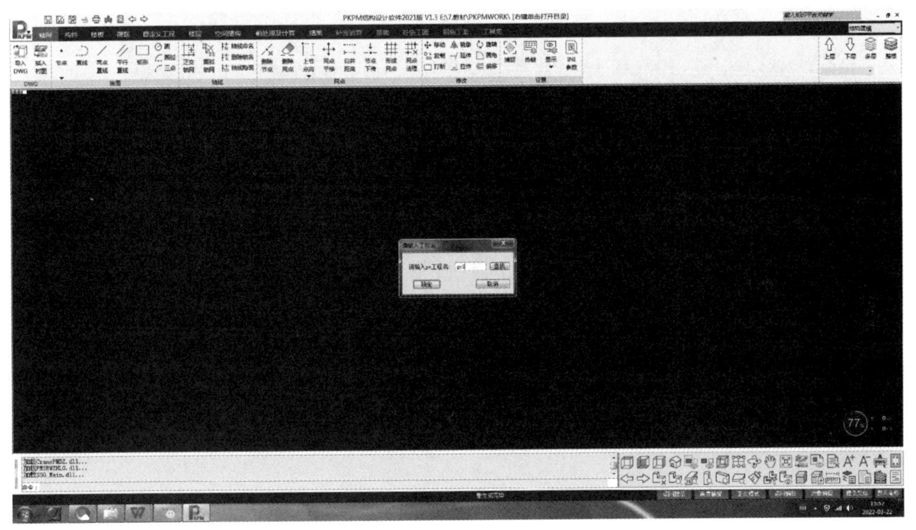

图 3.35 三维模型交互输入

(1) 正交轴网。

按照平面布置图输入开间和进深，形成平面轴网(图 3.36)。单击“确定”按钮后即可将建立的平面轴网插入到交互界面内，如图 3.36 所示。可以对平面轴网编辑或补充输入开间和进深。

(2) 轴线命名。

根据命令提示行的内容完成轴线命名(图 3.37)。

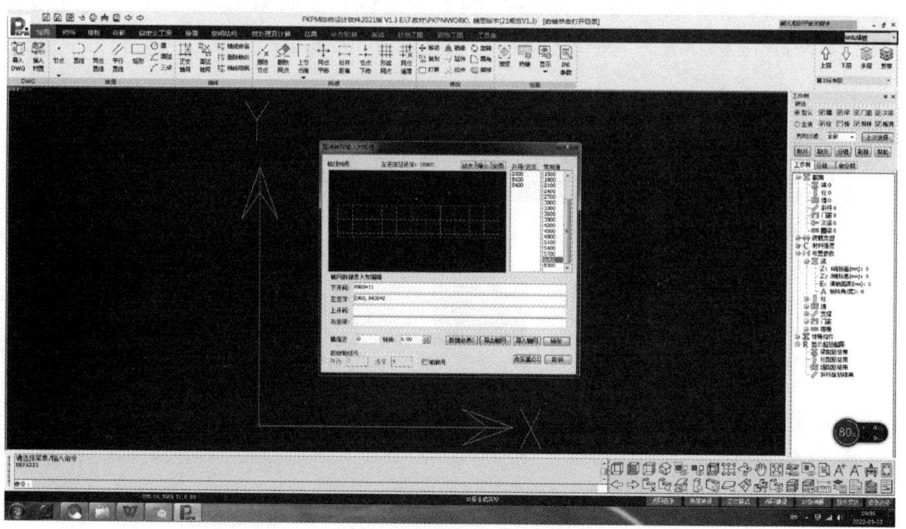

图 3.36　平面轴网

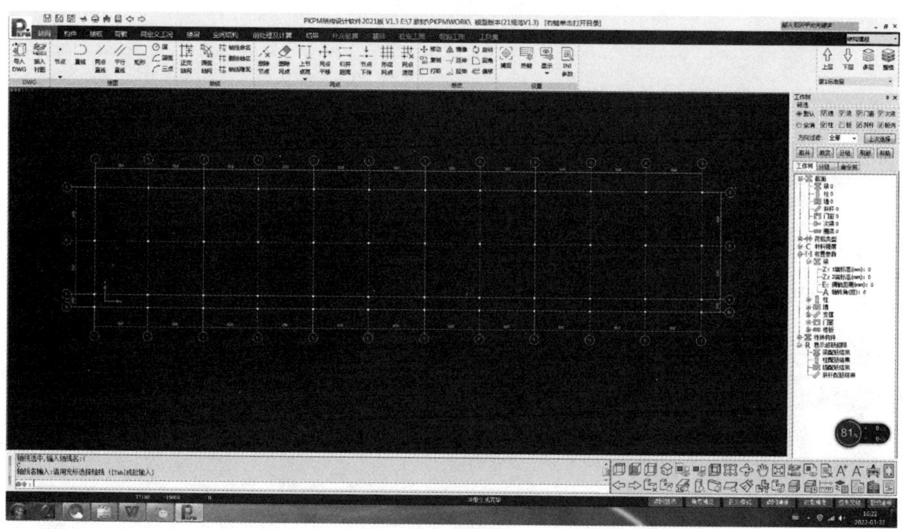

图 3.37　轴线命名

（3）布置构件。

单击“构件布置”“柱”“增加”“选择焊接 H 型钢”“输入界面参数”“确定”可以将截面布置到网格上。

用同样的方法可以将主梁、墙、斜杆、次梁布置到网格上。

单击“楼层定义”进行梁、主梁、墙、斜杆、次梁的布置，首先进行构件标准截面的定义，然后将所定义的构件布置到平面网格上。通过左侧选项框可以设置杆件的偏心、错层、标高等。根据平面布置图，将柱构件布置在节点上（可以输入偏心和布置角度），将梁构件布置在网格线上（可以输入偏心，对于斜梁或错层梁可以输入两端相对于标准层的高差），也可以选择轴线、窗口等方式实现柱梁的布置。支撑可以根据网格或节点输入，单击“支撑的输入位置”命令，定义支撑两端的高度即可。

完成梁、柱、支撑等构件的布置后，右击“网格线”命令，在出现的对话框中选择“梁”，即可修改该梁的布置信息，包括两端的标高和偏轴距离等。通过修改梁两端的标高，可以实现斜梁和层间梁的输入。同样，如果右击“网格点”命令，即可在出现的对话框中修改柱的布置信息，通过修改柱的柱底标高，可以实现跃层柱的输入。构件布置结果如图 3.38 所示。

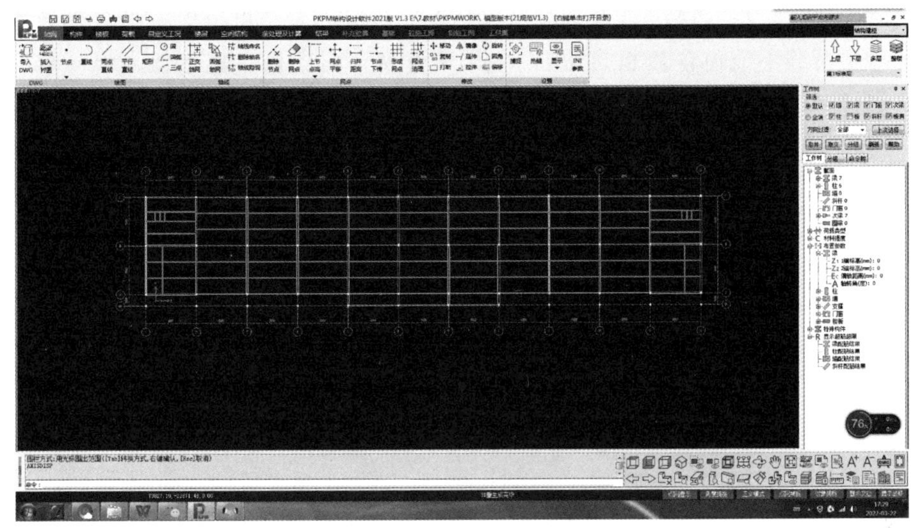

图 3.38 构件布置结果

(4) 标准层信息。

单击“整楼模型”“标准层信息”命令，可以设置本标准层信息（图 3.39）。板厚是混凝土板厚度（用于楼板设计或弹性楼板设置，不用于楼板自重产生的荷载计算），组合楼板板厚是指从压型钢板顶面到楼板顶面的厚度，不包含压型钢板的肋高部分。

布置完第 1 标准层的构件后，可以单击右侧下拉框，添加新标准层（图 3.40），选择全部复制，再通过删除局部构件的方法，可以布置第 2 标准层。

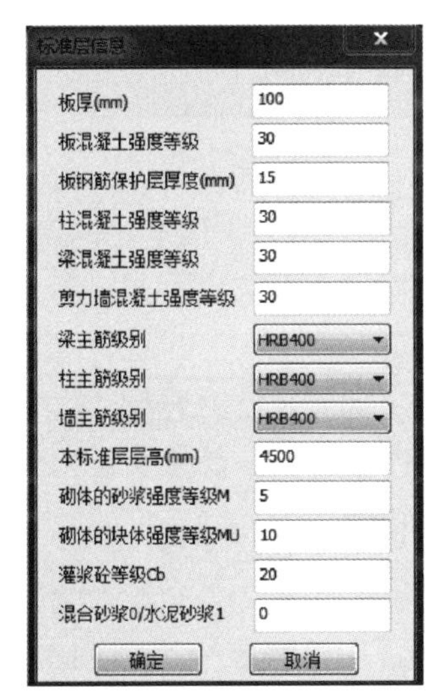

图 3.39 标准层信息设置

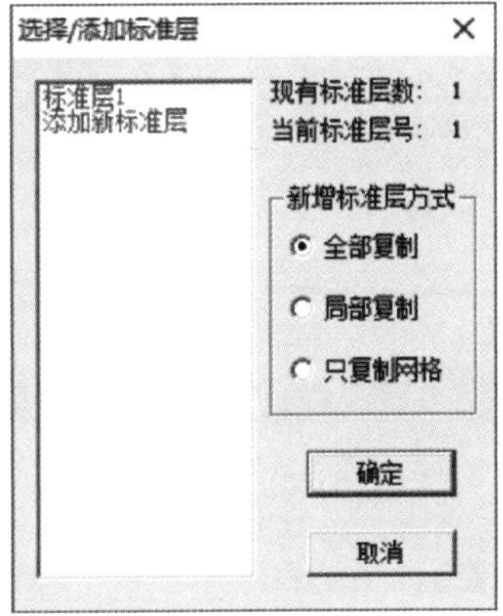

图 3.40 添加新标准层

单击“荷载输入”命令，输入当前标准层楼面、梁、柱、墙、节点、次梁上作用的恒活荷载、人防荷载、吊车荷载等。本例中有填充墙，其荷载要作为梁间荷载布置，定义均布梁间恒荷载 20kN/m，布置到有填充墙的梁上。可以通过数据开关显示荷载数据，查询输入的荷载是否正确。

单击“恒活设置”命令，输入当前标准层的楼面均布恒荷载、活荷载，作为楼面恒活荷载布置时的缺省数据。楼板自重可以作为楼面恒荷载输入；也可以选择自动计算现浇板自重（此时恒荷载不能包含楼板自重），由程序自动计算楼板自重，作为恒荷载。本例中楼板自重包含在恒荷载，输入恒荷载 3.0，活荷载 3.0，不选择自动计算现浇板自重。荷载布置如图 3.41 所示。

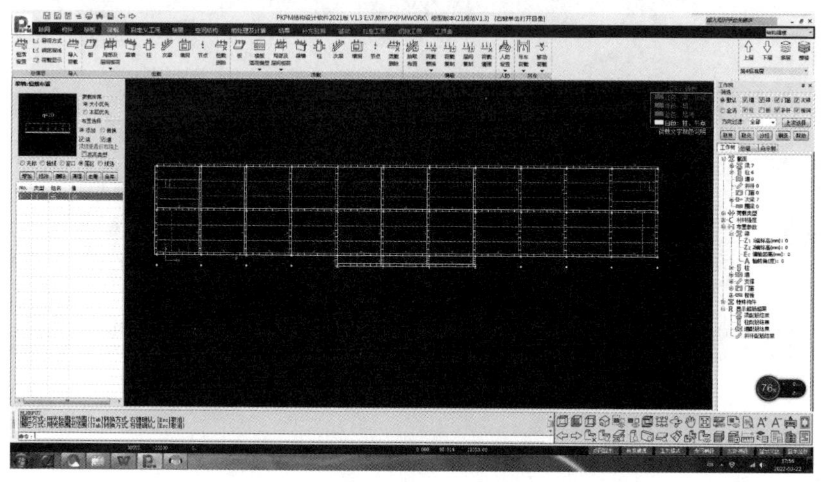

图 3.41　荷载布置

（5）楼盖定义。

单击“构件布置”“组合楼盖”“楼盖定义”命令，出现图 3.42 所示的“组合楼盖定义”对话框，定义完组合楼盖后，选择“压型钢板布置选择”选项（图 3.43），进行组合楼板的布置。可以通过 Tab 键切换到窗口模式，布置多个房间。本例用窗口选择“按房间布板”。选择完成后，软件会提示“指定一根与压型钢板平行的主梁或墙”。

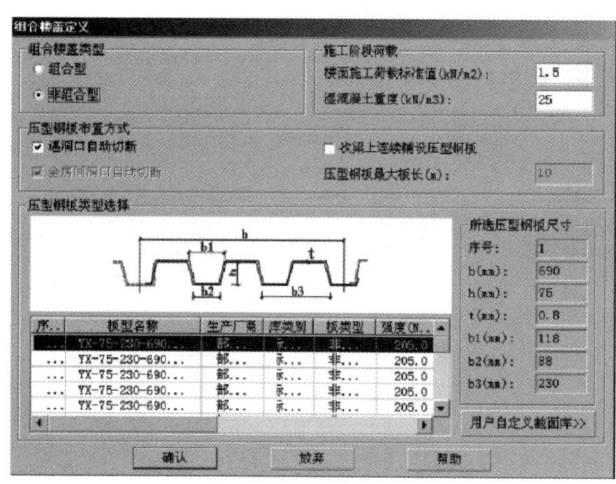

图 3.42　“组合楼盖定义”对话框

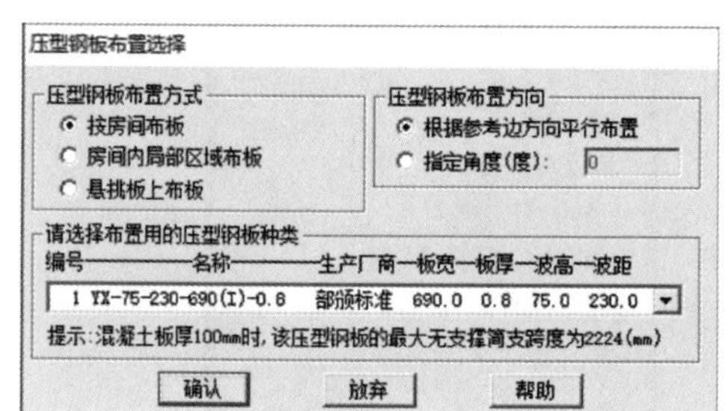

图 3.43　“压型钢板布置选择”选项

(6) 设计参数。

单击“设计参数”命令，定义结构类型、材料、地震、风荷载等计算参数和设计参数。本例结构主材为钢材，可以忽略混凝土构件的信息。设计参数输入如图 3.44 所示。

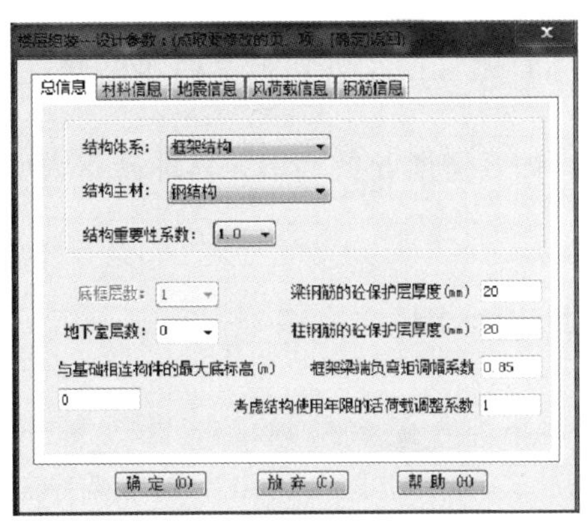

(a)

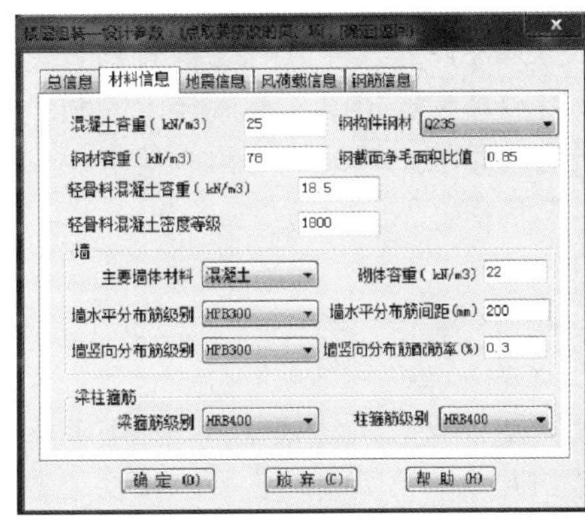

(b)

图 3.44　设计参数输入

(7) 楼层组装。

单击“楼层组装”命令，将结构标准层和荷载标准层对应，形成整个结构的实际模型。可单击“整楼模型”命令，查看组装以后的整体模型(图 3.45)。

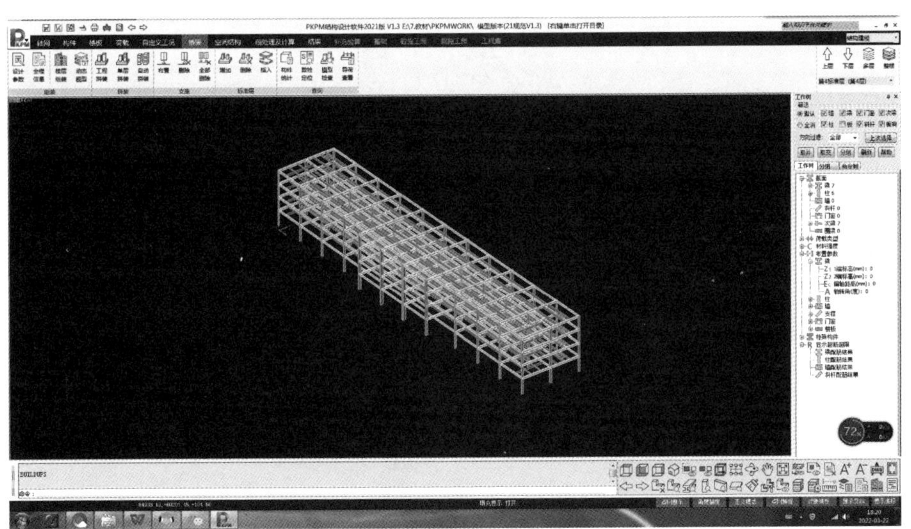

图 3.45　组装以后的整体模型

3. 接 SATWE 完成结构内力分析和构件验算

PKPM 软件都是通过右上角的下拉菜单直接切换到 SATWE 的内力分析与计算模块。

启动 SATWE 模块后，进入用户界面，可在参数定义中进行风荷载、地震作用、活荷载等的调整和补充输入，并进行楼层荷载的检查。当工程模型参数检查无误后，单击“生成数据”“全部计算”命令。计算完成后，软件将自动跳转到计算结果查看环节。在此界面，可以查看各构件的截面应力比、挠度等。

4. 钢框架结构施工图

单击“钢结构图”命令后，软件进入施工图设计阶段。在此阶段需依次完成连接参数、绘图参数等设置，并完成连接自动设计，连接设计结果可在本界面完成修改和调整，并完成最终的结构施工图和节点详图绘制。

由于篇幅所限，钢框架结构的其余相关设计内容请读者参考相关软件操作说明和专业资料，本章从略。

3.9 工程应用

某行政办公楼，地上5层，带有1个半地下室，距室外地面1.2m，地下室层高3.0m，除五层局部4.5m外，其他楼层层高均为3.6m。主体结构采用钢框架结构，钢框架结构抗震等级为四级，楼、屋面均采用压型钢板组合楼盖，钢材采用Q355B钢，焊条采用E50系列焊条。基本雪压0.45kN/m^2，基本风压0.4kN/m^2，地面粗糙度为B类，抗震设防烈度为6度（0.05g），设计地震分组为第一组。楼面活载标准值取2.5kN/m^2，楼梯间活载取2.5kN/m^2。

PKPM软件的建模过程、结构分析与设计的部分操作过程详见3.8节。建筑与结构的部分施工图见附录C，仅供参考。

本章小结

本章介绍了多高层钢框架的结构体系与不同类型钢框架的受力特点，钢框架结构分析方法与构件、节点的设计要点及相关构造要求。

钢框架应考虑同时承受竖向荷载与水平荷载的作用，学习过程中应注意从结构静力强度与整体稳定两个方面进行考虑。

在工程设计方面，结合具体的工程背景，本章较为全面地介绍了基于PKPM结构分析设计软件的钢框架分析设计流程，并详细介绍了钢框架结构施工图的表示方式，为今后的工作打下基础。

习题

1. 思考题

（1）简述各种多高层钢框架结构形式的特点。

（2）钢框架-支撑结构体系中的支撑作用是什么？有哪些支撑形式？

（3）简述钢框架的设计步骤。

（4）多高层钢框架结构有哪些主要连接节点？

2. 设计题

某单位招待所，结构形式为钢框架结构，6层3跨，建筑平面布置如图3.46所示，

(为简化设计，假定各楼层均为标准层)，各层层高均为 3.3m，墙体自重为 $5kN/m^2$，无吊顶荷载，楼面装饰荷载为 $1.0kN/m^2$，基本风压为 $0.35kN/m^2$，基本雪压为 $0.45kN/m^2$，地震设防烈度为 6 度，试对该结构进行设计，并绘制相应的结构施工图（不含基础施工图）。

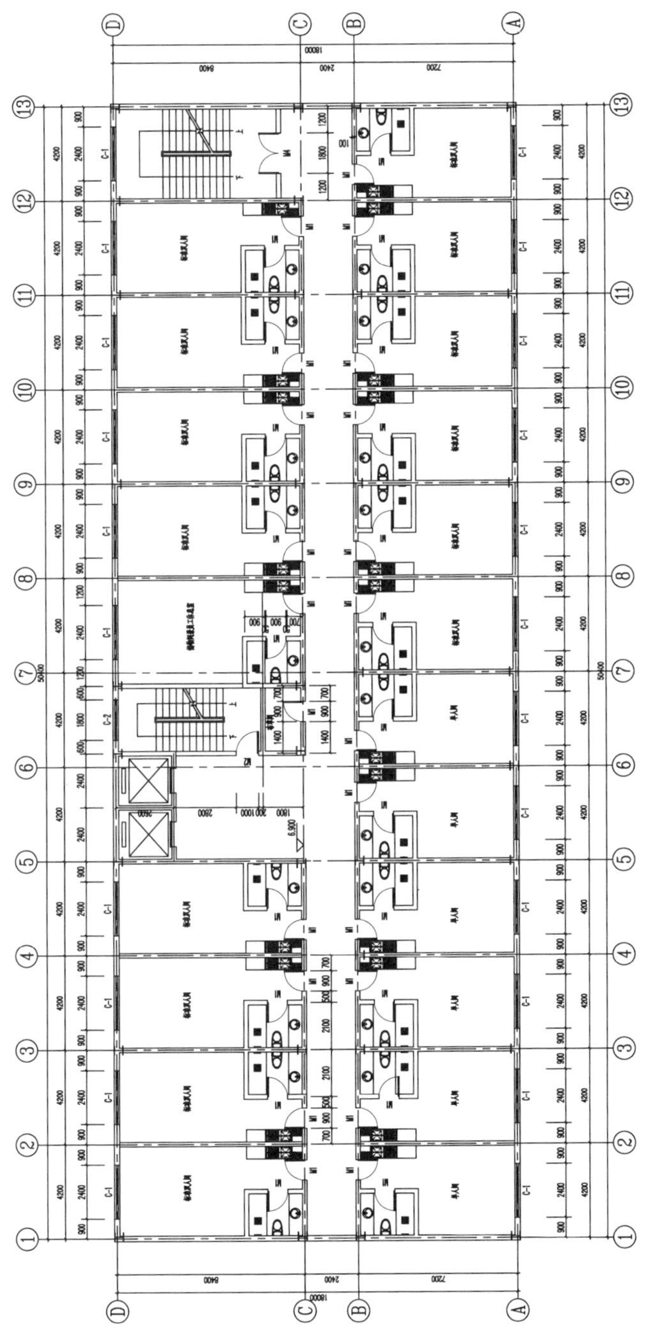

图 3.46 习题 2 图

第4章 钢管结构设计

思维导图

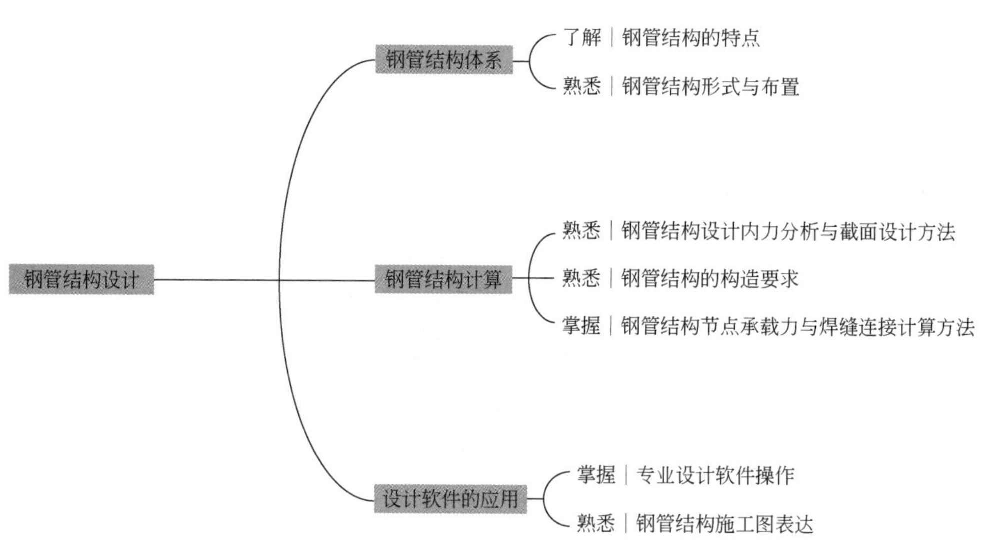

引例

随着近代钢铁工业的钢管生产技术不断成熟，多维数控切割技术水平的不断提高，加上钢管作为结构构件的独特优势，钢管结构近年来在国内外都得到了迅猛发展。由最初的应用于海洋平台、塔桅结构，发展到广泛应用于现代大型工业厂房、仓储建筑、体育场馆、展览馆、机场航站楼、高铁站，以及办公大楼、商业建筑等各种类型的建筑结构中。

图 4.1 某体育场钢管结构屋盖的照片

图 4.1 所示为某体育场钢管结构屋盖的照片。从图中可以看出，该屋盖整体呈弧形，跨度大，造型轻巧美观。构成该屋盖的构件均为圆管，这些圆管之间相互焊接，没有多余的零件，连接部位非常简洁明快。那么，这种大跨度钢管结构该如何进行结构分析与计算？杆件相交部位的焊缝及节点该如何设计？本章将详细讲述钢管结构的设计计算方法。

4.1 钢管结构的特点

本章的钢管结构专指以钢管为基本构件的桁架结构体系，包括平面管桁架和空间管桁架，如图 4.2 所示。在钢管桁架的结构体系中，弦杆称为主管，腹杆称为支管。主管在节点处连续（中间不切断）；支管端部利用自动切割机切割，然后直接焊接于主管的表面。钢管桁架的制作如图 4.3 所示。钢管构件的截面形式有圆形和矩形（含方形）。钢管桁架的杆件可以全部采用圆形钢管或矩形钢管，也可以主管采用矩形钢管而支管采用圆形钢管，在某些工程中也有主管采用圆形钢管而支管采用方形钢管的情况。

▶ 钢管相贯线数控下料机

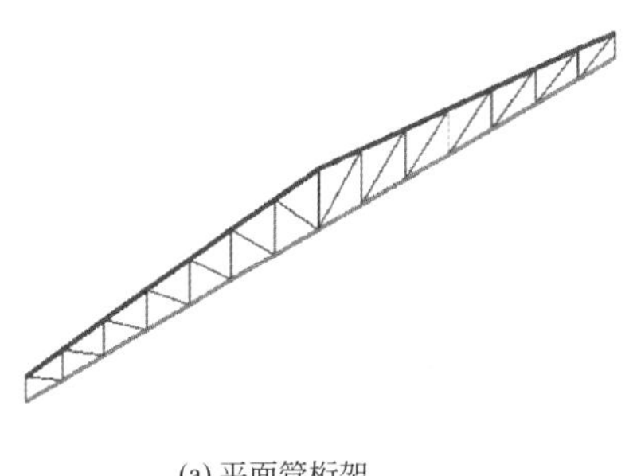

(a) 平面管桁架

(b) 空间管桁架

图 4.2 钢管结构

▶ 大直径钢管数控弯管机

与其他形式的钢结构相比，钢管结构具有许多优点，工程应用包括海洋平台、塔桅结构、大型工业厂房、仓储建筑、体育场馆、展览馆、机场航站楼、高铁站、办公大楼、商业建筑等各种类型的建筑结构。其优越性能主要表现在以下几个方面。

(a) 钢管相贯线切割

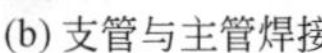
(b) 支管与主管焊接

(c) 成型后的桁架

图 4.3　钢管桁架的制作

(1) 从力学角度来看，钢管桁架杆件刚度大，强度高。圆形钢管（以下简称圆管）和方形钢管（以下简称方管）截面的对称性使得其截面惯性矩对各轴相同，有利于单一杆件的稳定性设计；闭合截面使截面本身的抗扭刚度得到了提高；闭合截面在保证板件的局部稳定性方面优于开口截面，且结构的耐腐蚀性能更好。由于钢管截面的流体动力特性好，承受风或水流等荷载作用时，荷载对钢管结构的作用效应比对其他截面形式结构的作用效应要低得多。

(2) 从美学角度来看，钢管结构可以传递独特的视觉效果，建筑师喜欢对外观简洁的钢管加以利用，从而实现其艺术构思。

(3) 从经济角度来看，钢管结构具有很高的强重比，即在用钢量一定的条件下可以提供更高的强度，在强度一定的条件下可减轻结构自重，从而节省材料并减少运输与安装成本。钢管外表面积仅为同样承载性能的开口截面构件外表面积的 2/3，这大大减少了防腐防火涂层材料的消耗与构件表面涂装的工作量，而且随着相贯线切割技术的成熟，钢管加工更为便利，从而节约成本。

虽然就材料单价而言，钢管的价格通常略高于开口截面的型钢，但综合前述优点，钢管结构仍不失为一种性价比很高的结构形式。本章将从截面类型与节点形式、内力分析与截面设计、构造要求、节点承载力计算、结构设计软件应用及工程实例等方面介绍有关钢管结构的设计内容和方法。

4.2　截面类型与节点形式

4.2.1　截面类型及材性

如前所述，钢管结构的截面形式一般有圆形和矩形两种。圆管的铸造方式主要有无缝热轧、焊接和铸造，而矩形钢管（以下简称矩形管）主要制作方法有冷弯成型后焊接、冷轧和钢板焊接。由于轧制无缝钢管价格较高，通常宜采用冷弯成型的高频焊接钢管。目前，圆管通常采用无缝热轧钢管或直缝焊管，而矩形管多为冷弯成型的高频焊接钢管。钢管制作过程对钢材性能有很大的影响，由于冷弯成型的高频焊接钢管通常存在残余应力和冷作硬化现象，冷弯成型的高频焊接钢管用于低温地区的外露结构时，应进行专门的研究。

我国《钢结构设计标准》(GB 50017—2017)中对热加工管材及冷成型管材做出如下规定：热加工管材及冷成型管材不应采用屈服强度 f_y 超过 345N/mm^2 及屈强比 $f_y/f_u>0.8$的钢材（应采用 Q235 和 Q345 钢材），且钢管壁厚不宜大于 25mm。原因在于规范选用的钢管钢材的屈服强度均小于 345N/mm^2，屈强比均不大于 0.8；且当钢管壁厚大于 25mm 时，冷弯成型方法制造钢管将变得很困难。

4.2.2 平面管桁架的节点形式

钢管桁架根据受力特性和杆件布置不同，可分为平面管桁架结构和空间管桁架结构。平面管桁架结构的主管和支管都在同一平面内，结构平面外刚度较差，一般需要通过设置侧向支撑保证结构的侧向稳定。在现有钢管桁架结构的工程中，多采用 Warren 桁架和 Pratt 桁架形式［图 4.4 (a)、(b)］。一般认为 Warren 桁架是较经济的。与 Pratt 桁架相比，Warren 桁架只有一半数量的支管与节点，且支管下料长度统一，这样可极大地节约材料与加工工时。工程中采用 Vierendeel 桁架［图 4.4 (c)］，主要应用于建筑功能或使用功能不允许布置斜支管时的情况。

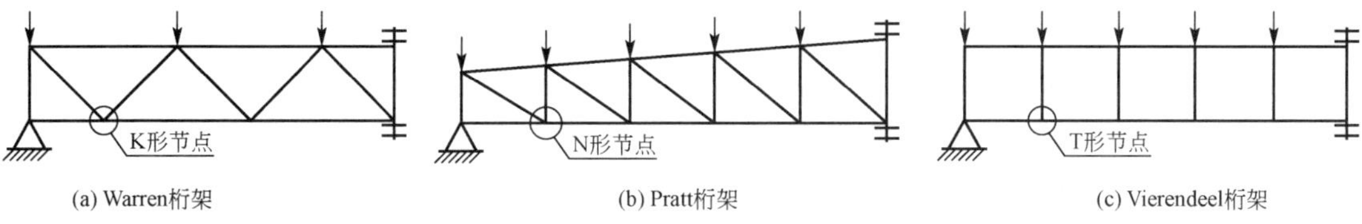

(a) Warren桁架　(b) Pratt桁架　(c) Vierendeel桁架

图 4.4　平面管桁架

钢管结构的节点类型很多。按照非贯通杆件在节点部位的相对位置，钢管节点可以分为间隙节点（gap joint）和搭接节点（overlap joint）。前者的非贯通杆件在节点部位相互分离，后者的非贯通杆件在节点部位则部分或全部重叠。按节点的几何外形，平面管桁架的节点形式主要有 Y 形、X 形、K 形、N 形、K (N) 形和平面 KT 形，如图 4.5 所示。

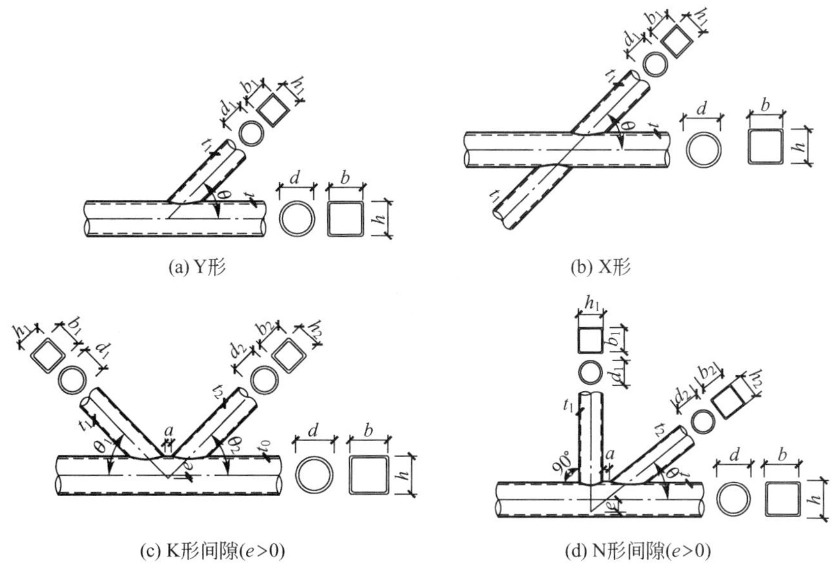

(a) Y形　(b) X形

(c) K形间隙($e>0$)　(d) N形间隙($e>0$)

图 4.5　平面管桁架的节点形式

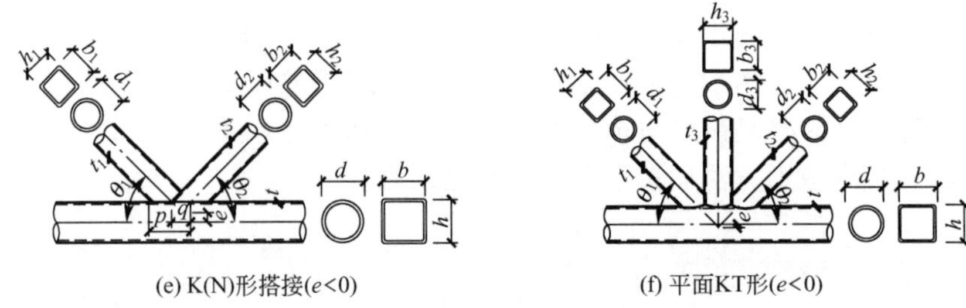

(e) K(N)形搭接($e<0$)　　(f) 平面KT形($e<0$)

图 4.5　平面钢管桁架的节点形式(续)

4.2.3　空间管桁架的节点形式

空间管桁架结构可看成由多榀平面管桁架构成的空间体系，如由 3 榀平面管桁架组成的截面为三角形空间管桁架结构。与平面管桁架结构相比，三角形空间管桁架的稳定性好，扭转刚度大，可减少侧向支撑构件的布置，且外形美观；在不布置或不能布置平面外支撑的场合，三角形空间管桁架可提供较大跨度的空间；对于小跨度结构，可以不布置侧向支撑。

对于空间圆管桁架，根据节点的几何外形，其节点形式主要有 TT 形、XX 形、KK 形、KKT 形、KT 形和 KX 形等，如图 4.6 所示。图中所列均为圆管节点，当主支管均为矩形及主支管截面形式不同时，上述空间节点形式依然适用，本章不再一一表示。

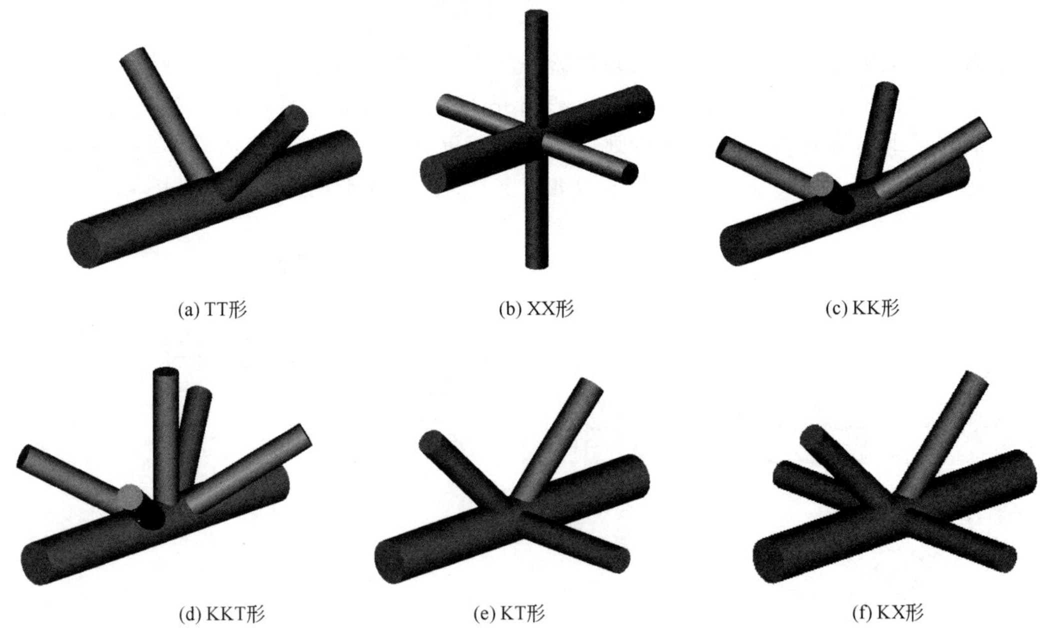

(a) TT形　　(b) XX形　　(c) KK形

(d) KKT形　　(e) KT形　　(f) KX形

图 4.6　空间圆管桁架节点形式

需要说明的是，本章介绍的内容主要适用于不直接承受动力荷载、在节点处直接焊接的空间管桁架结构。对于承受交变荷载的钢管焊接连接节点的疲劳问题，以及节点有加劲措施或一杆件承受平面内与平面外弯矩情况下的节点，远较其他类型杆件节点受力情况复杂，设计时要谨慎处理，并需参考专门的规范。

4.3 内力分析与截面设计

钢管桁架结构分析时，常按理想桁架模型［图 4.7（a)］进行内力计算，即杆件内力计算时通常做如下假定：①所有荷载都作用在节点上；②所有杆件都是等截面直杆；③各杆轴线在节点处都能相交于一点；④所有节点均为理想铰接。因此，桁架杆件只承受轴心拉力或轴心压力。但在实际工程中，相交杆件的中心线在节点处通常存在一定的偏心［图 4.5（c)、(d)、(e)、(f)］，荷载也不一定是通过节点的集中荷载。考虑到桁架的主管是通长布置，且截面尺寸大于与之相连的支管，采用将主管作为连续杆件、支管作为与主管铰接的平面刚架模型进行分析，在理论上更为合理。加拿大 Packer 等人最早建议采用如图 4.7（b)所示的平面刚架模型来分析钢管结构的内力。该模型将主管作为连续杆件，支管铰接在距主管轴线的 e 或 $-e$ 处（e 为铰点至主管轴线的距离），并且将主管到节点的杆件连接刚度取得很大。计算时将主管看作梁柱结构，将偏心产生的节点弯矩（腹杆内力的水平分力之和乘以节点偏心距 e）根据节点两侧主管的相对刚度分配。该模型也可以考虑作用于非节点上的横向荷载对主管产生的弯矩作用。杆件内力可以很容易地利用计算软件分析得到。

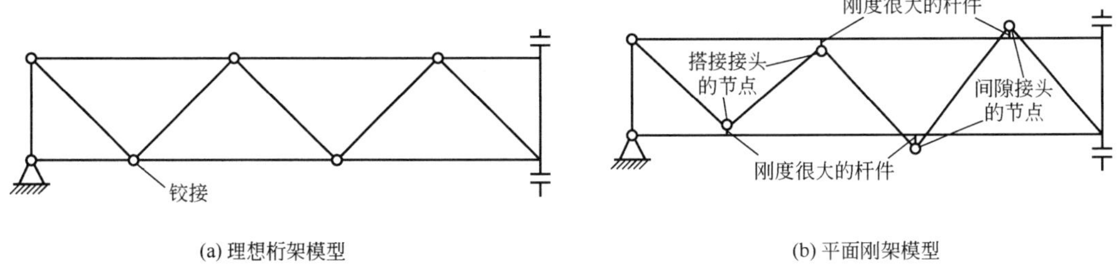

(a) 理想桁架模型　　(b) 平面刚架模型

图 4.7　平面管桁架的计算模型

一般情况下，在进行钢管桁架结构的内力分析时，应尽量把节点作为理想铰接进行设计分析。

4.3.1 节点作为理想铰接需满足的条件

钢管桁架结构进行内力分析时，将节点作为理想铰接需满足以下条件。

(1) 符合各类节点相应的几何参数的适用范围。如支管外部尺寸应不大于主管外部尺寸，支管壁厚应不大于主管壁厚等。

(2) 钢管桁架平面内杆件的节间长度（或杆件长度）与杆件的截面高度（或直径）之比不小于 12（主管）和 24（支管）。

若支管与主管连接节点的偏心不超过式(4-1) 的限值，在计算节点的承载力和受拉主管的承载力时，可忽略因偏心引起的弯矩的影响，但受压主管必须考虑此偏心弯矩 $M=\Delta Ne$（ΔN 为节点两侧主管轴力的差值）的影响。

$$-0.55 \leqslant e/h \text{（或 } e/d\text{）} \leqslant 0.25 \tag{4-1}$$

式中 e——偏心距（支管轴线交点至主管轴线的距离），偏向支管一侧为负［图4.5（e）］，偏向主管外侧为正［图4.5（c）、（d）、（f）］；

h——连接平面内的矩形主管截面高度；

d——圆形主管外径。

4.3.2 钢管桁架杆件计算长度

在确定钢管桁架主管和单系支管（用节点板与主管连接）的长细比时，其计算长度 l_0 应按表4-1取值。当支管直接与主管相贯焊接时，支管计算长度可保守取其几何长度。

表4-1 钢管桁架主管和单系支管的计算长度 l_0

项次	弯曲方向	弦杆	腹杆	
			支座斜杆和支座竖杆	其他腹杆
1	在钢管桁架平面内	l	l	$0.8l$
2	在钢管桁架平面外	l_1	l	l
3	斜平面	—	l	$0.9l$

注：1. l 为构件的几何长度（节点中心间距离），l_1 为钢管桁架主管侧向支承点之间的距离。

2. 斜平面是指与钢管桁架平面斜交的平面，适用于构件截面两主轴均不在钢管桁架平面内的单角钢支管和双角钢十字形截面支管。

4.3.3 构件的局部稳定性要求

当受压圆管的直径与壁厚之比或受压矩形管的宽度与厚度之比较大时，可能出现局部屈曲。圆管管壁在弹性范围局部屈曲的临界应力理论值见式(4-2)。

$$\sigma_{cr}=1.21E\frac{t}{d} \tag{4-2}$$

式中 d——外径；

t——壁厚。

如果令式(4-2)的临界应力等于钢材的屈服强度，可得 $d/t=1060$（Q235钢）。但是圆管管壁局部屈曲与一般的平板不同，对缺陷特别敏感，只要管壁稍有局部凹凸，临界应力就会比理论值下降若干倍，加之圆管通常在强塑性状态下屈曲，因此，很多国家的规范及我国的《钢结构设计标准》（GB 50017—2017）和《冷弯薄壁型钢结构设计规范》（GB 50018—2016）都根据试验，将圆管杆件的容许径厚比作了规定，见式(4-3)。

$$\frac{d}{t}\leqslant 100\varepsilon_k^2 \tag{4-3}$$

式中 ε_k——钢材牌号修正系数，$\varepsilon_k=\sqrt{\frac{235}{f_y}}$。

同理，方管结构的宽厚比也略偏保守地取为与轴压构件的箱形截面相同的宽厚比，见式(4-4)。

$$\frac{b}{t}\left(\text{或}\frac{h}{t}\right)\leqslant 40\varepsilon_k \tag{4-4}$$

4.3.4 构件的截面设计

钢管构件的截面设计，与其他型钢截面构件相同，需符合强度、稳定性和刚度（长细比）要求，分别见式(4-5)～式(4-8)。

(1) 强度要求。

毛截面屈服：

$$\sigma=\frac{N}{A}\leqslant f \tag{4-5}$$

净截面断裂：

$$\frac{N}{A_n}\leqslant 0.7f_u \tag{4-6}$$

式中 N——构件的轴力设计值；

f——钢材的抗拉强度设计值或抗压强度设计值；

A——构件的毛截面面积；

f_u——钢材的抗拉强度最小值；

A_n——构件的净截面面积（当构件多个截面有孔时，取最不利的截面）。

强度要求通常只有在截面被削弱的情况下才有可能起控制截面设计的作用。

(2) 整体稳定性要求（对于受压构件）。

$$\frac{N}{\varphi Af}\leqslant 1.0 \tag{4-7}$$

式中 φ——轴心受压构件的整体稳定系数。

整体稳定性要求通常对截面设计起控制作用。当节点存在因偏心引起的弯矩时，应按压弯构件的相关公式验算弯矩作用平面内和平面外的稳定性。

(3) 局部稳定性要求。

圆管的局部稳定性条件见式(4-3)，方（矩）形管的局部稳定性条件见式(4-4)。

(4) 刚度要求。

长细比：

$$\lambda_{max}=\max\{\lambda_x, \lambda_y\}\leqslant[\lambda] \tag{4-8}$$

式中 λ_x、λ_y——构件对截面主轴 x 和 y 的长细比。

由于钢管结构的截面设计过程与其他型钢截面设计过程几乎相同，因此，钢管结构设计只重点介绍其构造要求、节点焊缝连接和节点承载力的验算。

4.4 钢管结构的构造要求

钢管结构的构造要求主要包括以下方面。

(1) 主管在节点处应连续。圆支管的端部应加工成马鞍形，直接焊于主管外壁上，而不得将支管插入主管内。为了连接方便和保证焊接质量，主管的外部尺寸应大于支管的外部尺寸，且主管的壁厚应大于支管的壁厚。

(2) 主管与支管之间的夹角及两支管间的夹角，不宜小于30°，否则，支管端部焊缝不易施焊，焊缝熔深不易保证，并且支管的受力性能欠佳。

(3) 主管与支管的连接节点处，除搭接节点外，应尽可能避免偏心。当主管与支管中心线交于一点，即不存在节点偏心时，内力分析和截面设计的过程都可大大简化，并可充分发挥截面和材料的优良特性。

(4) 支管端部应平滑并与主管接触良好，不得有过大的局部空隙。一般来说，支管端部加工应尽量使用钢管相贯线切割机，这样可以按输入的夹角及支管、主管的直径和壁厚，直接切成所需的空间形状，并可按需要在支管壁上切成坡口；如用手工切割，则很难保证切口质量。当然，当支管壁厚小于6mm时，可不切坡口。

(5) 有间隙的K形节点或N形节点［图4.5 (c)、(d)］，支管间隙应不小于两支管壁厚之和，用于保证支管与主管间连接焊缝施焊的空间。

(6) 搭接的K形节点或N形节点［图4.5 (e)］，其搭接率 $\eta_{ov}=q/p\times100\%$ 应满足 $25\%\leqslant\eta_{ov}\leqslant100\%$，且应确保在搭接部分的支管之间的连接焊缝能很好地传递内力。

(7) 在搭接节点中，搭接支管要通过被搭接支管传递内力，以保证被搭接支管的强度不低于搭接支管的强度。当支管厚度不同时，薄壁管应搭在厚壁管上；承受轴压力的支管宜在上方。

(8) 支管与主管之间的连接可沿全周采用角焊缝部分采用对接焊缝部分采用角焊缝。支管管壁与主管管壁之间的夹角大于或等于120°的区域宜用对接焊缝或带坡口的角焊缝。角焊缝的焊脚尺寸 h_f 不宜大于支管壁厚 t_i 的2倍。一般支管的壁厚不大，宜采用全周角焊缝与主管连接。当支管壁厚较大时，宜沿焊缝长度方向，部分采用角焊缝，部分采用对接焊缝。由于全部对接焊缝在某些部位施焊困难，所以一般不予推荐。《钢结构设计标准》(GB 50017—2017) 规定，对钢管结构，当支管受拉时，势必产生因焊缝强度不足而需加大壁厚的不合理现象，故根据实际经验并参考国外规范，规定 $h_f\leqslant2t_i$。一般支管壁厚较小，不会产生过大的焊接应力和“过烧”现象。

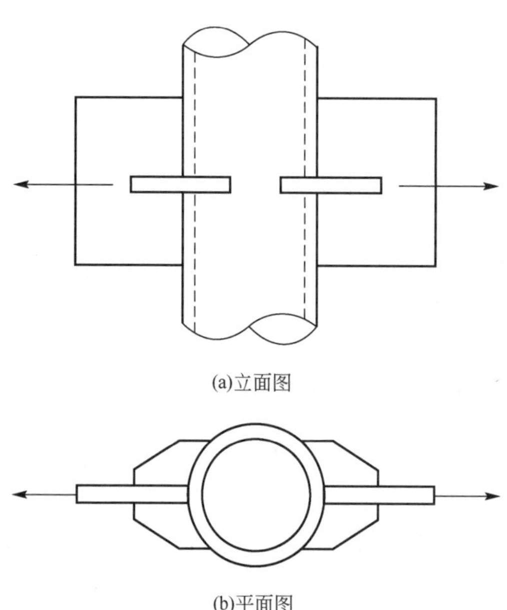

图 4.8　集中荷载作用部位的加劲肋

(9) 钢管构件承受较大集中荷载的部位，其工作情况较为不利，应采取适当的加强措施，例如加套管或加图4.8所示的加劲肋等。如果横向荷载是通过支管施加于主管，则只要满足有关节点强度的要求，就不必对主管进行加强。钢管构件的主要部位应尽量避免开孔，不得已要开孔时，应采取适当的补强措施，例如在孔的周围加焊补强板等。

(10) 钢管构件的接长接头或拼接接头宜采用对接焊缝连接［图4.9 (a)］。当两管直径不同时，宜加锥形过渡段［图4.9 (b)］。大直径或重要的拼接，宜在管内加短衬管［图4.9 (c)］。轴心受压构件或受力较小的压弯构件也可采用通过隔板传递内力的形式

[图 4.9 (d)]。对工地连接的拼接，也可采用法兰板的螺栓连接 [图 4.9 (e)、(f)]。

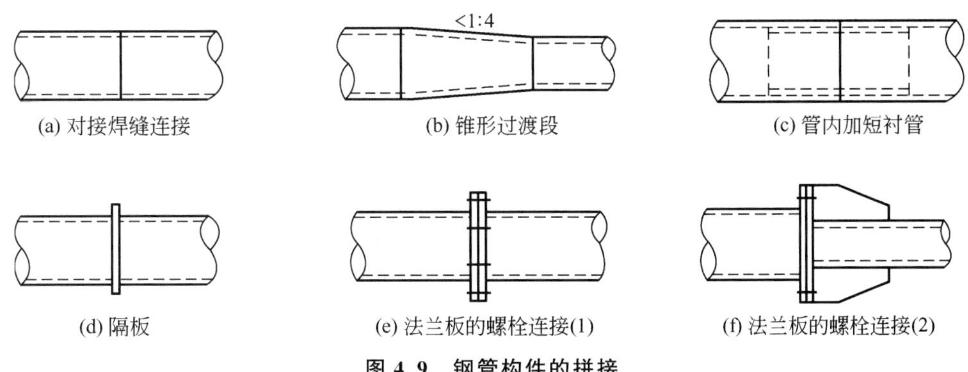

图 4.9 钢管构件的拼接

4.5 节点承载力计算

4.5.1 主管和支管均为圆管的直接焊接节点承载力计算

在实际工程中，应避免由节点破坏而造成的结构失效。圆管结构节点的破坏方式，因节点形式不同而有所不同，节点承载力的计算应按不同的破坏方式分别进行计算。我国的相关规范在比较、分析国外有关规范和国内外研究资料的基础上，筛选建立了一个包含1546个圆管节点试验结果和790个圆管节点有限元分析结果的数据库，对不同破坏方式的节点的承载力，通过回归分析并采用校准法换算得到了半理论半经验的计算式。由于规范的计算式都具有半理论半经验的性质，因此，利用这些计算式设计时，必须符合提出这些计算式所依据的各种参数要求，才能进行节点承载力计算。

为保证圆管结构节点处主管的强度，《钢结构设计标准》(GB 50017—2017) 规定支管的轴心力不得大于下列规定的承载力设计值，该规定的适用范围为：$0.2\leqslant\beta\leqslant1.0$，$d_i/t_i\leqslant60$，$d/t\leqslant100$，$\theta\geqslant30$，$60°\leqslant\phi\leqslant120°$（$\beta$ 为支管外径与主管外径之比，ϕ 为空间管节点支管的横向夹角，即支管轴线在主管横截面所在平面投影的夹角）。下面给出工程中常见圆管的直接焊接节点（本节以下简称节点）承载力计算式。

(1) 平面 X 形节点。

① 受压支管在节点处的承载力设计值 N_{cX}^{pj} 应按式(4-9) 计算。

$$N_{cX}^{pj}=\frac{5.45}{(1-0.81\beta)\sin\theta}\Psi_n t^2 f \tag{4-9}$$

式中 Ψ_n——参数，$\Psi_n=1-0.3\frac{\sigma}{f_y}-0.3\left(\frac{\sigma}{f_y}\right)^2$（当节点两侧或一侧主管受拉时，则取 $\Psi_n=1$）；

t——主管壁厚；

f——主管钢材的抗拉、抗压和抗弯强度设计值；

θ——主管和支管轴线间小于直角的夹角；

β——支管外径和主管外径之比；

f_y——主管钢材的屈服强度；

σ——节点两侧主管轴心压应力中较小值的绝对值。

② 受拉支管在节点处的承载力设计值 N_{tX}^{pj} 应按式(4－10）计算。

$$N_{tX}^{pj}=0.78\left(\frac{d}{t}\right)^{0.2}N_{cX}^{pj} \tag{4-10}$$

(2）平面 T 形（或 Y 形）节点。

① 受压支管在节点处的承载力设计值 N_{cT}^{pj} 应按式(4－11）计算。

$$N_{tT}^{pj}=\frac{11.51}{\sin\theta}\left(\frac{d}{t}\right)^{0.2}\Psi_n\Psi_d t^2 f \tag{4-11}$$

式中　Ψ_d——参数（当 $\beta\leqslant0.7$ 时，$\Psi_d=0.069+0.93\beta$；当 $\beta>0.7$ 时，$\Psi_d=2\beta-0.68$）。

② 受拉支管在节点处的承载力设计值 N_{tT}^{pj} 应按式(4－12)、式(4－13）计算。

$\beta\leqslant0.6$：

$$N_{tT}^{pj}=1.4N_{cT}^{pj} \tag{4-12}$$

$\beta>0.6$：

$$N_{tT}^{pj}=(2-\beta)N_{cT}^{pj} \tag{4-13}$$

(3）平面 K 形间隙节点（$e>0$）。

① 受压支管在节点处的承载力设计值 N_{cK}^{pj} 应按式(4－14）计算。

$$N_{cK}^{pj}=\frac{11.51}{\sin\theta_c}\left(\frac{d}{t}\right)^{0.2}\Psi_n\Psi_d\Psi_a t^2 f \tag{4-14}$$

式中　θ_c——受压支管轴线与主管轴线的夹角；

Ψ_a——反映支管间隙等因素对节点承载力的影响参数，按式(4－15）计算；

a——两支管间的间隙。

$$\Psi_a=1+\frac{2.19}{1+\frac{7.5a}{d}}\left(1-\frac{20.1}{6.6+\frac{d}{t}}\right)(1-0.77\beta) \tag{4-15}$$

② 受拉支管在节点处的承载力设计值 N_{tK}^{pj} 应按式(4－16）计算。

$$N_{tK}^{pj}=\frac{\sin\theta_c}{\sin\theta_t}N_{cK}^{pj} \tag{4-16}$$

式中　θ_t——受拉支管轴线与主管轴线的夹角。

(4）平面 K 形搭接节点（$e<0$）。

支管在节点处的承载力设计值应按式(4－17）～式(4－19）计算。

受压支管：

$$N_{cK}^{pj}=\left(\frac{29}{\Psi_n+25.2}-0.074\right)A_c f \tag{4-17}$$

受拉支管：

$$N_{tK}^{pj}=\left(\frac{29}{\Psi_q+25.2}-0.074\right)A_t f \tag{4-18}$$

$$\Psi_q=\beta^{\eta_{ov}}\gamma\tau^{0.8-\eta_{ov}} \tag{4-19}$$

式中　Ψ_q——参数；

A_c——受压支管的截面面积；

A_t——受拉支管的截面面积；

f——支管钢材的强度设计值；

γ——主管半径与壁厚之比，$\gamma=d/(2t)$；

τ——支管壁厚与主管壁厚之比，$\tau=t_i/(2t)$。

(5) TT 形节点。

① 受压支管在节点处的承载力设计值 N_{cTT}^{pj} 应按式(4-20) 计算。

$$N_{cTT}^{pj}=\Psi_g N_{cT}^{pj} \tag{4-20}$$

式中 $\Psi_g=1.28-0.64\dfrac{g}{d}\leqslant 1.1$（$g$ 为两支管的横向间距）。

② 受拉支管在节点处的承载力设计值 N_{tTT}^{pj} 应按式(4-21) 计算。

$$N_{tTT}^{pj}=N_{tT}^{pj} \tag{4-21}$$

(6) KK 形节点。

受压支管或受拉支管在空间节点处的承载力设计值 N_{cKK}^{pj} 或 N_{tKK}^{pj} 应分别按 K 形节点相应支管承载力设计值 N_{cK}^{pj} 或 N_{tK}^{pj} 乘以空间调整系数 μ_{KK}。μ_{KK} 的计算见式(4-22)、式(4-23)。

支管为非全搭接型：

$$\mu_{KK}=0.9 \tag{4-22}$$

支管为全搭接型：

$$\mu_{KK}=0.74\gamma^{0.1}\exp(0.6\zeta_t) \tag{4-23}$$

式中 ζ_t——参数，$\zeta_t=\dfrac{q_0}{D}$，q_0 为平面外两支管的搭接长度。

4.5.2 矩形管直接焊接节点承载力计算

矩形管结构节点与圆管结构节点相比，其受力情况更复杂，破坏模式更多。国内外试验研究表明，矩形管结构节点有 7 种常见的破坏模式：①主管平壁因形成塑性铰而失效[图 4.10 (a)]；②主管平壁因冲切而破坏 [图 4.10 (b)]；③主管侧壁因受拉屈服或受压局部失稳而失效 [图 4.10 (c)]；④受拉支管被拉坏 [图 4.10 (d)]；⑤受压支管因局部失稳而失效 [图 4.10 (e)]；⑥主管平壁因局部失稳而失效 [图 4.10 (f)]；⑦主管在间隙处剪切破坏[图 4.10 (g)]。对于不同的破坏模式，应按不同的方法分别进行计算承载力。我国相关规范中给出的矩形管平面节点承载力设计值计算式，是依据国内矩形管节点试验和有限元分析结果，结合国内外收集到的其他试验结果，对国际钢管结构发展与研究委员会和欧洲规范 3 进行局部修订得到的，因此是半理论半经验的计算式，设计时必须符合几何参数的构造要求。

矩形管节点（图 4.5）的承载力应按下列规定计算，其几何参数的适用范围见表 4-2。

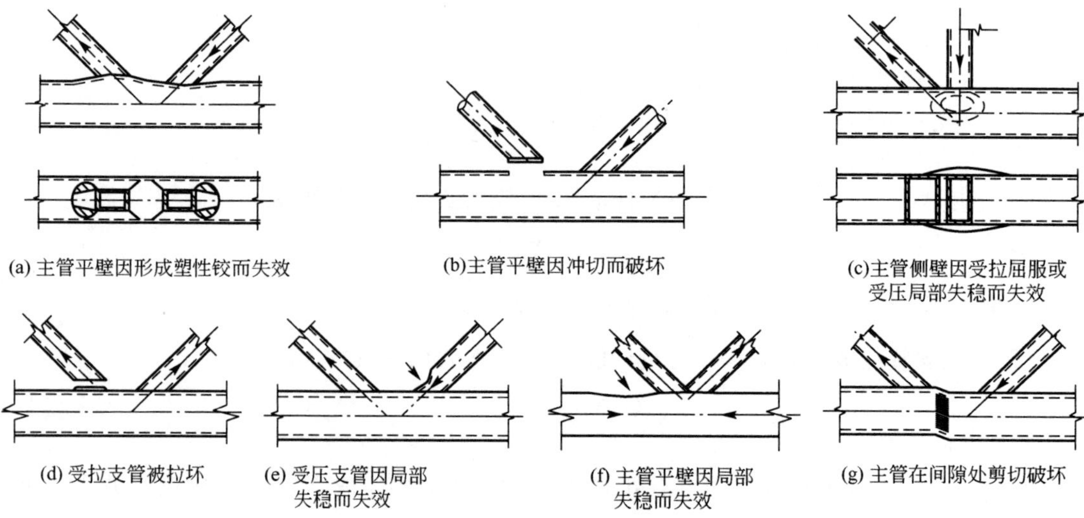

图 4.10　矩形管节点破坏模式

表 4-2　矩形管节点承载力几何参数的适用范围

截面及节点形式		i=1 或 2，表示支管；j 表示被搭接的支管					
		$\frac{b_i}{b}$、$\frac{h_i}{b}$ $\left(或\frac{d_i}{b}\right)$	$\frac{b_i}{t_i}$、$\frac{h_i}{t_i}$(或$\frac{d_i}{t_i}$)		$\frac{h_i}{b_i}$	$\frac{b}{t}$、$\frac{h}{t}$	a 或 η_{ov} $\frac{b_i}{b_j}$、$\frac{t_i}{t_j}$
			受压	受拉			
支管为矩形管	T 形、Y 形、X 形节点	$\geqslant 0.25$	$\leqslant 37\varepsilon_{k,i}$ 且$\leqslant 35$	$\leqslant 35$	$0.5\leqslant\frac{h_i}{b_i}$ $\leqslant 2.0$	$\leqslant 35$	—
	K 形与 N 形间隙节点	$\geqslant 0.1+0.01\frac{b}{t}$ $\beta\geqslant 0.35$					$0.5(1-\beta)\leqslant\frac{a}{b}\leqslant$ $1.5(1-\beta)$ $25\%\leqslant\eta_{ov}\leqslant 100\%$ $a\geqslant t_1+t_2$
	K 形与 N 形搭接节点	$\geqslant 0.25$	$\leqslant 33\varepsilon_{k,i}$			$\leqslant 40$	$\frac{t_i}{t_j}\leqslant 1.0$ $0.75\leqslant\frac{b_i}{b_j}\leqslant 1.0$
支管为圆管		$0.4\leqslant\frac{d_i}{b}\leqslant 0.8$	$\leqslant 44\varepsilon_{k,i}$	$\leqslant 50$	用 d_i 取代 b_i 之后， 仍应满足上述相应条件		

注：1. 当 $a/b>1.5(1-\beta)$ 时，则按 T 形或 Y 形节点计算。

2. b_i、h_i、t_i 分别为第 i 个矩形支管的截面宽度、高度和壁厚；d_i、t_i 分别为第 i 个圆支管的外径和壁厚；b、h、t 分别为矩形主管的截面宽度、高度和壁厚；a 为支管间的间隙，如图 4.5（c）、（d）所示；η_{ov} 为搭接率；$\varepsilon_{k,i}$ 为第 i 个支管钢材的牌号调整系数；β 为参数（对 T 形、Y 形、X 形节点，$\beta=\frac{b_i}{b}$ 或 $\frac{d_i}{b}$；对 K 形、N 形节点，$\beta=\frac{b_1+b_2+h_1+h_2}{4b}$ 或 $\beta=\frac{d_1+d_2}{2b}$）。

无加劲直接焊接的平面节点，当支管按仅承受轴心力的构件设计时，节点的承载力设计值应按下列规定计算，支管在节点处的承载力设计值不得小于其轴力设计值。

(1) 支管为矩形管的 T 形、Y 形和 X 形节点。

① 当 $\beta \leqslant 0.85$ 时，支管在节点处的承载力设计值 N_i^{pj} 应按式(4-24)、式(4-25) 计算。

$$N_i^{pj}=1.8\left(\frac{h_i}{bc\sin\theta_i}+2\right)\frac{t^2 f}{c\sin\theta_i}\Psi_n \tag{4-24}$$

$$c=(1-\beta)^{0.5} \tag{4-25}$$

式中 Ψ_n——参数（当主管受压时，$\Psi_n=1.0-\frac{0.25}{\beta}\cdot\frac{\sigma}{f}$，$\sigma$ 为节点两侧主管轴心压应力的较大绝对值；当主管受拉时，$\Psi_n=1.0$）。

② 当 $\beta=1.0$ 时，支管在节点处的承载力设计值 N_i^{pj} 应按式(4-26) 计算。

$$N_i^{pj}=2.0\left(\frac{h_i}{\sin\theta_i}+5t\right)\frac{tf_k}{\sin\theta_i}\Psi_n \tag{4-26}$$

式中 f_k——主管强度设计值（当支管受拉时，$f_k=f$；当支管受压时，对 T 形、Y 形节点，$f_k=0.8\varphi f$；对 X 形节点，$f_k=(0.65\sin\theta_i)\varphi f$。$\varphi$ 为按长细比 $\lambda=1.73\left(\frac{h}{t}-2\right)\left(\frac{1}{\sin\theta_i}\right)^{0.5}$ 确定的轴心受压构件的稳定系数）。

当节点为 X 形，$\theta_i<90°$ 且 $h\geqslant h_i/\cos\theta_i$ 时，尚应按式(4-27) 验算承载力设计值 N_i^{pj}。

$$N_i^{pj}=\frac{2htf_v}{\sin\theta_i} \tag{4-27}$$

式中 f_v——主管钢材的抗剪强度设计值。

③ 当 $0.85<\beta<1.0$ 时，支管在节点处的承载力设计值 N_i^{pj} 应按式(4-24) 与式(4-26) 或式(4-27) 所得的值，根据 β 进行线性插值。此外，还不应超过式(4-28)、式(4-29) 的计算值。

$$N_i^{pj}=2.0(h_i-2t_i+b_e)t_i f_i \tag{4-28}$$

$$b_e=\frac{10}{b/t}\cdot\frac{f_y t}{f_{yi}t_i}\cdot b_i\leqslant b_i \tag{4-29}$$

式中 h_i、t_i、f_i、f_{yi}——支管的截面高度、壁厚、抗拉（抗压和抗弯）强度设计值及钢材屈服强度。

当 $0.85\leqslant\beta\leqslant 1-\frac{2t}{b}$ 时，尚不应超过式(4-30)、式(4-31) 的计算值。

$$N_i^{pj}=2.0\left(\frac{h_i}{\sin\theta_i}+b_{ep}\right)\frac{tf_v}{\sin\theta_i} \tag{4-30}$$

$$b_{ep}=\frac{10}{b/t}\cdot b_i\leqslant b_i \tag{4-31}$$

(2) 支管为矩形管的有间隙的 K 形节点和 N 形节点。

① 节点处任一支管的承载力设计值 N_i^{pj} 应取式(4-32) ～式(4-35) 的较小值。

$$N_i^{pj}=1.42\,\frac{b_1+b_2+h_1+h_2}{b\sin\theta_i}\left(\frac{b}{t}\right)^{0.5}t^2 f\Psi_n \tag{4-32}$$

$$N_i^{pj}=\frac{A_v f_v}{\sin\theta_i} \tag{4-33}$$

$$N_i^{\mathrm{pj}}=2.0\left(h_i-2t_i+\frac{b_i+b_{\mathrm{e}}}{2}\right)t_if_i \tag{4-34}$$

当$\beta\leqslant1-\frac{2t}{b}$时，支管在节点处的承载力设计值 N_i^{pj} 尚应小于式(4－35) 的计算值。

$$N_i^{\mathrm{pj}}=2.0\left(\frac{h_i}{\sin\theta_i}+\frac{b_i+b_{\mathrm{ep}}}{2}\right)\frac{tf_{\mathrm{v}}}{\sin\theta_i} \tag{4-35}$$

其中，A_{v} 和 α 的计算分别见式（4－36)、式（4－37)。

$$A_{\mathrm{v}}=(2h+\alpha b)t \tag{4-36}$$

$$\alpha=\sqrt{\frac{3t^2}{3t^2+4a^2}} \tag{4-37}$$

式中　A_{v}——主管的受剪面积；

α——参数（支管为圆管时，$\alpha=0$)。

② 节点间隙处的主管轴心受力承载力设计值 N^{pj} 计算见式(4－38)。

$$N^{\mathrm{pj}}=(A-\alpha_{\mathrm{v}}A_{\mathrm{v}})f \tag{4-38}$$

其中，α_{v} 计算见式(4－39)。

$$\alpha_{\mathrm{v}}=1-\sqrt{1-\left(\frac{V}{V_{\mathrm{p}}}\right)^2} \tag{4-39}$$

其中，V_{p} 计算见式(4－40)。

$$V_{\mathrm{P}}=A_{\mathrm{v}}f_{\mathrm{v}} \tag{4-40}$$

式中　α_{v}——考虑剪力对主管轴心承载力的影响系数；

V——节点间隙处主管所受的剪力，可按任一支管的竖向分力计算；

A——主管横截面面积。

(3) 支管为矩形管的搭接 K 形节点和 N 形节点［图 4.5 (e)］。

搭接支管的承载力设计值 N_i^{pj} 应根据不同的搭接率 η_{ov} 按下列公式计算（下标 j 表示被搭接的支管)。

① 当 $25\%\leqslant\eta_{\mathrm{ov}}<50\%$时：

$$N_i^{\mathrm{pj}}=2.0\left[(h_i-2t_i)\frac{\eta_{\mathrm{ov}}}{0.5}+\frac{b_{\mathrm{e}}+b_{\mathrm{ej}}}{2}\right]t_if_i \tag{4-41}$$

$$b_{\mathrm{ej}}=\frac{10}{b_{\mathrm{j}}/t_{\mathrm{j}}}\cdot\frac{t_{\mathrm{j}}f_{\mathrm{yj}}}{t_{\mathrm{i}}f_{\mathrm{yi}}}b_{\mathrm{i}}\leqslant b_{\mathrm{i}} \tag{4-42}$$

② 当 $50\%\leqslant\eta_{\mathrm{ov}}<80\%$时：

$$N_i^{\mathrm{pj}}=2.0\left(h_i-2t_i+\frac{b_{\mathrm{e}}+b_{\mathrm{ej}}}{2}\right)t_if_i \tag{4-43}$$

③ 当 $80\%\leqslant\eta_{\mathrm{ov}}\leqslant100\%$时：

$$N_i^{\mathrm{pj}}=2.0\left(h_i-2t_i+\frac{b_i+b_{\mathrm{ej}}}{2}\right)t_if_i \tag{4-44}$$

被搭接支管的承载力应满足式(4－45) 的要求。

$$\frac{N_{\mathrm{j}}^{\mathrm{pj}}}{A_{\mathrm{j}}f_{\mathrm{yj}}}\leqslant\frac{N_i^{\mathrm{pj}}}{A_if_{yi}} \tag{4-45}$$

(4) 支管为圆管的各种形式的节点。

支管为圆管的 T 形、Y 形、X 形、K 形及 N 形节点，支管在节点处的承载力设计值可用上述相应的支管为矩形管的节点的承载力设计值公式计算，但需用 d_i 取代 b_i 和 h_i，并将计算结果乘以 $\pi/4$。

4.6 节点焊缝连接计算

在节点处，主管与支管或支管与支管间用焊缝连接时，焊缝的承载能力必须大于或等于支管传递的荷载。当主管分别为圆管和矩形管时，焊缝连接宜采用不同的计算方法。如上节构造要求所述，支管与主管之间的连接焊缝可沿全周采用角焊缝，也可以部分采用对接焊缝部分采用角焊缝。支管端部焊缝位置可分为 A、B、C 三个区域，如图 4.11 (a)所示。当各区均采用角焊缝时，其形式见图 4.11 (b)；当 A、B 两区采用对接焊缝而 C 区采用角焊缝（因 C 区管壁交角小，采用对接焊缝不易施焊）时，其形式见图 4.11 (c)。由于坡口角度、焊根间隙都是变化的，对接焊缝的焊根又不能清渣和补焊，为方便计算，同时参考国外规范的相关规定，连接焊缝可以视为全周采用角焊缝连接，其强度采用式(4-46) 计算。

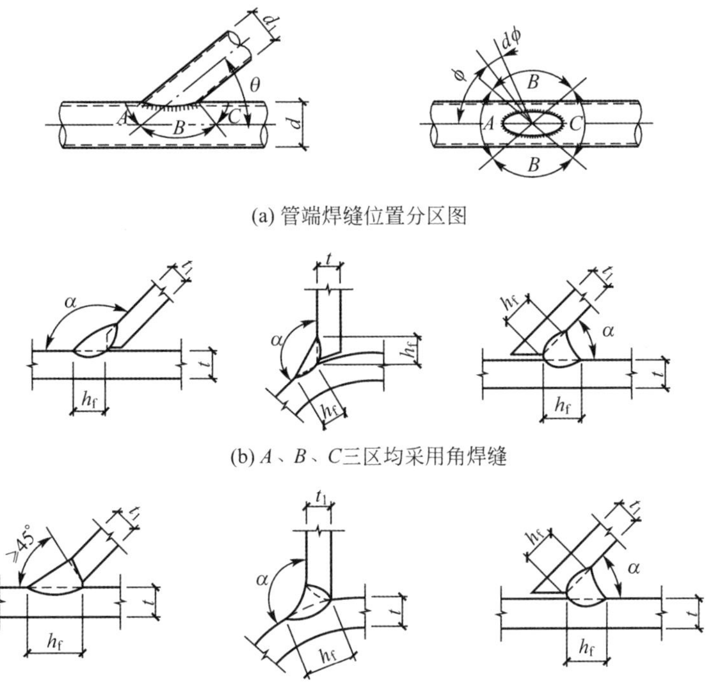

图 4.11 节点连接焊缝形式

$$\sigma_f = \frac{N}{h_e l_w} \leqslant \beta_f f_f^w \tag{4-46}$$

式中 N——支管所受轴心拉力或轴心压力；

h_e——角焊缝的计算厚度；

l_w——角焊缝的计算长度；

β_f——正面角焊缝的强度设计值增大系数，钢管结构取 1.0；

f_f^w——角焊缝的强度设计值。

4.6.1 主管为圆管时的焊缝计算

1. 焊缝的计算长度 l_w

连接焊缝的长度实际上是支管与主管的相交线长度，考虑到焊缝传力时的不均匀性，焊缝的计算长度 l_w 不会大于相交线长度。因主管和支管均为圆管时的节点连接焊缝传力较为均匀，焊缝计算长度取为相交线长度。该相交线是一条空间曲线，若将该曲线分为 $2n$ 段，微小段 Δl_i 可取空间折线代替空间曲线，则焊缝的计算长度见式(4-47)、式(4-48)。

$$l_w = 2\sum_{i=1}^{n}\Delta l_i = K_a d_i \tag{4-47}$$

$$K_a = 2\int_0^{\pi} f(d_i/d,\theta)\,\mathrm{d}\theta \tag{4-48}$$

式中 K_a——相交斜率；

d, d_i——分别为主管和支管外径；

θ——支管轴线与主管轴线的夹角。

采用回归分析方法，得出圆管结构中支管与主管连接焊缝的计算长度 l_w，见式(4-49)、式(4-50)。

$d_i/d \leqslant 0.65$：

$$l_w = (3.25d_i - 0.025d)\left(\frac{0.534}{\sin\theta_i} + 0.466\right) \tag{4-49}$$

$d_i/d > 0.65$：

$$l_w = (3.81d_i - 0.389d)\left(\frac{0.534}{\sin\theta_i} + 0.466\right) \tag{4-50}$$

式中 θ_i——支管 i 的轴线与主管轴线的夹角。

2. 焊缝的计算厚度 h_e

焊缝的计算厚度 h_e 沿相贯线是不均匀的，第 Δl_i 区段的焊缝计算厚度见式(4-51)。

$$h_i = h_f\cos\left(\frac{\alpha_{i+1/2}}{2}\right) \tag{4-51}$$

式中 $\alpha_{i+1/2}$——第 Δl_i 区段中点支管外壁切平面与主管外壁切平面的夹角。

分析表明，当支管轴心受力时，焊缝计算厚度的平均值沿焊缝长度可以保守地取为 $h_e = 0.7h_f$。因此，当支管轴心受力时，支管与主管的连接焊缝强度计算式(4-10)可改写为式(4-52)。

$$\sigma_f = \frac{N}{0.7h_f l_w} \leqslant f_f^w \tag{4-52}$$

4.6.2 主管为矩形管时的焊缝计算

矩形管节点中，主管和支管的相交线是直线，所以计算起来相对方便，但是考虑到主管顶面板件沿相交线周围，在支管轴力作用下刚度的差异和传力的不均匀性，焊缝的计算长度将不等于支管周长，需要通过试验来确定。基于试验研究与理论分析，矩形管结构主管与支管的焊缝计算长度 l_w 的计算见式(4-53)～式(4-55)。

(1) 对于有间隙的K形节点和N形节点。

$\theta_i \geqslant 60°$：

$$l_w = \frac{2h_i}{\sin\theta_i} + b_i \tag{4-53}$$

$\theta_i \leqslant 50°$：

$$l_w = \frac{2h_i}{\sin\theta_i} + 2b_i \tag{4-54}$$

当 $50° < \theta_i < 60°$时，计算长度 l_w 按照插值法得到。

(2) 对于T形节点、Y形节点和X形节点。

$$l_w = \frac{2h_i}{\sin\theta_i} \tag{4-55}$$

式中 h_i、b_i——支管的截面高度、宽度。

(3) 当支管为圆管时，焊缝计算长度 l_w 应按式(4-56)～式(4-58)计算。

$$l_w = \pi(a_0 + b_0) - d_i \tag{4-56}$$

$$a_0 = \frac{R_i}{\sin\theta_i} \tag{4-57}$$

$$b_0 = R_i \tag{4-58}$$

式中 a_0——椭圆相交线的长半轴；

b_0——椭圆相交线的短半轴；

R_i——圆支管半径；

θ_i——支管轴线与主管轴线的交角。

4.7 钢管桁架结构设计步骤

钢管桁架结构设计步骤可归纳如下。

(1) 先确定桁架形状、跨度、高度、节间长度、支撑，尽量使节点数量最少。

(2) 将荷载简化成节点上的等效荷载。

(3) 按铰接无偏心的桁架确定杆件轴力。

(4) 根据轴力和规范要求确定杆件截面，应控制杆件种类，使杆件截面形式最少。

(5) 验算节点承载力及焊缝强度。

(6) 验算荷载标准值作用下的桁架挠度。

需要说明的是，本章所涉及的钢管结构及其节点，主要考虑杆件为轴心受力杆件，并且轴线通过杆件相交点。

4.8　结构设计软件应用

在进行钢管桁架结构设计时，工程中常用的软件有 3D3S、PKPM、SAP2000 等，这些软件各有特点。由于篇幅所限，本章主要介绍 3D3S 钢与空间结构设计系统中的钢管桁架结构模块使用方法。

4.8.1　软件功能及特点

3D3S 钢与空间结构设计系统从 V5.0 版开始是基于 AutoCAD 图形平台进行开发的，与 AutoCAD 的命令紧密结合，所有 AutoCAD 中建立线框模型的二维命令和三维命令都可以在 3D3S 软件中使用，因此该软件操作更为方便。其主要包括轻型门式刚架、多高层建筑结构、网架与网壳结构、钢管桁架结构、建筑索膜结构、塔架结构及幕墙结构的设计与绘图，可以满足绝大部分钢结构的设计需求。

4.8.2　使用说明

3D3S 钢管桁架结构模块建模遵循的顺序可归纳为：建立几何模型→定义杆件及节点特性→施加荷载→进行结构分析与验算→节点设计及后处理。主窗口的菜单项有“文件”“结构建模”“显示查询”“施加荷载”“内力分析”“设计验算”“节点验算”“后处理设计”“施工图”“模块切换”等（图 4.12），下面将有选择性地介绍常用菜单的使用方法。

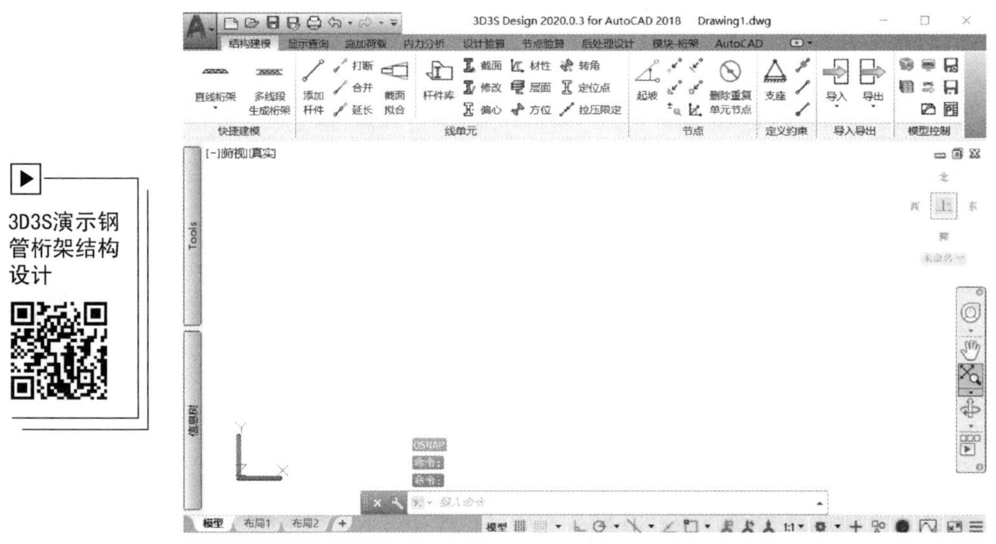

图 4.12　钢管桁架结构模块主菜单

1. 文件菜单

“文件”菜单主要提供了用于图形文件管理的工具，如“新建”“打开”“关闭”“存盘”“打印”及“数据导出”等，这些菜单与 AutoCAD 中的完全一致。

2. 结构建模菜单

(1) 桁架。

桁架生成方式分为单线段生成桁架、两线段生成桁架、三线段生成桁架、四线段生成桁架 4 种。其中单线段生成桁架包括直线桁架、圆弧桁架、平面曲线桁架。

(2) 添加杆件。

“添加杆件”命令用于直接添加杆件 (单元)，这里提供了 2 种添加杆件的方式：选择线定义为杆件和直接画杆件。

(3) 打断。

“打断”命令包括打断杆件、构件两两相交打断、直线两两相交打断。相交的构件必须要打断，否则会出现错误。

(4) 延长。

“延长”命令用来对杆件做指定长度的延伸，延伸的时候可以选择相邻杆件的端点随延伸杆件移动或者不移动。

(5) 起坡。

“起坡”命令用于将选中的节点按指定方向起坡。单击该命令后，选择要起坡的节点，输入两点来表示起坡的基点和方向即可。命令完成后，节点的 X、Y 坐标不变，Z 坐标按起坡的基点和方向改变。

(6) 移动节点到直线或曲线上。

“移动节点到直接或曲线上”命令用于将选中的节点按指定方向移动到指定直线或曲线所代表的视平面上。单击该命令后，首先选择一直线、圆、椭圆、圆弧或样条曲线，其次选择要移动的节点，最后通过输入两个点来指定移动的方向。命令完成后，节点移动到所选择的直线或曲线与屏幕视图法线所定的平面上。

(7) 沿径向移动节点到圆、椭圆上。

“沿径向移动节点到圆、椭圆上”命令用于将选中的节点沿所选择圆或椭圆的径向移动到该圆或椭圆所代表的圆柱体或椭圆柱体上。单击该命令后，首先选择圆或椭圆，其次选择要移动的节点即可。

(8) 节点移动。

“节点移动”命令用于将选中的节点进行相对或绝对的移动。

(9) 删除重复单元节点。

“删除重复单元节点”命令用于将重复的单元或节点删除，删除的精度由显示参数中的“建模允许误差值”控制，若两节点间距小于建模允许误差值，则认为是重复节点。重复节点的存在会影响内力计算及导荷载等和构件有关的操作，所以一般建模完成后至少应执行一次该命令以删除重复单元节点，在进行结构编辑过程中也应多次执行该命令。

(10) 结构体系。

通过桁架快捷建模得到的桁架默认结构体系为空间框架 (杆件间刚接)，中间腹杆默认为两端单元释放。

(11) 建立截面库。

截面库中已建立了各类常用的国产圆管和方管截面表，用户可以添加或修改截面尺寸，但必须重新计算截面性质。

（12）定义截面。

“定义截面”对话框左侧列出了所有截面库中的截面形式，可以选择欲定义的截面类型，同时可以查询单元截面和修改截面。

（13）定义材性。

“定义材性”命令用于定义、查询和修改单元材性。

（14）定义方位。

“定义方位”命令相当于定义了构件的局部坐标（在构件信息显示中，可以选择显示构件的局部坐标），以确定单元的摆放位置。

（15）定义偏心。

“定义偏心”命令用于定义、查询和修改单元偏心。

（16）定义计算长度。

计算长度的概念详见钢结构设计理论中有关钢结构稳定设计的内容。此时需先确定输入的是平面内计算长度还是平面外计算长度，再根据结构单元的“定义方位”命令确定平面内（外）转动是绕 2 轴转动还是绕 3 轴转动。

（17）定义层面和轴线号。

通过“桁架”菜单建立的桁架模型自动定义了杆件的上下弦杆、腹杆的弦杆类型，手工建立的桁架模型或者手工添加的杆件需要手工定义弦杆类型。“定义层面和轴线号”命令在批量选择杆件时是非常有效的。

（18）支座边界。

“支座边界”命令用于定义结构的支座边界条件：一般支座边界（包含刚性约束、弹性约束、支座位移三种选择），斜边界（提供三个约束方向矢量 {$\boldsymbol{X}$，$\boldsymbol{Y}$，$\boldsymbol{Z}$}），正向约束和负向约束（用于单向受力支座，比如 X 正向约束表示支座约束点只对上部结构提供整体坐标 X 正方向的约束）。

（19）单元释放。

“单元释放”命令用于刚接体系中存在铰接节点的结构。通过桁架快捷建模得到的桁架默认结构体系为空间框架（杆件间刚接），中间腹杆默认为两端单元释放。

3. 显示查询菜单

“显示查询”菜单主要提供了用于模型显示和查询的工具，如“总体信息”“构件查询”“总用钢量”“构件信息显示”“显示截面”“按杆件属性显示”“按层面显示”“部分显示”“部分隐藏”“全部显示”“取消附加信息显示”“显示节点荷载”“显示单元荷载”“显示板面荷载”“按荷载序号显示导荷载”“按工况显示导荷载”“符号缩小”“符号放大”“显示参数”“显示颜色”“双击控制”及“最小夹角查询”等。

4. 施加荷载菜单

“施加荷载”菜单可以输入并修改结构节点及单元的恒荷载、活荷载、风荷载，地震作用、吊车荷载、温度作用、支座位移等 7 种工况作用，进行各工况下的导荷载，其中只有恒荷载、活荷载、风荷载 3 种工况是用工况号 0、1、2 区分的。

（1）荷载库。

单击“荷载库”命令可分别添加节点荷载、单元荷载、板面荷载、杆件导荷载、膜面导荷载，桁架中用的比较多的是节点荷载、单元荷载、杆件导荷载 3 种。

（2）施加节点荷载。

“施加节点荷载”命令用于增加、修改、查询及删除节点荷载。

（3）施加单元荷载。

“荷载单元荷载”命令用于增加、修改、查询及删除单元荷载。

（4）施加杆件导荷载。

“施加杆件导荷载”命令用于选择和删除受力范围及受力单元。

（5）杆件导荷载。

“杆件导荷载”命令用于将由杆件或者虚杆围成的封闭区域的面荷载按照一定原则分配到杆件或节点上成为单元荷载或节点荷载。

（6）地震作用。

“地震作用”命令用于地震参数输入、定义附加质量及定义质量源，用户根据规范要求填写相关参数。

（7）温度作用。

“温度作用”命令用于输入温度作用。温度增量值一般 1 个为正值、1 个为负值，即软件计算时考虑温度正增量和负增量两个温度工况。两个温度分别表示结构安装时的温度和全年最高温度和最低温度的差值。

（8）荷载组合。

用户根据现行《建筑结构荷载规范》（GB 50009—2017）对基本工况荷载进行组合。

5. 内力分析菜单

（1）模型检查。

“模型检查”命令是软件对模型做初步的检查，判断是否存在建模问题。检查的内容包括：截面、材性、方位是否已定义，所有相交构件是否打断，是否存在特别短或特别长的单元，结构是否为机构等。

（2）带宽优化。

“带宽优化”命令用于对结构节点进行重新编号以达到加快计算速度的目的，该命令相对独立，不影响模型的其他操作；对大型杆系结构，带宽优化对计算速度的加快作用比较明显。

（3）计算内容选择及计算。

“计算内容选择及计算”命令中列出了初始状态确定、地震周期分析、线性分析、非线性分析 4 项内容，用户根据实际情况，选择计算内容。

（4）地震周期查询与振型显示。

“地震周期查询与振型显示”命令中列出计算完成的所有振型的周期值，并显示计算完成的所有振型。

（5）线性分析结果显示查询。

“线性分析结果显示查询”命令包括显示内力、最大组合内力，按颜色显示内力包络图、位移、支座反力，查询内力、位移、最大节点位移、支座反力等内容。

（6）模型解锁。

为保证模型的严格性（如截面重新定义后需要更新内力），在进行了地震作用计算或内力分析后，软件自动将模型锁住，即禁止定义截面、材性，荷载编辑等操作；可以使用

“模型解锁”命令进行解锁，但一旦解锁后，上次内力分析的结果将被删除。

6. 设计验算菜单

（1）选择规范。

钢管桁架结构验算时通常需选择《钢结构设计标准》(GB 50017—2017)。

（2）单元验算。

“单元验算”命令可以选择“线性分析结果”或者“非线性分析结果”进行构件验算。

（3）验算结果按颜色显示。

“验算结果按颜色显示”命令可以用颜色显示不同的验算结果的数值，还能用文本的形式按验算项的大小统计查询验算结果。

（4）验算结果显示。

“验算结果显示”命令分别用不同颜色表示截面不足、截面过大、截面增大、截面缩小4种情况。

（5）验算结果查询。

“验算结果查询”命令用于查询强度验算、整体稳定、局部稳定、刚度验算的结果。

（6）生成计算书。

“生成计算书”命令可以按照具体要求选择需要输出的内容，生成相应的计算书。

值得说明的是，为了便于使用，上述菜单均设置了相应的快捷图标。此外，该模块还包含“节点验算”“后处理”“施工图”“相贯加工”等多个菜单项，由于篇幅所限，此处不再详细介绍，具体可参见3D3S操作手册。

4.9 工程应用

某屋盖采用圆钢管桁架结构，其支承在下部钢筋混凝土柱的牛腿上，天沟采用混凝土天沟。抗震设防烈度为6度，基本风荷载为0.30kN/m^2，基本雪荷载为0.30kN/m^2，上弦恒荷载标准值为0.30 kN/m^2，下弦恒荷载标准值为0.50 kN/m^2，上弦活荷载标准值为0.70 kN/m^2，无积灰荷载。屋盖平面尺寸为27.36m×24m，主桁架采用Pratt桁架形式，采用周边支承，但角部无支承。屋面板为夹芯板，采用结构找坡，排水坡度为10%。桁架结构设计步骤如下。

（1）建立桁架几何模型。打开3D3S软件，在菜单栏选择“模块”“屋架桁架”“桁架”选项。切换视图，在*XZ*平面上，用CAD命令画一长28m的直线。单击“结构建模”“直线桁架”命令，弹出“直线桁架快捷生成”对话框，如图4.13所示，输入相应的参数，单击“选择直线生成桁架”选项，根据AutoCAD命令行提示，先选择起点，接着选择需要由直线生成桁架的线段。选择完毕后，右击“结束选择”按钮，单击“确定”按钮，生成图4.14所示的直线桁架立面图。

删除辅助直线，用“起坡”命令对直线桁架起坡，并调整支座处的节间长度生成图4.15所示的主桁架立面图。使用“COPY”命令，把整榀桁架沿*Y*方向每隔4m进行复制，共复制6榀。考虑到主桁架主管平面外的计算长度问题，沿屋盖纵向每隔4m设置侧向支承桁架（次桁架），在支座处的上弦和屋脊部位设置纵向系杆，得到图4.16所示的桁架结构布置图。执行“构件两两相交打断”命令，使相交杆件相互打断，再执行“删除重复单元节点”命令。

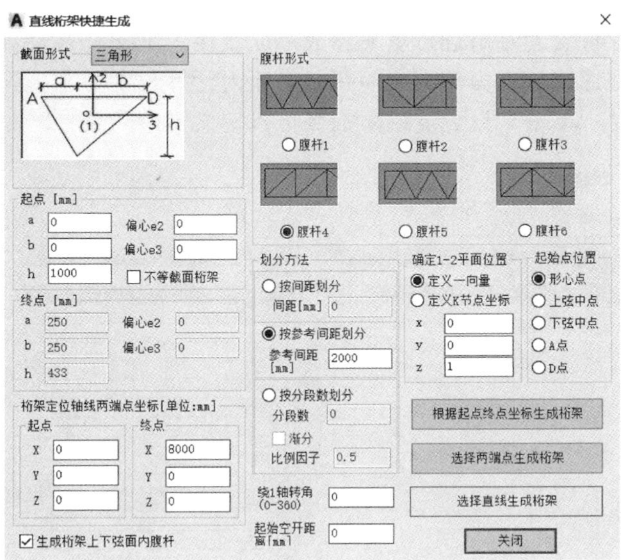

图 4.13 “直线桁架快捷生成”对话框

图 4.14 直线桁架立面图

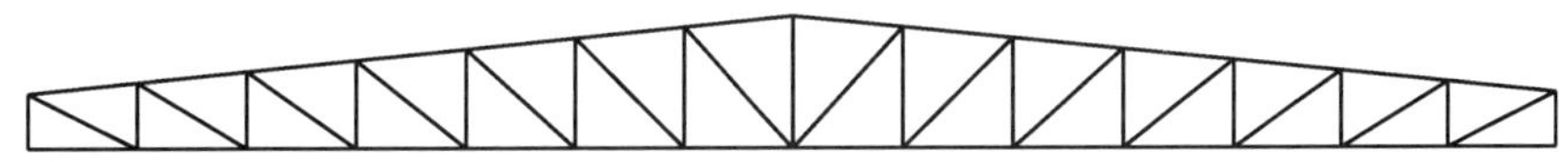

图 4.15 主桁架立面图

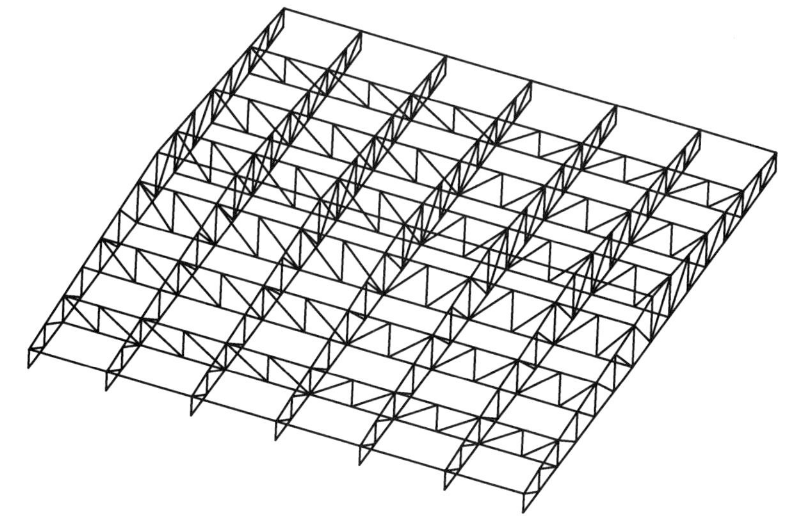

图 4.16 桁架结构布置图

(2) 定义杆件及节点特性。单击“杆件库”命令，默认为圆管截面。单击“定义截面”对话框（图 4.17），分别对各杆件单元定义截面。将次桁架主管在主桁架连接处进行单元释放形成铰接，将支管端部进行单元释放形成铰接。定义杆件计算长度时，对于主桁架的主管，其平面外计算长度为次桁架间距，平面内计算长度为主桁架节间长度，支管计算长度均取几何长度。单击“设置支座”命令可以定义支座约束（图 4.18）。

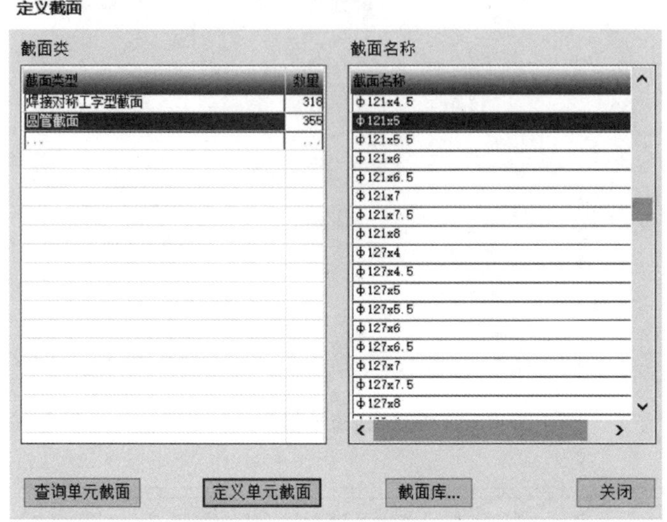

图 4.17 “定义截面”对话框

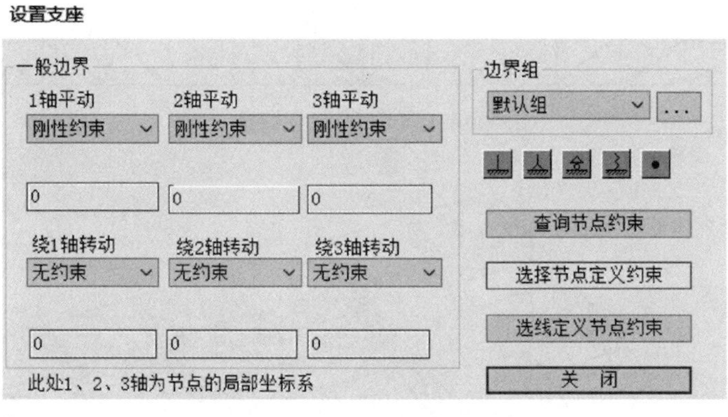

图 4.18 定义支座约束

(3) 施加荷载。首先定义荷载工况，如图 4.19 所示。其次建立荷载库，选择杆件导荷载库，输入各荷载标准值并选择单向分配到节点，如图 4.20 所示。再次施加杆件导荷载，针对不同的荷载选择受荷范围。值得注意的是，上弦荷载是双向导到主次桁架还是仅导到主桁架与屋面檩条的布置有关。通过生成导荷载封闭面，确定生成封闭面，按照提示进行自动导荷载。自动导荷载完毕后，屏幕上出现导荷载面，可按工况号显示自动导得的节点荷载。不考虑地震作用，温度设为±25℃。最后进行荷载组合，如图 4.21 所示。

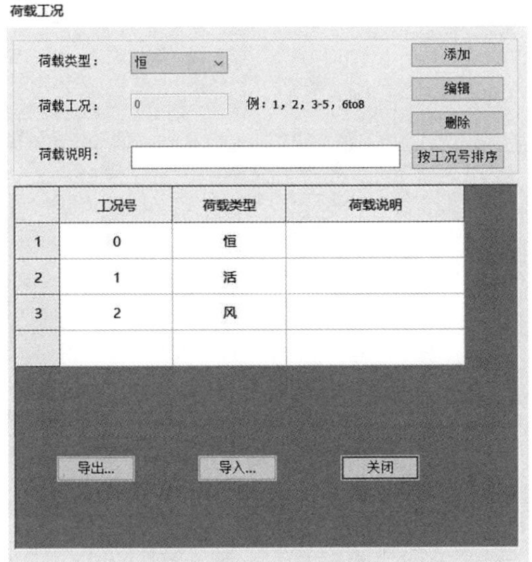

图 4.19 定义荷载工况

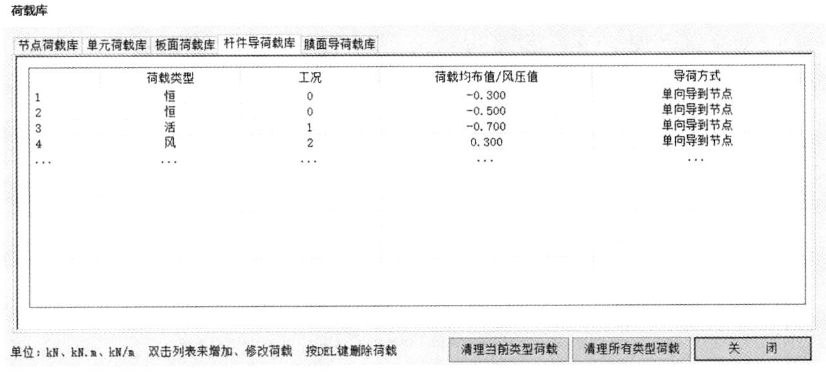

图 4.20 建立荷载库

图 4.21 进行荷载组合

(4) 结构分析与验算。模型检查后进行结构计算（图 4.22）。对计算结果分析完毕后，选择规范对杆单元进行验算，根据验算结果对杆件截面进行调整以得到合适的截面，这是一个多次反复的过程。

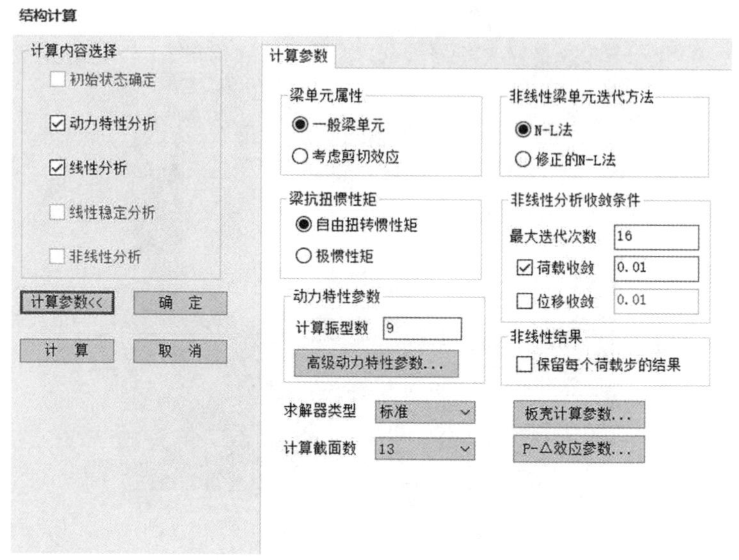

图 4.22 结构计算

（5）节点验算及后处理。节点验算包括节点承载力验算及焊缝验算。完成节点验算就可以在计算模型下直接绘制结构布置图，此时绘出的是单线图。将计算模型导到后处理实体模型的目的是进行节点相贯和绘制施工图，如不需要出相贯线展开图和双线施工图，就没有必要将计算模型导到后处理实体模型。一套完整的钢管桁架施工图至少应包含：钢结构设计总说明、支座预埋件布置图、桁架三维模型及支座反力图、桁架结构平面布置图、桁架展开图、屋面檩条布置图、支座详图等。本算例的部分施工图见附录D，仅供参考。

本章小结

本章主要介绍了钢管桁架结构的基本知识和设计方法。

钢管桁架结构因其受力性能好、外形美观等诸多优点，在工程中得到了广泛应用。钢管桁架结构布置非常灵活，影响其受力的因素较多，掌握钢管桁架结构计算分析的假定、构造要求、节点计算方法，是学好本章的关键。

结合目前工程应用情况，介绍了3D3S空间结构设计系统中钢管桁架结构模块的设计过程和钢管桁架结构施工图的表达方式，为学生学习这类结构的计算与设计提供参考。

习 题

1. 思考题

（1）钢管结构的优越性能主要表现在哪些方面？

（2）钢管结构的节点视为铰接需满足的条件是什么？

（3）钢管结构的构造要求有哪些？

（4）钢管桁架结构设计有哪些步骤？

2. 设计题

某工程屋盖檐口标高为 18m，两边支承在下部钢筋混凝土柱上，采用圆管平面桁架结构，桁架跨度 21m，榀间距为 6m，共 6 榀。屋面材料为压型钢板、玻璃丝棉保温层，屋面檩条为冷弯薄壁型钢（屋面永久荷载可取 $0.25kN/m^2$），基本风荷载为 $0.35kN/m^2$，基本雪荷载为 $0.45kN/m^2$，屋面活荷载为 $0.5kN/m^2$，结构的安全等级为二级，设计使用年限为 50 年，抗震设防烈度为 6 度。

要求：① 完成钢管桁架结构及屋面檩条计算书。

② 绘制结构施工图，包括支座预埋件布置图、桁架结构平面布置图、桁架展开图、屋面檩条布置图、支座详图。

第5章 钢网架结构设计

思维导图

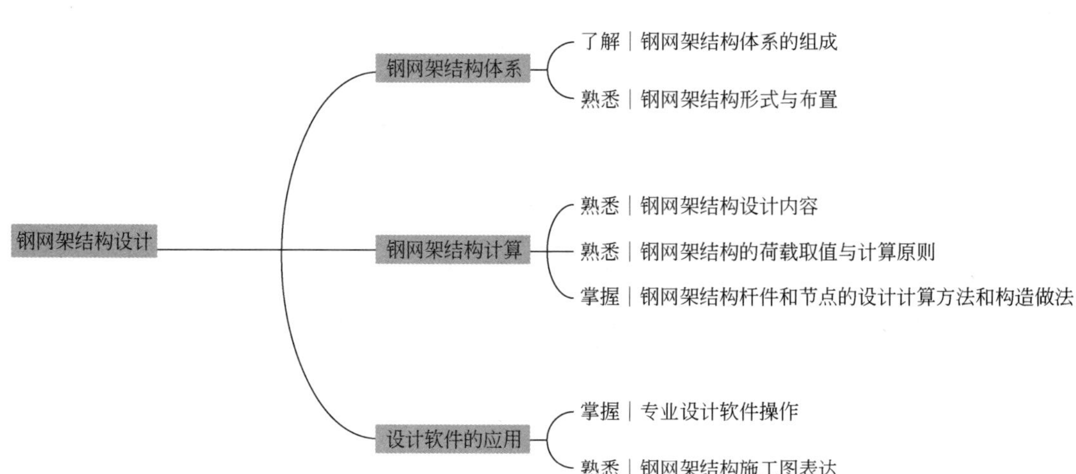

引例

钢网架结构作为大跨度结构的典范，具有空间受力大、自重轻、刚度大、抗震性能好等优点，经常被用作体育馆、影剧院、展览厅、候车厅、体育场、飞机库、双向大柱距车间等建筑的屋盖，使用较为广泛。

图 5.1 为某加油站顶棚发生垮塌后的照片，从照片中我们可以看出该网架为一正放四角锥网架。事故发生在 2009 年 11 月 9 日至 12 日，当地普降特大暴雪，沉重的积雪使得加油站顶棚网架不堪重负，发生垮塌，导致 12 个加油机被砸坏，一辆小轿车被压，造成了巨额经济损失。

工程中钢网架垮塌的原因很多，一部分是钢网架本身设计不合理，一部分是施工单位在施工时没有严格把关，施工质量不合格。当然还有其他一些导致钢网架垮塌的原因，如遭受罕见的自然灾害等。希望通过本章的学习，读者能掌握钢网架结构设计中的结构选形、荷载取值、构选要求和设计方法等专业知识。

图 5.1 某加油站顶棚发生垮塌后的照片

5.1 钢网架的常用形式及选择

钢网架的空间网格结构是由许多杆件按一定规律布置，通过节点连接而形成的一种高次超静定的空间杆系结构。其外形可以呈平板状或曲面状，前者称平板网架，后者称曲面网架，钢网架结构杆件以钢制管材为主。本章主要介绍平板网架结构的设计。

5.1.1 平板网架的分类及特点

平板网架具有空间刚度大、整体性强、稳定性好，工厂预制、现场安装和施工方便等优点，已成为当前大跨度结构中发展较快的一种结构形式。

在对平板网架结构分类时，采取不同的分类方法，可以划分出不同的网架结构形式。

1. 按结构组成分类

（1）双层网架。

双层网架具有上下两层弦杆及腹杆，由上下平放的网架作表层，分别称为上弦杆和下弦杆，连接上下两个表层的杆件为腹杆，如图5.2所示。双层网架是最常用的网架结构形式。

（2）三层网架。

三层网架有上中下三层弦杆及上下腹杆，如图5.3所示。该类型网架强度和刚度都比双层网架有很大提高，一般情况下，三层网架弦杆内力比双层网架降低25%～60%，扩大了螺栓球节点的应用范围，减小了腹杆长度，便于制作和安装，在跨度较大的工程中应用较多。在实际应用时，当跨度$l>50$m时，可酌情考虑三层网架；当跨度$l>80$m时，应当优先考虑三层网架。

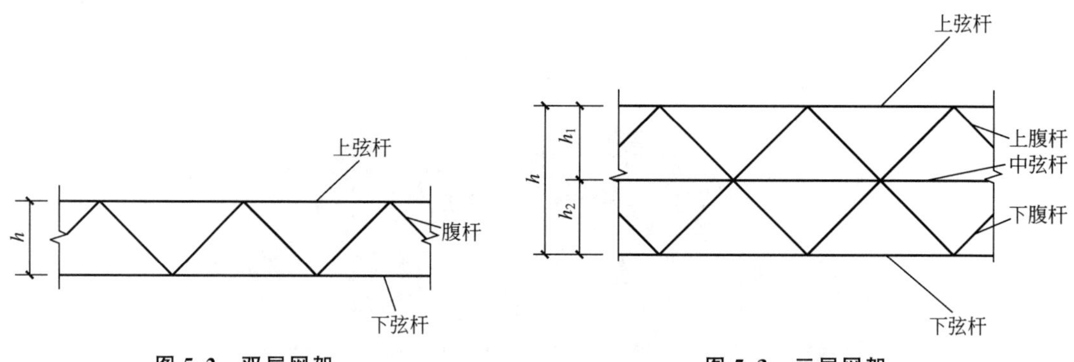

图5.2　双层网架　　**图5.3　三层网架**

（3）组合网架。

根据不同材料物理力学性质，组合网架的结构所用的材料不同。由于上弦杆一般为受压杆件，故通常利用混凝土楼板替代上弦杆，能较好地发挥混凝土楼板的受压性能。对跨度不大于40m的多层建筑的楼盖及跨度不大于60m的屋盖，可采用以钢筋混凝土板代替上弦的组合网架结构。这种网架结构形式的刚度大，适宜于建造活动荷载较大的大跨度楼层结构。

2. 按支承情况分类

（1）周边支承网架。

周边支承网架是目前采用较多的一种结构形式，所有边界节点都搁置在柱或梁上，传力直接，网架受力均匀，如图5.4所示。当网架支承于柱顶时，网格宽度可与柱距一致；当网架支承于圈梁时，网格尺寸根据需要确定，网格划分比较灵活，可不受柱距影响。

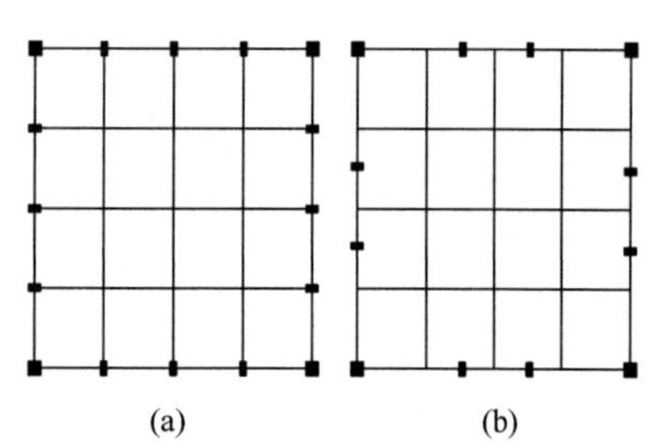

图5.4　周边支承网架

（2）点支承网架。

点支承网架是网架仅搁置在几个支座节点上，一般有四点支承和多点支承两种情形，如图5.5所示。点支承网架在一些柱距要求较大的公用建筑（如展览厅、加油站等）和工业厂房应用较多。由于支承点较少、支承点处集中受力较大，对跨度较大的网架结构，为了使通过支点的主桁架及支点附近的杆件内力不至过大，宜在支承点处设置柱帽以扩散反力。柱帽可设置于下弦平面之下或上弦平面之上，也可用短柱将上弦节点直接搁置于柱顶，如图 5.6所示。同时，宜在周边设置悬挑，以减小网架跨中杆件的内力和挠度。

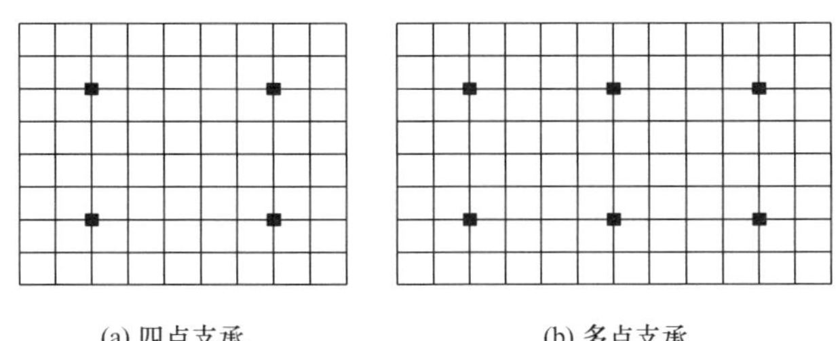

(a) 四点支承　　(b) 多点支承

图 5.5　点支承网架

(a)　　(b)　　(c)

网架结构
现场安装

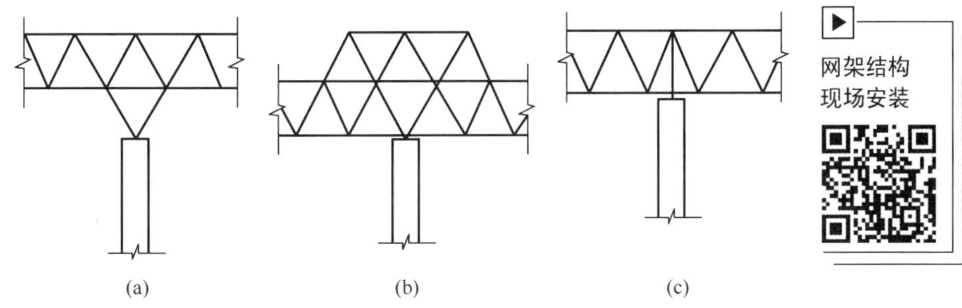

图 5.6　点支承网架柱帽设置

（3）点支承与周边支承相结合的网架。

在点支承网架中，当周边没有维护结构和抗风柱时，可采用点支承与周边支承相结合的形式，如图 5.7 所示。某些大型展览厅等公用建筑或工业厂房采用周边支承网架时，结合建筑平面布置，也可在内部布置一些点支承，以改善其受力性能。

（4）三边或两对边支承的网架。

在矩形平面的建筑中，考虑到建筑进出口等要求，需要在一边或两对边开口，使网架仅在三边或两对边支承，另一边或两对边为自由边，如图 5.8 所示。开口边为自由边，对网架的受力是不利的，应在开口边增加网架层数或网架高度；对中、小跨度网架，可局部加大杆件截面尺寸，且开口边必须形成竖直或倾斜的边桁架以保证整体刚度。

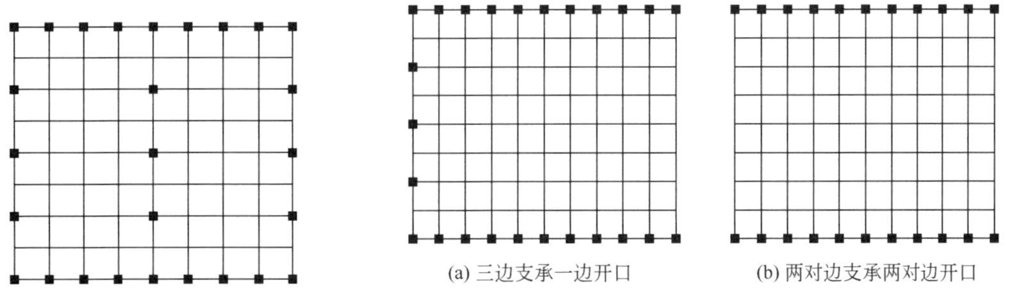

图 5.7　点支承与周边支承相结合的网架

(a) 三边支承一边开口　　(b) 两对边支承两对边开口

图 5.8　三边支承一边开口或两对边支承两对边开口的网架

3. 按跨度分类

网架结构按跨度分类时，一般用其短向跨度 L_2 来衡量。短向跨度 $L_2 \leqslant 30$m 的网架称

为小跨度网架；短向跨度 30m＜L_2≤60m 的网架称为中跨度网架；短向跨度 L_2＞60m 的网架称为大跨度网架。

近些年，随着技术不断发展，网架跨度不断增大，出现了所谓的特大跨度网架和超大跨度网架，但目前还没有对特大跨度和超大跨度网架给出准确的定义。工程中一般认为，短向跨度 L_2＞90m 或 120m 的网架称为特大跨度网架；短向跨度 L_2＞150m 或 180m 的网架称为超大跨度网架。

4. 按网架结构形式分类

根据《空间网格结构技术规程》（JGJ 7—2010）的规定，目前常采用的网架结构可分为 3 个体系 13 种网架结构形式。

（1）交叉桁架体系。

交叉桁架体系是由若干相互交叉的竖直平面桁架组成的，一般应设计成斜腹杆受拉，竖腹杆受压，竖腹杆与弦杆相互垂直，斜腹杆与弦杆之间夹角宜为 40°～60°，上下弦杆和腹杆在同一垂直平面内。当平面桁架沿两个方向相交，交角为 90°时称为正交；交角为其他任意角度时，称为斜交。当平面桁架沿三个方向相交时，其交角一般为 60°。组成网架的竖向平面桁架，与边界相互垂直（或平行）时称为正放，与边界方向斜交时称为斜放。

① 两向正交正放网架。

两向正交正放网架，如图 5.9 所示，也称井字形网架，它是由互成 90°的两组平面桁架交叉而成，桁架与边界平行或垂直，上下弦平面的网格尺寸相同，同一方向的各平面桁架长度一致，这种形式的网架构件种类相对较少，制作、安装较为简便。

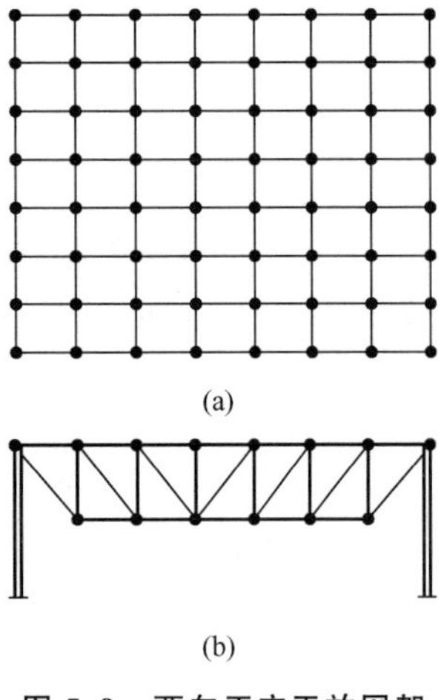

(a)

(b)

图 5.9　两向正交正放网架

由于上下弦平面均为方形网格，属于几何可变体系，应适当设置上下弦水平支撑，以增加结构的空间刚度，保证结构的几何不变性，从而有效地传递水平荷载。两向正交正放网架的受力状况与其平面尺寸及支承情况关系很大，周边支承的正方形和接近正方形的平面网架，其两个方向桁架弦杆的受力比较均匀、内力相差不大；长宽比较大的双向正交网架，其长方向桁架弦杆内力比短方向桁架弦杆小很多；点支承网架杆件内力相差较为悬殊，支承点附近杆件及主桁架跨中弦杆内力很大，而其他部位杆件内力相对较小。两向正交正放网架通常用于正方形或接近正方形的建筑平面，支座宜为周边支承、四点支承或多点支承。

② 两向正交斜放网架。

两向正交斜放网架（图 5.10）由两组平面桁架相互垂直交叉而成，弦杆与网架主要边界成 45°。两向正交斜放网架中同时存在着长桁架（图 5.10 中 AB）和短桁架（图 5.10 中 CD）。靠近角部的桁架为短桁架，其长度较小、相对线刚度较大，对与其垂直的长桁架有一定的弹性支承作用。长桁架在支座处产生负弯矩，减小了跨中正弯矩，使结构受力得到改善，与两向正交正放网架相比更为经济。由于长桁架两端有负弯矩，四角支座将产生较大拉力，需要考虑设置特殊的拉力支座。

两向正交斜放网架经济性好，适用于正方形和长方形的建筑平面，当其跨度较大时的经济性更为突出，是工程中使用较多的一种网架结构形式。

③ 两向斜交斜放网架。

两向斜交斜放网架由两组平面桁架斜向相交而成，桁架沿两个方向的夹角宜为30°～60°，弦杆与主要边界的夹角为锐角。由于两组桁架相互斜交，这类网架在网格布置、构造、计算分析和制作安装上都比较复杂，受力性能也比较差，一般不适用。

④ 三向网架。

三向网架由三组互成60°的平面桁架相交而成，如图5.11所示。三向网架上下弦平面的网格均为正三角形，基本组成单元为三棱体的几何不变体系。这类网架空间刚度大，抗弯、抗扭性能都较好，受力比较均匀，三个方向都能很好地将力传递到支承系统。三向网架除有这些优点外，当然也有一些不足之处，其在构造上汇交于一个节点的杆件数量多（最多可达13根），这样使得节点构造比较复杂。三向网架宜采用圆管作杆件，节点采用焊接球，适用于建筑平面为三角形、六边形和圆形等平面形状比较规则的大跨度结构屋盖。

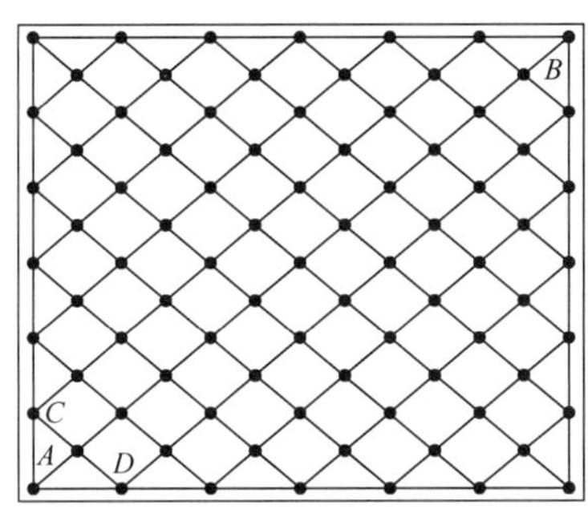

图5.10 两向正交斜放网架

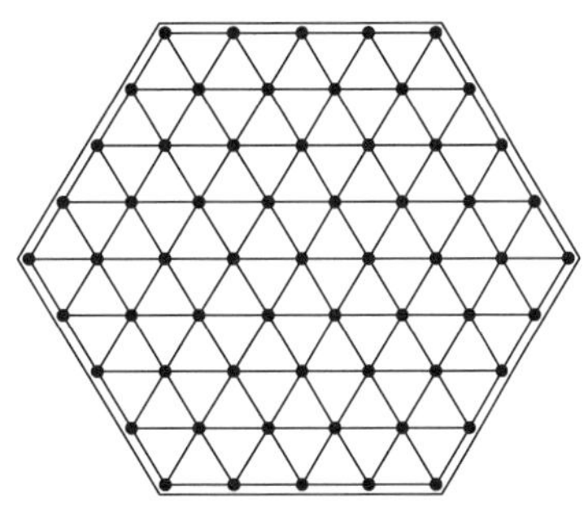
图5.11 三向网架

(2) 四角锥体系。

四角锥体系网架的组成单元是倒置的四角锥体，上下弦平面网格呈正方形（或接近正方形的矩形）且相互错开半格，下弦网格的角点与上弦网格的形心点对准，上下弦节点间以腹杆相连。四角锥体系网架有以下5种形式。

① 正放四角锥网架。

正放四角锥网架由倒置的四角锥体为基本单元连接而成，锥底的四边为网架的上弦杆，锥棱为腹杆，各锥顶相连杆件为下弦杆，如图5.12所示。上下弦网格尺寸相同，故其上下弦杆等长，杆件种类相对较少，便于制作和安装，有利于屋面板规格的统一。当腹杆与下弦平面夹角为45°时，网架所有杆件长度相等。由于网架弦杆均与边界正交，故称为正放四角锥网架。

正放四角锥网架的优点是网架杆件受力较为均匀，空间刚度比其他四角锥网架及两向网架要好；屋面板规格单一，便于起拱，屋面排水较容易处理。其缺点是杆件数量较多，用钢量略高。

正放四角锥网架适用于正方形或接近正方形的建筑平面，支承为周边支承、四点支承或多点支承的屋盖结构；同时适用于屋面荷载较大、柱距较大的点支承及设有悬挂吊车的工业厂房。

② 正放抽空四角锥网架。

正放抽空四角锥网架是在正放四角锥网架的基础上，除周边网格不动外，跳格抽掉一些四角锥单元中的腹杆和下弦杆，使得下弦网格尺寸扩大一倍，如图5.13所示。若将未抽空的四角锥部分看作梁，正放抽空四角锥网架就类似于交叉梁体系，虽然结构刚度由于抽空而减小，但仍能满足工程要求，抽空部分可作采光天窗。正放抽空四角锥网架杆件数量较少、构造简单、起拱方便，同时降低了用钢量。其下弦内力较正放四角锥放大约1倍，在工程上使用得也比较多。它适用于建筑平面为正方形或长方形的周边支承、四点支承；其跨度不宜过大，以中、小跨度为主。

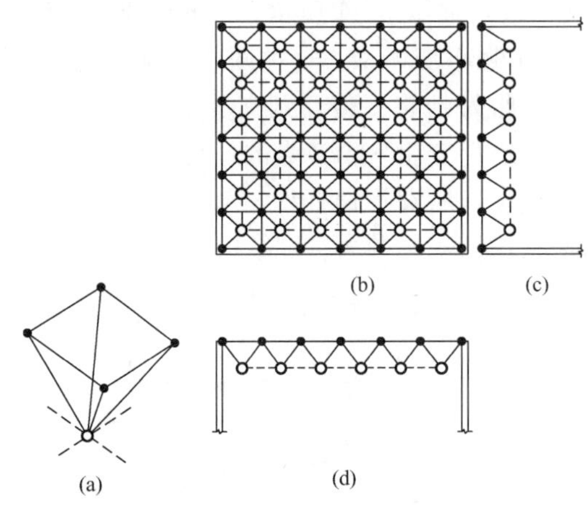

图5.12　正放四角锥网架

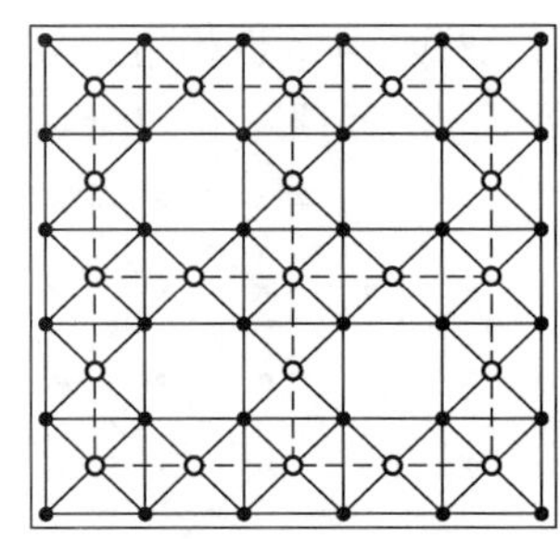

图5.13　正放抽空四角锥网架

③ 斜放四角锥网架。

斜放四角锥网架以倒四角锥为基本组成单元，网架的上弦杆与边界为45°呈正交斜放，下弦正交正放，上弦杆较短，下弦杆较长，腹杆与下弦杆在同一垂直平面内，如图5.14所示。在周边支承情况下，一般上弦为压杆，下弦为拉杆。汇交于上弦节点的杆件为6根，汇交于下弦节点的杆件为8根，故杆件相对较少、用钢量较省、经济性好。当选用钢筋混凝土屋面板时，由于上弦网格呈正交斜放、屋面板规格较多，屋面排水坡的形成较困难。当采用压型钢板屋面时，屋面排水坡的处理相对容易些。

当平面长宽比为1～2.5时，长跨跨中下弦内力大于短跨跨中下弦内力；当平面长宽比大于2.5时则相反。当平面长宽比为1～1.5时，上弦杆的最大内力不出现在跨中，而是在网架1/4平面的中部，这些内力分布规律与普通简支平板内力分布规律是完全不同的。

斜放四角锥网架适用于中、小跨度周边支承或周边支承与点支承相结合的方形或矩形平面（长边与短边之比小于2）的建筑。

④ 星形四角锥网架。

星形四角锥网架基本为两个倒置的三角形小桁架相垂直交叉而成，在交点处有一根共用的竖杆，平面形状如同天上的星星。小桁架底边构成网架上弦，它们与边界成45°。竖杆设置于两个小桁架交汇处，各单元顶点相连即为下弦杆，斜腹杆与上弦杆在同一垂直平面内，如图5.15所示。上弦为正交斜放，内力大小对应相等，一般为压杆，但在网架角部可能为拉杆。下弦为正交正放，上弦杆比下弦杆短，受力合理。竖杆为压杆，内力等于上弦节点荷载。网架的受力情况接近交叉梁系，刚度稍差于正放四角锥网架。星形四角锥网架受力情况接近平面桁架体系，但整体刚度相比正放四角锥网架有所减小，适用于中、小跨度周边支承的屋盖结构。

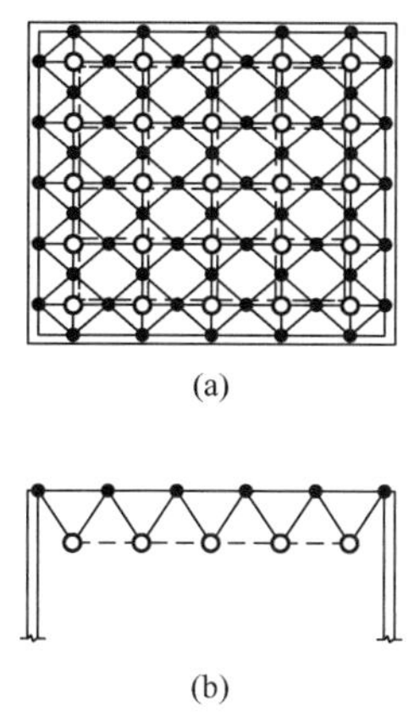

(a)

(b)

图 5.14 斜放四角锥网架

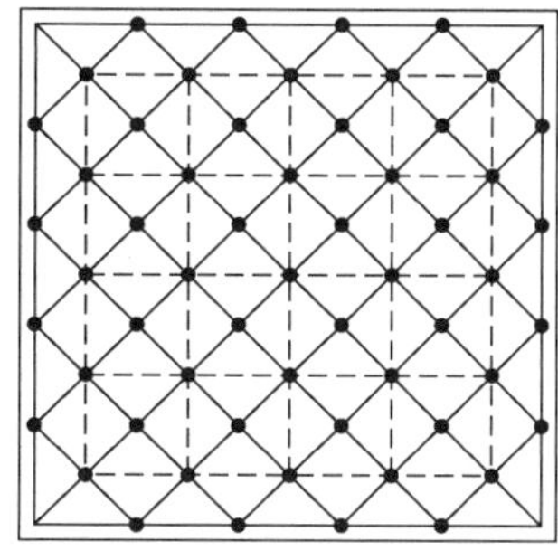

图 5.15 星形四角锥网架

⑤ 棋盘形四角锥网架。

棋盘形四角锥网架得名于其形状与国际象棋的棋盘相似，它是在正放四角锥网架的基础上，将中间的四角锥间隔抽空设置，上弦为正交正放，下弦为正交斜放，如图 5.16 所示。

这种网架上弦杆较短，下弦杆较长，周边支承时，上弦杆受压，下弦杆受拉，受力合理；网架周边满锥，刚度较好，空间作用能得到保证。棋盘形四角锥网架适用于小跨度周边支承的网架结构。

(3) 三角锥体系。

三角锥体系网架是以倒置的三角锥体作为基本单元。锥底的三边组成正三角形上弦杆，三角锥的三条棱组成腹杆，锥顶用杆件相连即为下弦杆。根据三角锥单元体布置，上下弦网格可为正三角形或正六边形，构成 3 种不同的三角锥网架。三角锥网架刚度大、受力均匀，应用较为广泛。

① 三角锥网架。

三角锥网架（图 5.17）上下弦面均为三角形网格，倒置三角锥的锥顶位于上弦三角形的形心。这种三角锥网架的特点是受力均匀，抗弯和抗扭刚度好。当三角锥网架高度满足 $h=\sqrt{2/3}S$（S 为网格尺寸）时，所有上下弦杆和腹杆等长。三角锥网架一般采用焊接空心球节点或螺栓球节点，汇交于上下弦节点的杆件数均为 9。三角锥网架适用于三角形、六边形、圆形、扇形等建筑平面，可用于大、中跨度及重屋盖的建筑物。

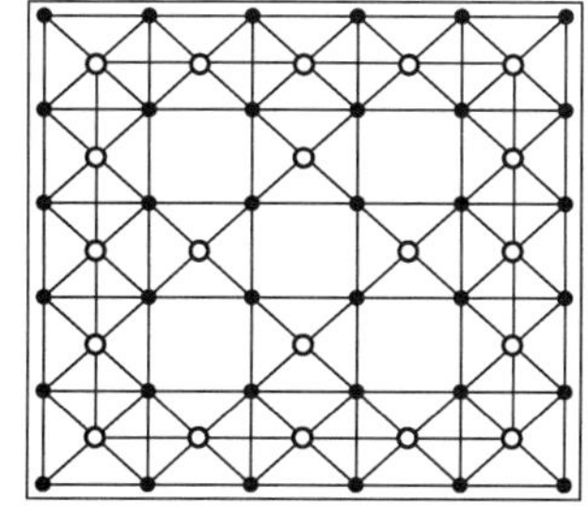

图 5.16 棋盘形四角锥网架

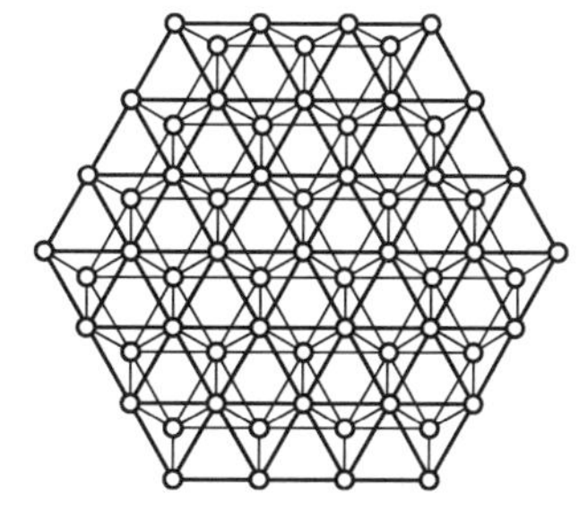

图 5.17 三角锥网架

② 抽空三角锥网架。

抽空三角锥网架是在三角锥网架的基础上，有规律地抽去部分三角锥单元的腹杆和下弦杆得到的。上弦面由三角形网格组成，下弦面由三角形和六边形网格或全为六边形网格组成，前者称为抽空三角锥网架Ⅰ型［图 5.18（a）］，后者称为抽空三角锥网架Ⅱ型［图 5.18（b）］。

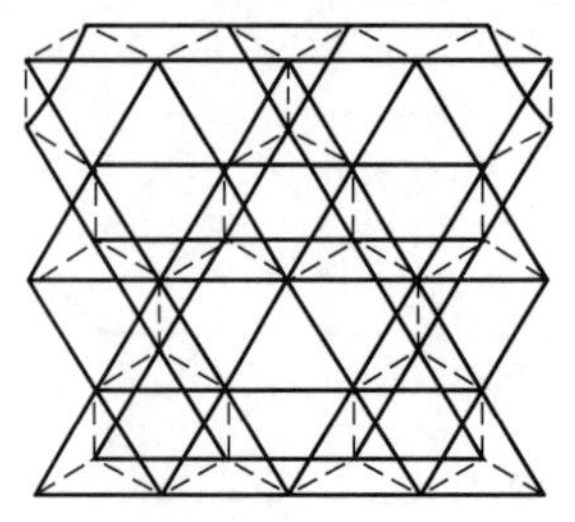

(a) 抽空三角锥网架Ⅰ型

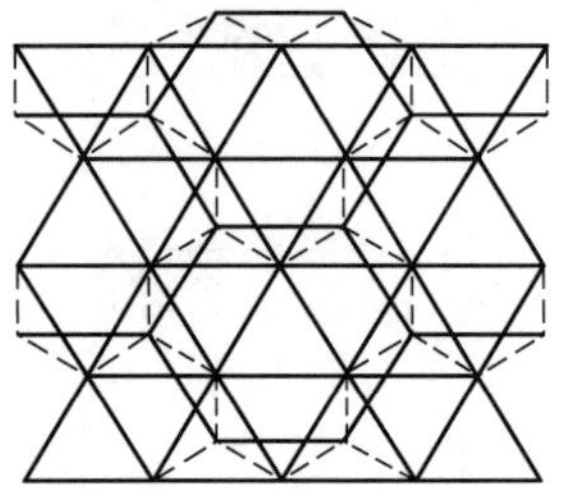

(b) 抽空三角锥网架Ⅱ型

图 5.18　抽空三角锥网架

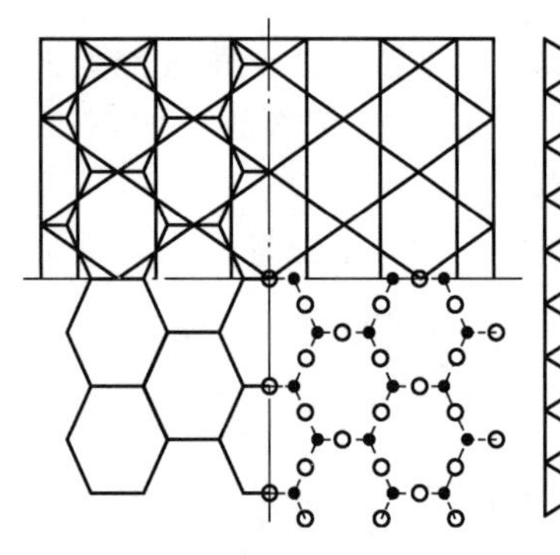

图 5.19　蜂窝形三角锥网架

抽空三角锥网架的杆件数量少、用钢量相对较小，但由于抽掉杆件较多，其刚度不如三角锥网架。为保证其刚度，网架周边宜布置成满锥。

抽空三角锥网架适用于荷载较小的中、小跨度的三角形、六边形、圆形和扇形平面的建筑。

③ 蜂窝形三角锥网架。

蜂窝形三角锥网架（图 5.19）得名于其形状与蜜蜂的蜂巢相似，它由倒置的三角锥组成，但排列方式与前述三角锥网架有所不同。上弦面为正三角形和正六边形网格，下弦面呈单一的正六边形网格，腹杆与下弦杆在同一垂直平面内。上弦杆较短，承受压力；下弦杆较长，承受拉力；其受力合理。汇交于每个节点的杆件只有 6 根，是常用网架中杆件数和节点数最少的。

5.1.2　网格尺寸与网架高度

网架的网格尺寸应按上弦面划分，它的大小与网架的经济性有很大的关系。网架的网格高度与网格尺寸应根据跨度大小、荷载条件、柱网尺寸、支承情况、网格形式、构造要求和建筑功能等因素确定。网架在短向跨度的网格数不宜小于 5，确定网格尺寸时宜使相邻杆件间的夹角大于 45°，且不宜小于 30°。

当网架结构采用无檩体系屋面时，其网格尺寸不宜过大，以 2～4m 为宜，否则会由于屋面板太大而增加结构自重，并且吊装比较困难。当采用有檩体系屋面时，网格尺寸受到檩条长度的限制，一般不小于 6m。当网格尺寸大于 6m 时，随着网格尺寸的增加，网架用钢量增加较快。

网架高度对网架空间刚度影响较大，同时对网架中杆件的内力、腹杆与弦杆的相对位置有影响。表 5-1 是同边支承网架上弦网格数和跨高比的建议值，当跨度在 18m 以下时，网格数可适当减少。

表 5-1 同边支承网架上弦网格数和跨高比的建议值

网架形式	钢筋混凝土屋面体系		钢檩条屋面体系	
	网格数	跨高比	网格数	跨高比
两向正交正放网架、正放四角锥网架、正放抽空四角锥网架	(2～4) +0.2L_2	10～14	(6～8) +0.07L_2	(13～17) -0.03L_2
两向正交斜放网架、斜放四角锥网架	(6～8) +0.08L_2			

5.1.3 网架结构选形

网架结构的形式很多，影响网架结构选形的因素也是多方面的，如建筑的平面形状和尺寸大小、网架的支承方式、荷载大小、屋面构造、建筑构造要求、制作安装方法等。网架形式选择是否得当，对网架结构的技术经济指标、制作安装质量及施工进度等均有直接影响。

平面形状为矩形的周边支承网架，当其边长比（长边与短边之比）小于或等于 1.5 时，宜选用正放四角锥网架、斜放四角锥网架、棋盘形四角锥网架、正放抽空四角锥网架、两向正交斜放网架、两向正交正放网架。当其边长比大于 1.5 时，宜选用两向正交正放网架、正放四角锥网架或正放抽空四角锥网架。平面形状为矩形、三边支承一边开口的网架可按上述情况进行选形，但开口边必须具有足够的刚度并形成完整的边桁架，当刚度不满足要求时可采用增加网架高度、增加网架层数等办法加强。平面形状为矩形、多点支承的网架可根据具体情况选用正放四角锥网架、正放抽空四角锥网架、两向正交正放网架。

平面形状为圆形、正六边形及接近正六边形等周边支承的网架，可根据具体情况选用三向网架、三角锥网架或抽空三角锥网架。中小跨度也可选用蜂窝形三角锥网架。

大跨度网架选形时，由于其相比中、小跨度网架更为重要，工程上用得较多的是设计与施工经验比较丰富、技术比较成熟的两向正交正放网架、两向正交斜放网架和三向网架等平面格架系组成的网架结构。

从屋面构造情况来看，正放类型的网架屋面板规格整齐单一，上弦面网格较大，屋面板的规格也大。斜放类型的网架屋面板规格有两三种，上弦面网格较小，屋面板的规格也小。

从节点构造要求来看，焊接空心球节点可以适用于各类网架；焊接钢板节点则以选用两向正交类的网架为宜；螺栓球节点则要求网架相邻杆件的内力不能相差太大。

当考虑网架制作时，交叉平面桁架体系较三角锥体系和四角锥体系简便，正交比斜交方便，两向比三向简单。

从安装方面考虑，特别是采用分条或分块吊装方法施工时，正放类网架比斜放类网架方便。因为斜放类网架在分条或分块后，可能因刚度不足或几何可变而需增设临时杆件。

总之，在网架选形时，必须根据经济合理、安全实用的原则，结合实际情况进行综合分析比较而确定。

5.2 钢网架结构的几何不变性分析

对组成钢网架结构的基本单元进行分析时，一般有两种类型和两种分析方法。

1. 两种类型

(1) 自约结构体系——自身就为几何不变体系。

(2) 它约结构体系——需要加设支承杆才能成为几何不变体系。

2. 两种分析方法

(1) 以一个几何不变的单元为基础，通过三根不共面的杆件交出一个新节点所构成的结构网架也为几何不变，照此延伸。

(2) 以总刚度矩阵为研究对象的分析方法。

在平面里，我们定义图5.20 (a) 所示的由两根杆件与基础组成的铰接三角形，受到任意荷载作用时，若不考虑材料的变形，则其几何形状与位置均能保持不变，这样的体系称为几何不变体系。图5.20 (b) 所示的铰接四边形，即使不考虑材料的变形，在很小的荷载作用下也会发生机械运动而不能保持原有的几何形状和位置，这样的体系称为几何可变体系。空间结构的几何不变性分析与平面体系的机动分析有很多类似的地方。

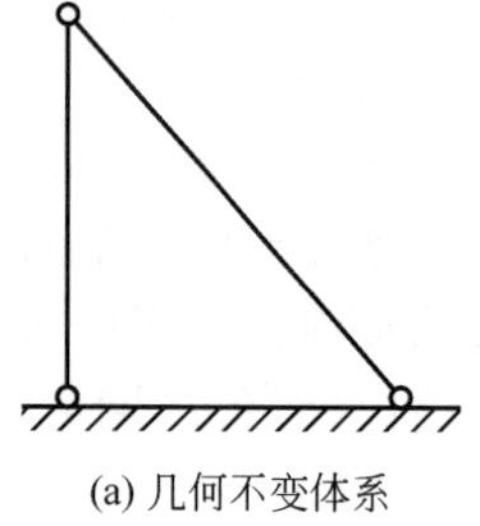

(a) 几何不变体系

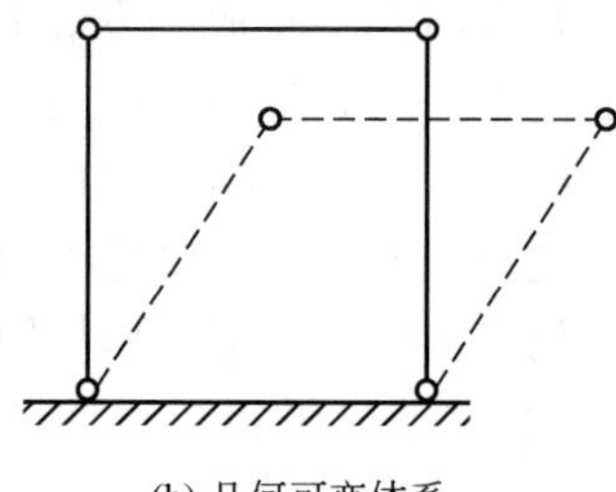

(b) 几何可变体系

图5.20 几何不变体系和几何可变体系

在平面内，三角形是几何不变的最小单元；在空间中，三角锥［图5.21 (a)］是几何不变的最小单元。由这些几何不变的最小单元构成的网架结构也一定是几何不变的稳定体系，这种体系为自约结构体系［图5.21 (b)］。要是一个自约结构体系在空间是静定的，其外部必须由6根以上的支承约束链杆。四角锥本身是几何可变的单元，但在锥底面增加一根链杆，也可组成一个结构不变的稳定单元，这种依靠其他链杆的约束作用才能保持几何不变的基本单元所构成的结构体系称为它约结构体系［图5.21 (c)］。

网架结构是一个铰接的空间杆系结构，因此，每个节点都有3个独立的线位移，需要用3根杆件加以约束。同时，为了保证网架结构的几何不变性，其外部必须有6个以上的支承约束链杆。对于具有 j 个节点的网架结构，其几何不变性的稳定判别式见式(5-1)。

$$m+r-3j\geqslant 0 \text{ 或 } m\geqslant 3j-r \tag{5-1}$$

式中 m——网架杆件数；

r——支承约束链杆数 ($r\geqslant 6$)；

j——网架节点数；

3——系数，表示一个空间节点有3个独立的自由度。

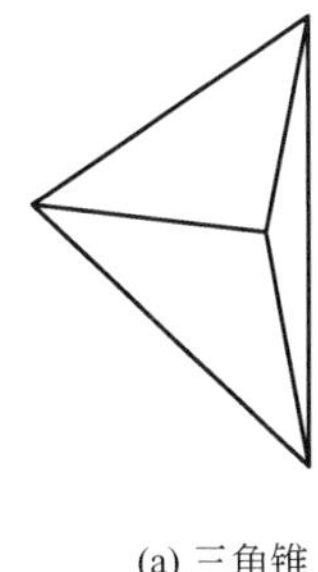

(a) 三角锥

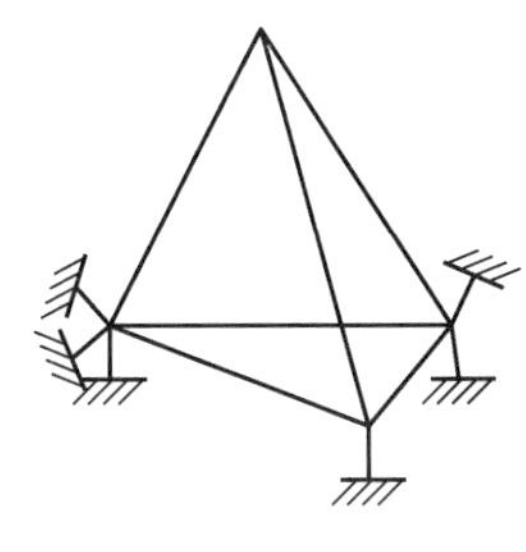

(b) 自约结构体系

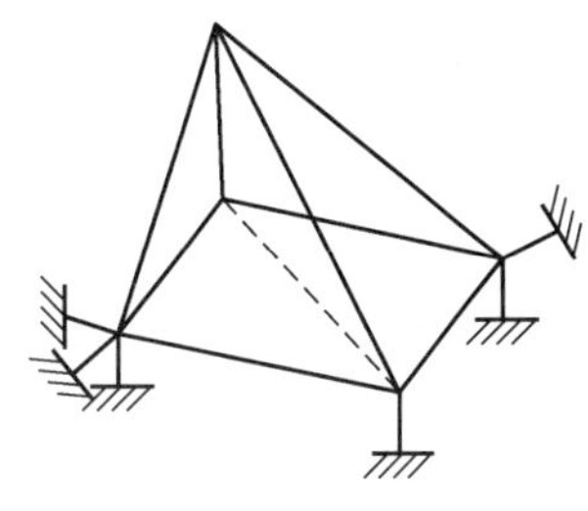

(c) 它约结构体系

图 5.21 三角锥及自约结构体系和它约结构体系

由此可以知道：

当 $m=3j-r$ 时，网架结构为静定结构；

当 $m>3j-r$ 时，网架结构为超静定结构；

当 $m<3j-r$ 时，网架结构为几何可变结构。

由于网架结构的组成有许多形式，所以即使满足式(5-1）的条件，也不一定能保证结构几何不变性。即稳定判别式仅仅是判断空间结构几何可变的必要条件，而不是充分条件。要确保网架结构的几何不变性还必须满足结构几何不变的充分条件，即应使网架具有合理的组成。网架结构几何不变的充分条件是：从一个几何不变的基本单元开始，连续不断地通过 3 根不共面的杆件交出一个新节点所构成的结构仍是一个几何不变结构。在进行网架结构几何不变性分析时，还应该注意结构体系不应是瞬变的。因此，网架结构几何不变性分析必须满足两个条件：一是具备必要的约束数量，否则就是可变体系；二是约束布局要合理，布局不合理既使满足约束数量也会是可变体系。

根据以上原则，不难对各种形式的网架进行几何不变性分析。

随着计算机应用的发展，可通过对结构总刚度矩阵的检查来实现网架结构几何不变性分析。如果考虑了边界条件后的结构总刚度矩阵［$\boldsymbol{K}$］为非奇异矩阵，即该矩阵的行列式 $|\boldsymbol{K}|$ 不等于零，则所求的网架位移和杆件内力是唯一解，网架结构为自约结构体系。如结构总刚度矩阵［$\boldsymbol{K}$］是奇异矩阵，即矩阵的行列式 $|\boldsymbol{K}|$ 等于零，则一般无法求出网架位移和杆件内力的正常值，此时网架结构为它约结构体系。需要特别提出的是，当 $|\boldsymbol{K}|=0$ 时，在某种荷载作用下，网架位移（或杆件内力）也可能得出一定值（非正常值），但并不能说明这个结构是自约结构体系，采用零载法（在结构刚度方程的右端项输入零荷载）可进一步判断网架结构是否几何可变。空间结构的几何不变性是一个非常重要的问题，是钢网架结构设计的前提条件。

5.3 钢网架作用效应计算

5.3.1 荷载代表值

钢网架结构的荷载和作用主要有永久荷载、可变荷载、温度作用及地震作用。对永久荷载应采用标准值作为其代表值，可变荷载应根据设计要求采用标准值、组合值、频遇值、或准永久值作为其代表值，而对偶然荷载（温度作用、地震作用）应按建筑结构使用的特点确定其代表值。

1. 永久荷载

永久荷载是指在结构作用期间，其值不随时间变化，或其变化值与平均值相比可以忽略不计，或变化是单调的并能趋于限值的荷载。作用在网架结构上的永久荷载包括网架结构、楼面结构或屋面结构、保温层、防水层、吊顶、设备管道等材料的自重，上述前两项必须考虑，后几项应根据工程实际情况来确定。永久荷载标准值可以按结构构件的设计尺寸和材料单位体积的自重确定结构自重。网架结构杆件一般采用钢材，它的自重可通过计算机计算。一般根据钢材容重 $\gamma=78.5\text{kN/m}^3$，可预先估算网架单位面积自重（以下简称自重荷载）。双层网架自重荷载标准值可按式(5－2）估算。

$$g_{0k}=\xi\sqrt{q_w}L_2/200 \tag{5-2}$$

式中 g_{0k}——网架自重荷载标准值；

L_2——网架的短向跨度；

q_w——除网架自重荷载外的屋面荷载或楼面荷载的标准值；

ξ——系数（杆件采用钢管的网架，$\xi=1.0$；采用型钢的网架，$\xi=1.2$）。

其他永久荷载参阅《建筑结构荷载规范》（GB 50009—2012）（以下简称荷载规范）。

2. 可变荷载

可变荷载是在结构使用期间，其值随时间变化，且其变化值与平均值相比不可忽略不计的荷载。作用在网架结构上的可变荷载包括屋面活荷载或楼面活荷载、风荷载、雪荷载、积灰荷载及悬挂吊车荷载。

(1) 屋面活荷载或楼面活荷载。一般不上人的网架，屋面活荷载标准值一般取 0.5kN/m^2。楼面活荷载根据工程性质查阅荷载规范。

(2) 风荷载。风荷载标准值见式(5－3)

$$w_k=\beta_z\mu_s\mu_z w_0 \tag{5-3}$$

式中 ω_k——风荷载标准值；

β_z——z 高度处的风振系数；

μ_s——荷载体型系数；

μ_z——风压高度变化系数；

ω_0——基本风压值。

以上系数取值参阅荷载规范，需要指出的是，在网壳结构中，风振系数 β_z 的取值比较复杂，与结构的跨度、矢高、支撑条件等因素有关，即使在同一标高处，β_z 值也不一定相同。

(3) 雪荷载。雪荷载与屋面活荷载不必同时考虑，取两者的较大值。

(4) 积灰荷载及吊车荷载。对于屋面上易形成积灰处，当设计屋面板、檩条时，积灰荷载标准值应乘以相应的增大系数。增大系数的取值规定如下。

① 在高低跨处两倍于屋面高差但不大于 6.0m 的分布宽度内取 2.0。

② 在天沟内不大于 3.0m 分布宽度内取 1.4。

积灰荷载应与屋面活荷载或雪荷载两者中的较大值同时考虑。积灰荷载与吊车荷载具体取值按荷载规范的规定。

3. 温度作用

温度作用指由于温度变化使网架杆件产生的附加温度应力，必须在计算和构造措施中加以考虑。网架结构是超静定结构，在温度场变化下，由于杆件不能自由热胀冷缩，杆件会产生应力，这种应力称为网架的温度应力。温度场变化范围是指施工安装完毕（网架支座与下部结构连接固定牢固）时的气温与当地全年最高或最低气温之差。另外，工厂车间生产过程中引起的温度场变化，可由工艺提出。

当网架结构符合下列条件之一时，可不考虑由于温度变化而引起的内力。

（1）支座节点的构造允许网架侧移，且允许侧移大于或等于网架结构的温度变形。

（2）网架周边支承、网架验算方向跨度小于40m，且支承结构为独立柱。

（3）在单位力作用下，柱顶水平位移大于或等于式(5－4）的计算值。

$$u=\frac{L}{2\xi EA_{\mathrm{m}}}\left(\frac{E\alpha\Delta t}{0.038f}-1\right) \tag{5-4}$$

式中 f——钢材的抗拉强度设计值；

E——材料的弹性模量；

α——材料的线膨胀系数；

Δt——温差；

L——网架在验算方向的跨度；

A_{m}——支承（上承或下承）平面弦杆截面积的算术平均值；

ξ——系数（支承平面弦杆为正交正放时，$\xi=1.0$；支承平面弦杆为正交斜放时，$\xi=\sqrt{2}$；支承平面弦杆为三向时，$\xi=2.0$）。

4. 地震作用

网架结构虽然具有良好的抗震性能，但我国是地震多发国家，地震作用不容忽视。根据《空间网格结构技术规程》（GBJ 7—2010）规定，在抗震设防烈度为6度或7度的地区，网架屋盖结构可不进行竖向抗震验算；在抗震设防烈度为8度或9度的地区，网架屋盖结构应进行竖向抗震验算；在抗震设防烈度为7度的地区，可不进行网架结构水平抗震验算；在抗震设防烈度为8度的地区，对于周边支承的中、小跨度网架可不进行水平抗震验算；在抗震设防烈度为9度的地区，对各种网架结构均应进行水平抗震验算。

在一维地震作用下，对空间网格结构进行多遇地震作用下的效应计算时，可采用振型分解反应谱法；对于体型复杂或重要的大跨度结构，可采用时程分析法进行补充计算。在抗震分析时，应考虑支承体系对网架结构受力的影响。此时，可将网架结构与支承体系共同考虑，按整体分析模型进行计算；也可把支承体系简化为网架结构的弹性支座，按弹性支承模型进行计算。对于体型复杂或较大跨度的空间网格结构，宜进行多维地震作用下的效应分析。进行多维地震效应计算时，可采用多维随机振动分析方法、多维反应谱法或时程分析法。

5.3.2 计算原则

在进行网架结构计算时，应遵循以下计算原则。

（1）网架结构应进行重力荷载及风荷载作用下的位移、内力计算，并应根据具体情况，对地震、温度变化、支座沉降及施工安装荷载等作用下的位移、内力进行计算。网架结构的内力和位移可按弹性理论计算。

（2）对非抗震设计，作用及作用组合的效应应按《建筑结构荷载规范》（GB 50009—2012）进行计算，在杆件截面及节点设计中，应按作用基本组合的效应确定内力设计值；对抗震设计，地震组合的效应应按《建筑抗震设计规范（2016 年版）》（GB 50011—2010）计算。在位移验算中，应按作用标准组合的效应确定其挠度。

（3）分析网架结构和双层网壳结构时，可假定节点连接为铰接，杆件只承受轴向力。

（4）网架结构的外荷载可按静力等效原则将节点所辖区域内的荷载集中作用在该节点上。当杆件上作用有局部荷载时，应另行考虑局部弯曲内力的影响。

（5）网架结构分析时，应考虑上部网架结构与下部支承结构的相互影响。网架结构的协同分析可把下部支承结构折算等效刚度和等效质量作为上部网架结构分析时的条件，也可把上部网架结构折算等效刚度和等效质量作为下部支承结构分析时的条件；还可将上下部结构整体分析。

（6）分析网架结构时，应根据结构形式，支座节点的位置、数量和构造情况，及支承结构的刚度，确定合理的边界约束条件。支座节点的边界约束条件应按实际构造采用可侧移铰接支座、固定铰支座、刚接支座或弹性支座。

（7）网架结构施工安装阶段与使用阶段支承情况不一致时，应按不同支承条件分析计算施工安装阶段和使用阶段在相应荷载作用下的结构位移和内力。

5.3.3 钢网架结构的计算模型

网架结构是一种空间汇交杆件体系，属高次超静定结构。在对网架结构进行分析时，通常假定杆件之间的连接为铰接，即忽略节点刚度和次应力对杆件内力的影响，使问题简单化。虽然假定与实际有所不同，但无数模型试验和工程实践都表明这种假定是完全可以接受的。此外，在进行网架结构设计时，材料都按弹性受力状态考虑，不考虑材料的非线性性质。

在对网架结构进行静动力计算时，进行了以下四个基本假定。

（1）节点为铰接，忽略节点刚度影响，杆件均为二力杆，只承受轴向力。

（2）按小挠度理论计算，网架位移远小于网架高度。

（3）材料在弹性工作阶段，符合胡克定律。

（4）网架只作用节点荷载，如在杆件上作用有荷载时，要等效地转化为节点荷载。

网架结构的计算模型大致可分为四种（图 5.22）。

（1）铰接杆系计算模型。把网架看成铰接杆件的集合，以每根铰接杆件作为网架计算的基本单元，根据每根杆件的工作状态集合，得到整个网架的工作状态，与之前的假定完全吻合。

（2）桁架系计算模型。桁架系计算模型是将网架看作由交叉桁架组成，将每段桁架视为网架计算的基本单元。桁架系计算模型可分为平面桁架系计算模型和空间桁架系计算模型。

（3）梁系计算模型。梁系计算模型是在基本假定的基础上，通过折算的方法把网架简化为交叉梁，以梁段作为网架计算分析的基本单元，把梁的内力再折算为杆件内力，这种模型的计算精确度稍低。

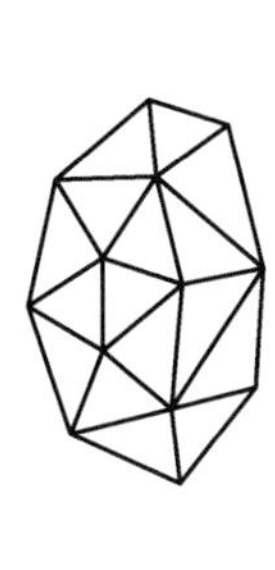
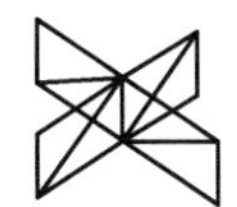

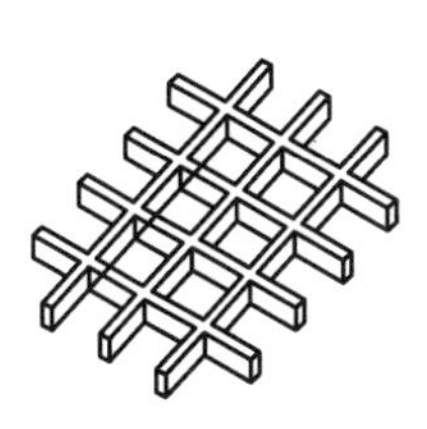
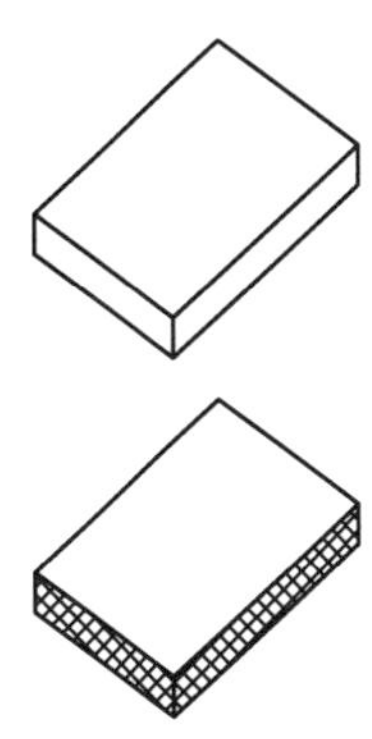

图 5.22 网架结构的计算模型

(4) 平板计算模型。与梁系计算模型相似，平板计算模型是把网架折算等代为平板，按板的理论进行分析。在计算得到板的内力后，把板的内力再折算为杆件内力。平板有单层的普通平板与夹层板之分，所以可将平板计算模型分为普通平板计算模型和夹层板计算模型。

在上述四种计算模型中，前两者是离散型计算模型，比较符合网架本身离散构造的特点，如果不再引入新的假定，采用合适的分析方法，就有可能求得网架结构的精确解；后两者是连续化的计算模型，在分析计算中，必然要增加从离散折算成连续，再从连续回代到离散这样两个过程，而这种折算和回代过程通常会影响结构计算的精度，所以采用连续化的计算模型，一般只能求得网架结构的近似解。连续化的计算模型往往比较单一、不复杂、分析计算方便，或可直接利用现有的解，虽然所求得的解为近似解，只要计算结果能满足工程所需的精度要求，这种连续化的计算模型仍是可取的。

5.3.4 钢网架结构的计算方法

网架结构是一种高次超静定的空间杆系结构，构件数目非常大，因此，要想准确地计算出其内力和位移是非常困难的。在计算过程中需要适当简化，忽略一些次要因素，使得计算结果虽有偏差但仍能符合工程要求。当然，忽略的因素越少，计算模型越接近实际、计算结果越准确，但工作量也会越大。相反，忽略的因素越多，计算越简单，但误差越大。因此，需要适当地取舍。有了计算模型，还需要适当的分析方法，以反映和描述网架的内力和变位状态，并求得这些内力和变位。

网架结构的计算方法通常有精确法和简化法两种，常用的精确法为空间桁架位移法，简化法有拟夹层板法、交叉梁系差分法等。

1. 空间桁架位移法

空间桁架位移法也称矩阵位移法，是一种以网架节点三个线位移作为未知量，所有杆件作为承受轴向力的铰接杆系有限单元分析方法。该方法不仅可用于网架结构的静力分析，还可用于网架结构的地震作用分析、温度应力计算和安装阶段的承载力验算，是目前网架分析中运用最广、最精确的方法。该方法适用于分析不同类型、任意平面形状、具有不同边界条件、承受任意荷载的网架。

空间桁架位移法的基本计算步骤如下。

（1）对杆件单元进行分析。根据胡克定律，建立单元杆件内力与位移之间的关系，形成单元刚度矩阵。

（2）对结构进行整体分析。根据各节点的变形协调条件和静力平衡条件，建立结构的节点荷载和节点位移之间的关系，形成结构的总刚度矩阵和总刚度方程。

（3）根据给定的边界条件，利用计算机求解各节点的位移。

（4）由单元杆件的内力和位移之间的关系求出杆件内力 N。

（5）拉杆按 $N/A \leqslant f$，压杆按 $N/(\varphi A) \leqslant f$ 进行验算。

理论和实践表明，空间桁架位移法的计算结果与结构实际受力相差很小，具有较高的计算精度。现在工程上使用的很多空间网架结构计算软件都是以这种计算方法为基础开发的。

2. 拟夹层板法

把网架结构等代为一块由上下表层与夹心层组成的夹层板，以 1 个挠度、2 个转角共 3 个广义位移为未知函数，采用非经典的板弯曲理论来求解。拟夹层板法考虑了网架剪切变形，可提高网架计算的精度。拟夹层板法计算误差小于 10%，可用于跨度在 40m 以下由平面桁架系或三角锥系或四角锥系组成的网架结构的计算。

3. 交叉梁系差分法

交叉梁系差分法用于由两向平面桁架系组成的网架的一种计算方法，将网架经过惯性矩的折算，使其简化为相应的交叉梁系，然后用差分法进行内力和位移的计算。在计算中，以交叉梁系节点的挠度为未知数，不考虑网架的剪切变形，所以未知数较少。在网架只能进行手算时，几乎都采用这种方法。我国曾采用此法编制了一些相关计算图表，查用方便。

5.4 钢网架结构杆件与节点设计

5.4.1 钢网架结构的杆件

1. 杆件的材料

网架杆件的材料一般采用 Q235 钢和 Q355 钢。当杆件内力较大时，宜采用 Q355 钢，以减轻网架结构自重、节约钢材。杆件采用的钢材牌号和质量等级应符合现行国家标准《钢结构设计标准》（GB 50017—2017）的规定。

2. 杆件的截面形式

网架杆件可采用普通型钢或薄壁型钢，管材宜采用高频焊管或无缝钢管，当有条件时应采用薄壁管型截面。网架杆件按截面形式有圆管、角钢、薄壁型钢，目前工程中使用最多的是壁厚较薄的圆管。薄壁圆管因其相对回转半径大和截面特性无方向性，对受压和受扭有利。一般情况下，圆管截面比其他型钢截面可节约 20%的用钢量。钢管宜采用高频电焊钢管或无缝钢管。

3. 杆件的最小截面尺寸

在选用杆件截面形式时，需要注意的是，每个网架钢管规格不宜过多，以 4～7 种为宜；大型网架不宜多于 7～9 种。网架结构杆件分布应保证刚度的连续性，受力方向相邻的弦杆截面面积之比不宜超过 1.8，多点支承的网架结构其反弯点处的上下弦杆宜按构造要求加大截面面积。

杆件截面的最小尺寸应根据结构的跨度与网格大小确定，普通角钢不宜小于L 50×3，钢管不宜小于 Φ48×3。对大、中跨度空间网格结构，圆管不宜小于 Φ60×3.5。

4. 杆件的计算长度 l_0

杆件的计算长度与汇集于节点的杆件受力状况及节点构造有关。网架节点处汇集杆件较多，且有较多拉杆，节点嵌固作用大，对杆件稳定是有利的。与钢板节点相比，球节点的抗扭刚度大，对压杆的稳定性比较有利。焊接空心球节点比螺栓球节点对杆件的嵌固作用大。确定网架杆件长细比时，其计算长度按表 5-2 采用。

表 5-2 网架杆件的计算长度 l_0

杆件	节点类型		
	螺栓球节点	焊接空心球节点	钢板节点
弦杆与支座腹杆	1.0l	0.9l	1.0l
其他腹杆	1.0l	0.8l	0.8l

注：表中 l 为杆件几何长度（节点中心间距离）。

5. 杆件的容许长细比 [λ]

杆件的长细比 λ 由式(5-5) 计算。

$$\lambda = |l_0 / r_{\min}| \tag{5-5}$$

式中 l_0——杆件计算长度，可查表 5-2；

$r_{\min}$——杆件最小回转半径。

杆件长细比不宜超过其容许长细比 [λ] [式(5-6)]。

$$\lambda \leqslant [\lambda] \tag{5-6}$$

杆件的容许长细比按表 5-3 取值。对于低应力、小规格的受拉杆件，计算其长细比时，宜按受压杆件考虑。

表 5-3 杆件的容许长细比

杆件类型	容许长细比	杆件类型		容许长细比
受压杆构件	180	受拉杆件	一般杆件	300
			支座附近处杆件	250
			直接承受动力荷载标件	250

6. 空间网格结构的容许挠度

空间网格结构在恒荷载与活荷载标准值作用下的最大挠度不宜超过表 5-4 中的容许

挠度。网架安装时可预先起拱，起拱值可取不大于短向跨度的 1/300。当仅为改善外观要求时，空间网格结构最大挠度可取恒荷载与活荷载标准值作用下的挠度减去起拱值。

表 5－4　空间网格结构的容许挠度　　单位：mm

结构体系	屋盖结构（短向跨度）	楼盖结构（短向跨度）	悬挑结构（悬挑跨度）
网架	$l/250$	$l/300$	$l/125$
单层网壳	$l/400$	—	$l/200$
双层网壳 立体桁架	$l/250$	—	$l/125$

注：对于设有悬挂起重设备的屋盖结构，其最大挠度不宜大于结构跨度的 $l/400$。

5.4.2　钢网架结构的节点构造及设计

节点是网架结构的重要组成部分，主要起着连接汇交杆件、传递杆件内力及传递荷裁的作用。网架节点数目众多，用钢量一般占总用钢量的 20%～25%。合理的节点设计对网架结构的安全性能、制作安装、工程进度及工程造价都有直接影响。因此，节点是网架结构的一个重要组成部分，在对网架的节点设计中应给予足够重视。

在进行网架设计时，通常需遵循以下原则。

(1) 受力合理、传力明确、安全可靠的原则。

(2) 构造合理、节点受力状态与假定相符的原则。

(3) 构造简单、制作简便、安装方便的原则。

(4) 经济性原则。

目前，国内常用网架结构节点为焊接空心球节点、螺栓球节点及焊接钢板节点。在进行节点设计时，我们要充分结合网架类型、受力性质、杆件的截面形式、制造工艺、安装方法及施工水平等因素。

1. 焊接空心球节点

焊接空心球节点（图 5.23）在我国应用较早，是应用最为广泛的节点形式之一。它是由两块钢板经加热，压成两个半圆球，然后相对焊接而成的。节点构造和制造均较为简单，球体外形美观、具有万向性，可以连接任意方向的杆件。焊接空心球节点可分为加肋和不加肋两种。空心球的钢材宜采用现行国家标准《碳素结构钢》(GB/T 700—2016) 规定的 Q235B 钢或《低合金高强度结构钢》(GB/T 1591—2018) 规定的 Q355B 钢、Q355C 钢。产品质量应符合现行行业标准《钢网架焊接空心球节点》(JG/T 11—2019) 的规定。

(1) 球体尺寸。

在确定空心球尺寸时，要求连接在空心球上的两杆件净距不小于 10mm，以便于施焊，如图 5.23 所示。空心球外径 D 可按式(5－7) 估算。

$$D \approx (d_1 + d_2 + 2a)/\theta \tag{5-7}$$

式中　D——空心球外径；

d_1、d_2——组成 θ 角的钢管外径；

a——两杆件净距；

θ——两杆件夹角。

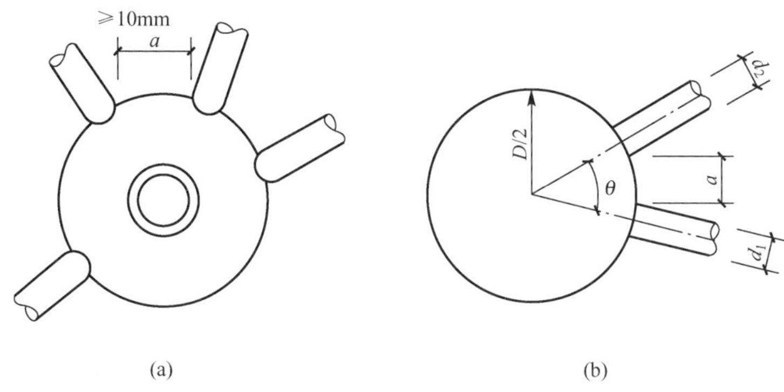

图 5.23　焊接空心球节点

网架空心球的外径与壁厚之比宜取 25～45，空心球外径与主钢管外径之比宜取 2.4～3.0，空心球壁厚与主钢管的壁厚之比宜取 1.5～2.0，空心球壁厚不宜小于 4mm。

不加肋空心球和加肋空心球的成型对接焊接，应分别满足图 5.24 和图 5.25 的要求。加肋空心球的肋板可用平台或凸台，采用凸台时，其高度不得大于 1mm。

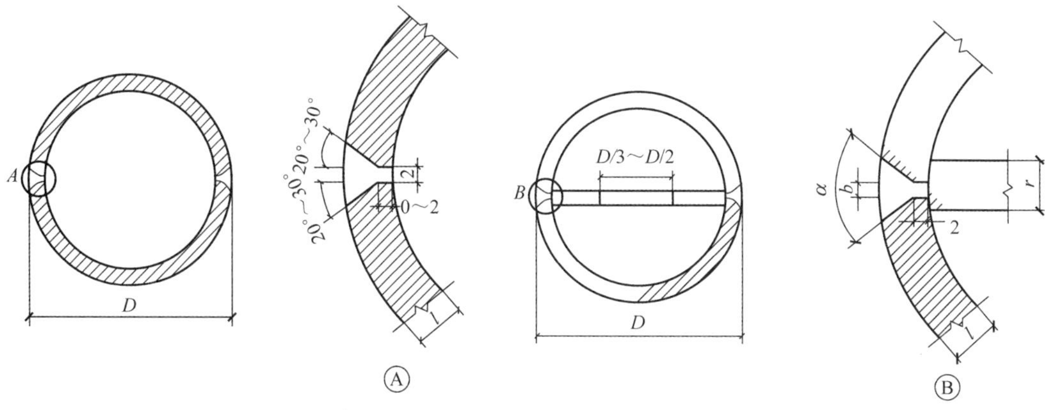

图 5.24　不加肋空心球

图 5.25　加肋空心球

钢管与空心球连接时，钢管应开坡口。在钢管与空心球之间应留有一定缝隙予以焊透，以实现焊缝与钢管等强，否则应按角焊缝计算。为保证焊缝质量，钢管端头可加套管与空心球焊接，套管壁厚不应小于 3mm，长度可为 30～50mm（图 5.26）。

角焊缝的焊脚尺寸 h_f 应符合下列要求。

① 当钢管壁厚 $t_c \leqslant 4$mm 时，$t_c < h_f \leqslant 1.5t$。

② 当 $t_c > 4$mm 时，$t_c < h_f \leqslant 1.2t$。

当空心球外径不小于 300mm 且杆件内力较大，需要提高其承载力时，可在球内加肋。当空心球外径大于或等于 500mm 时，应在球内加肋。肋板必须设在轴力最大杆件的轴线平面内，且其厚度不应小于球壁的厚度。

当空心球直径过大且连接杆件又较多时，为了减小空心球节点直径，允许部分腹杆与腹杆或腹杆与弦杆汇交，但应符合下列构造要求。

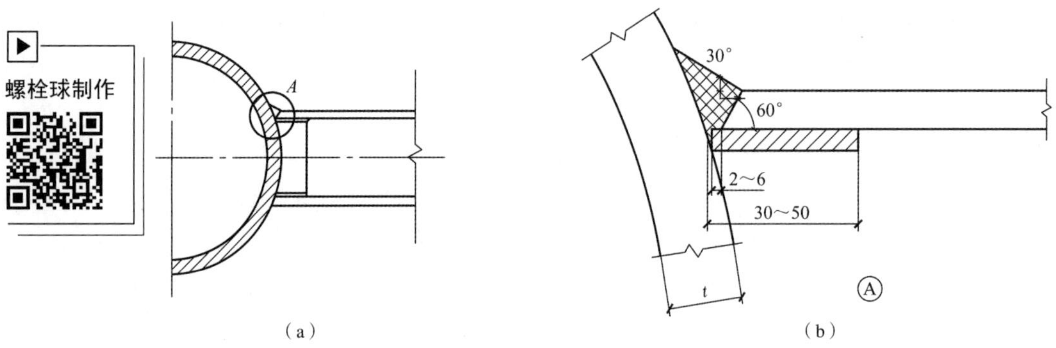

图 5.26　加套管与空心球焊接

① 所有汇交杆件的轴线必须通过球中心线。

② 汇交两杆中，截面面积较大的杆件必须全截面焊在球上（当两杆截面积相等时，取受拉杆），另一杆件坡口焊在汇交杆件上，但应保证有 3/4 截面焊在球上，并应按图 5.27 设置加劲板。

③ 受力较大的杆件，可按图 5.28 所示增设支托板。

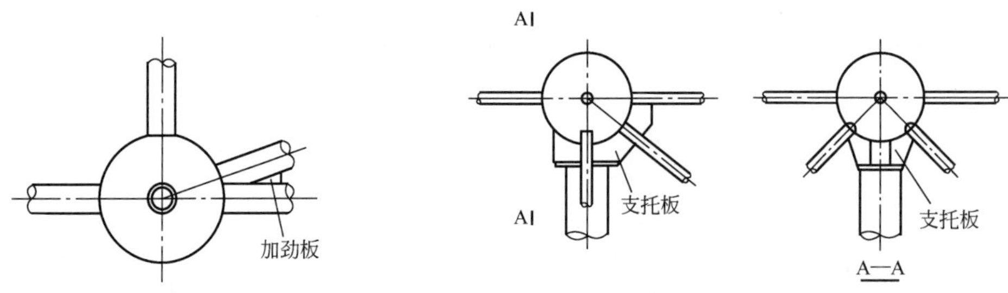

图 5.27　汇交杆件连接　　**图 5.28　增设支托板**

(2) 受压和受拉承载力计算。

空心球以受压为主时，其破坏机理属于壳体的稳定问题，目前的计算式是在大量试验资料的基础上回归分析确定的。试验表明，双向受压空心球的承载力与单向受压空心球的承载力基本接近，并且空心球的钢材对其受压承载力的影响不大。

当空心球外径 $D=120\sim900\text{mm}$ 时，其受压和受拉承载力设计值 N_R 按式(5－8)计算。

$$N_R=\eta_0\left(0.29+0.54\frac{d}{D}\right)\pi t d f \tag{5-8}$$

式中　η_0——大直径空心球节点承载力调整系数（当空心球直径≤500mm 时，$\eta_0=1.0$；当空心球直径＞500mm 时，$\eta_0=0.9$）；

D——空心球外径；

t——空心球壁厚；

d——与空心球相连的主钢管杆件的外径；

f——钢材的抗拉强度设计值。

2. 螺栓球节点

螺栓球节点（图 5.29）由螺栓、钢球、销子（或螺钉）、套筒和锥头或封板等零件组成，是我国应用较早的节点形式之一，适用于钢管连接。采用这种螺栓球的组合相当灵活，既适用于一般的网架结构，也适用于任何形式的空间网架结构。此外，双层网壳结构、塔架、平台和脚手架等也可采用螺栓球节点。

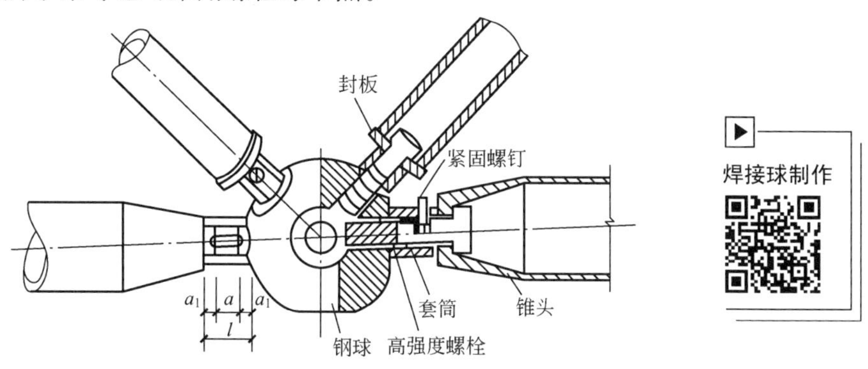

图 5.29 螺栓球节点

用于制造螺栓球节点的钢球、高强度螺栓、套筒、紧固螺钉、锥头或封板的材料可按表 5－5 的规定选用，并应符合相应标准技术条件的要求。产品质量应符合现行行业标准《钢网架螺栓球节点》（JG/T 10—2009）的规定。

表 5－5 螺栓球节点零件材料的规定

零件名称	材料	材料标准编号	备注
钢球	45 号钢	《优质碳素结构钢》（GB/T 699—2015）	毛坯钢球锻造成型
高强度螺栓	20MnTiB、40Cr、35CrMo	《合金结构钢》（GB/T 3077—2015）	规格 M12～M24
	35VB、40Cr、35CrMo		规格 M27～M36
	35CrMo、40Cr		规格 M39～M64×4
套筒	Q235B	《碳素结构钢》（GB/T 700—2016）	套筒内孔径为 13～34mm
	Q355	《低合金高强度结构钢》（GBT 1591—2018）	套筒内孔径为 37～65mm
	45 号钢	《优质碳素结构钢》（GBT 699—2015）	
紧固螺钉	20MnTiB	《合金结构钢》（GB/T 3077—2015）	螺钉直径宜尽量小
	40Cr		
锥头或封板	Q235B	《碳素结构钢》（GB/T 700—2006）	钢号宜与杆件一致
	Q355	《低合金高强度结构钢》（GB/T 1591—2018）	

螺栓球节点现场装配快捷、工期短、拼接费用较低，可用于临时设施的建造，便于拆装。但这种节点也有自身的缺点，如制作费用比焊接空心球节点高，组成节点的零件多，

高强度螺栓上开槽对其受力不利，螺栓是否拧紧不易检查等，安装时应注意对结合面进行密封防腐处理。拧紧螺栓的过程中，螺栓受预拉力，套筒受预压力，力的大小与拧紧程度成正比，这一对力在节点上形成自相平衡的内力，而杆件不受力。当网架承受荷载后，螺栓受拉传递拉杆内力，套筒预压力随着荷载的增加而逐渐减小；套筒传递压杆内力，随着压杆内力的增加，螺栓受力逐渐减小。

（1）钢球直径的确定。

如图 5.30 所示，钢球直径大小取决于螺栓的直径、相邻杆件的夹角和螺栓伸入球体的长度等因素，伸入球体的相邻两个螺栓不相碰，并满足套筒接触面的要求，可分别按式(5－9)、式(5－10) 核算，并取计算结果中的较大者。

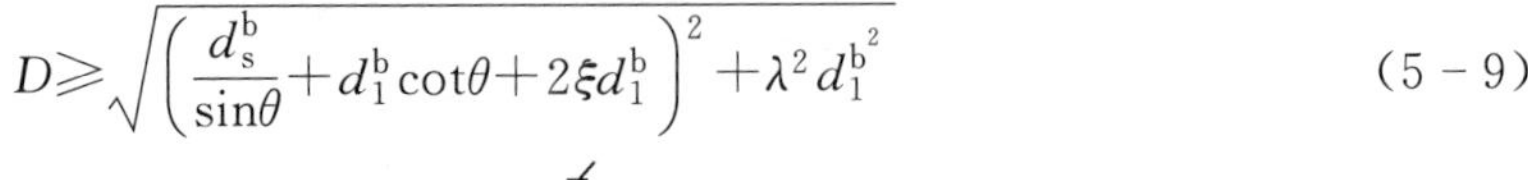

$$D \geqslant \sqrt{\left(\frac{d_s^b}{\sin\theta}+d_1^b\cot\theta+2\xi d_1^b\right)^2+\lambda^2 d_1^{b^2}} \tag{5-9}$$

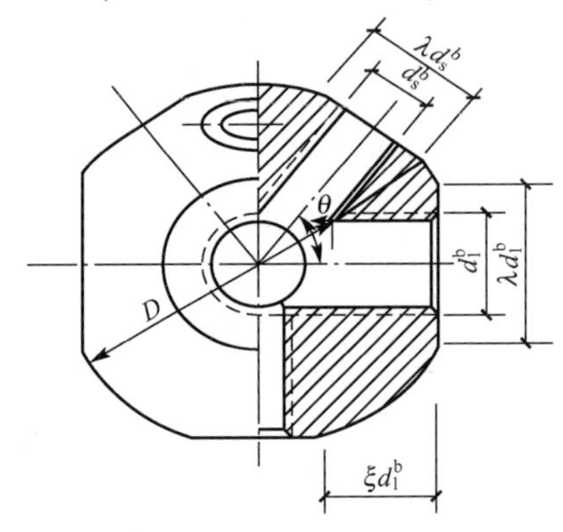

图 5.30　钢球

式中　D——钢球直径；

θ——两螺栓轴线之间的最小夹角；

d_1^b——两相邻螺栓的较大直径；

d_s^b——两相邻螺栓的较小直径；

ξ——螺栓伸进钢球长度与高强度螺栓直径的比值，可取 $\xi=1.1$；

λ——套筒外接圆直径与螺栓直径的比值，可取 $\lambda=1.8$。

为满足套筒接触面的要求，钢球直径还应满足式(5－10)。

$$D \geqslant \sqrt{\left(\frac{\lambda d_s^b}{\sin\theta}+\lambda d_1^b\cot\theta\right)^2+\lambda^2 d_1^{b^2}} \tag{5-10}$$

当相邻杆件夹角 θ 较小时，尚应根据相邻杆件及相关封板、锥头、套筒等零件不相碰的要求核算螺栓球直径。对可能相碰点至球心的连线与相邻杆件轴线间的夹角不大于 θ 的条件进行核算。

（2）高强度螺栓。

高强度螺栓的性能等级应按规格分别选用。对于 M12～M36 的高强度螺栓，其强度等级应按 10.9 级选用；对于 M39～M64 的高强度螺栓，其强度等级应按 9.8 级选用。在钢球节点的设计中，高强度螺栓直径一般是由网架中最大受力杆件内力控制，每个高强度螺栓抗拉承载力设计值应按式(5－11) 计算。

$$N_t^b = A_{eff} f_t^b \tag{5-11}$$

式中 N_t^b——高强度螺栓的抗拉承载力设计值；

A_{eff}——高强度螺栓的有效截面面积，即螺栓螺纹处的截面积，由表 5-6 查得（当螺栓钻有销孔或键槽时，A_{eff}应取螺纹处或销孔、键槽处有效截面面积的较小值）；

f_t^b——高强度螺栓经热处理后的抗拉强度设计值（对 10.9 级螺栓，取 430N/mm²；对 9.8 级螺栓，取 385N/mm²）。

表 5-6 常用高强度螺栓螺纹处的截面面积 A_{eff}和承载力设计值 N_t^b

强度等级	规格	螺距 p/mm	A_{eff}/mm²	N_t^b/kN
10.9 级	M12	1.75	84	36.1
	M14	2.00	115	49.5
	M16	2.00	157	67.5
10.9 级	M20	2.50	245	105.3
	M22	2.50	303	130.5
	M24	3.00	353	151.5
	M27	3.00	459	197.5
	M30	3.50	561	241.2
	M33	3.50	694	298.4
	M36	4.00	817	351.3
9.8 级	M39	4.00	976	375.6
	M42	4.50	1120	431.5
	M45	4.50	1310	502.8
	M48	5.00	1470	567.1
	M52	5.00	1760	676.7
	M56×4	4.00	2144	825.4
	M60×4	4.00	2485	956.6
	M64×4	4.00	2851	1097.6

注：螺栓在螺纹处的截面面积 $A_{eff}=\pi(d-0.9382p)^2/4$，其中 d 为螺栓直径。

受压杆件的连接螺栓直径，可按其内力设计值的绝对值求得，按规定的螺栓直径系列减少 1～3 个级差。

(3) 套筒。

套筒（六角形无纹螺母）外形尺寸应符合扳手开口系列，端部要求平整，内孔径可比螺栓直径大 1mm。套筒可按现行国家标准《钢网架螺栓球节点用高强度螺栓》（GB/T 16939—2016）的规定与高强度螺栓配套（图 5.31）采用，对于受压杆件的套筒，应根据其传递的最大压力值验算其抗压承载力和端部有效截面的局部承压力。对于开设滑槽的套筒，应验算套筒端部到滑槽端部的距离，并应使套筒有效截面的抗剪力不低于紧固螺钉的抗剪力，且其宽度不小于 1.5 倍滑槽宽度。

套筒长度 l_s 和螺栓长度 l 可按式(5-12)、式(5-13) 计算。

$$l_s=m+B+n \tag{5-12}$$

$$l=\xi d+l_s+h \tag{5-13}$$

式中 B——滑槽长度，$B=\xi d-K$，K 为螺栓露出套筒的距离，预留 4～5mm，但不应少于 2 个丝扣；

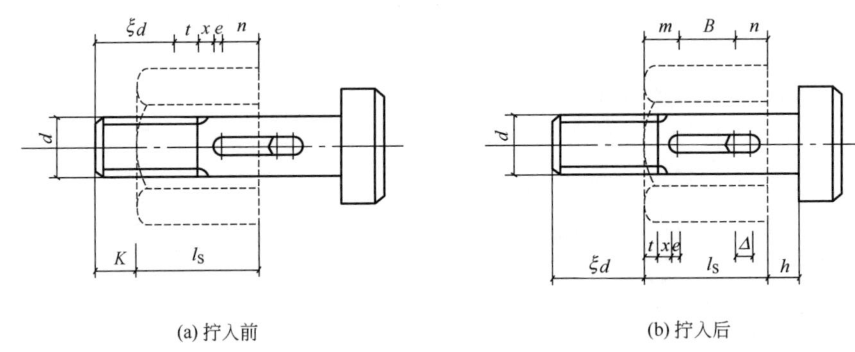

注：t—螺纹根部到滑槽附加余量，取2个丝扣；x—螺纹收尾长度；e—紧固螺钉的半径；Δ—滑槽预留量，一般取4mm。

图 5.31　套筒及螺栓

ξd——螺栓伸入钢球的长度（d 为螺栓直径，ξ 一般取1.1）；

m——滑槽端部紧固螺钉中心到套筒端部的距离；

n——滑槽顶部紧固螺钉中心至套筒顶部的距离；

h——锥头底板厚度或封板厚度。

（4）锥头与封板。

杆件端部应采用锥头连接［图5.32（a）］或封板连接［5.32（b）］，其连接焊缝的承载力应不低于连接钢管的承载力，焊缝底部宽度 b 可根据连接钢管壁厚度取2～5mm。锥头任何截面的承载力应不低于连接钢管的承载力，封板厚度应按实际受力大小确定，锥头底板的厚度不应小于表5-7中数值。锥头底板外径宜较套筒外接圆直径大1～2mm，锥头底板内平台直径宜比螺栓头直径大2mm，锥头倾角应小于40°。紧固螺钉宜采用高强度钢材，其直径可取螺栓直径的0.16～0.18倍，且不宜小于3mm，紧固螺钉规格可采用M5～M10。

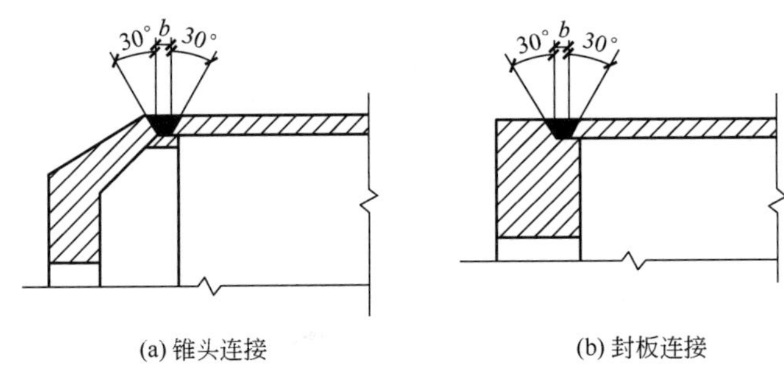

图 5.32　杆件端部连接焊缝

表 5-7　锥头底板厚度

高强度螺栓规格	锥头底板厚度/mm	高强度螺栓规格	锥头底板厚度/mm
M12、M14	12	M36～M42	30
M16	14	M45～M52	35
M20～M24	16	M56×4～M60×4	40
M27～M33	20	M64×4	45

3. 支座节点

支座节点是直接支承于柱、圈梁、墙体等下部承重结构上，将荷载传递给下部结构的连接部件。支座节点必须具有足够的强度和刚度，在荷载作用下不应先于杆件和其他节点而破坏，也不得产生不可忽略的变形。支座节点构造形式应传力可靠、连接简单，并应符合计算假定，以避免网架的实际内力和变形与计算值存在较大的差异而危及结构安全。实际工程中应根据网架跨度、温度影响、构件材料及施工安装条件等因素，设置不同的支座节点。支座节点应根据其主要受力特点，分别选用压力支座节点，拉力支座节点，可滑移与转动的弹性支座节点，兼受轴力、弯矩与剪力的刚性支座节点。本章仅介绍几种常用的支座节点。

(1) 压力支座节点。

① 平板压力支座节点。

平板压力支座节点（图 5.33）由十字形节点板和一块底板组成，其优点是构造相对简单、加工方便、用钢量较省。其缺点是支承底板与结构支承面的应力分布不均匀、支座不能转动和移动；支座节点构造对网架制作、拼装精度及锚栓埋设位置的尺寸控制要求较严；易造成网架准确就位困难。平板压力支座节点一般只适用于小跨度的网架。

② 单面弧形压力支座节点。

单面弧形压力支座节点（图 5.34）相比平板压力支座节点有一定的改进，弧形支座板的设置使得支座节点可沿弧面转动，从而弥补了平板压力支座节点不能转动的缺点。支承垫板下的反力比较均匀，减小了较大跨度网架由于挠度和温度应力对支座受力性能造成的影响，但摩擦力仍较大。当采用两个螺栓连接时，螺栓放在弧形支座的中心线上［图 5.34 (a)］。当支座反力较大需要设置四个螺栓时，可在支座四角的螺栓上部加设弹簧，从而不影响支座的转动［图 5.34 (b)］。单面弧形压力支座节点适用于中、小跨度的网架。

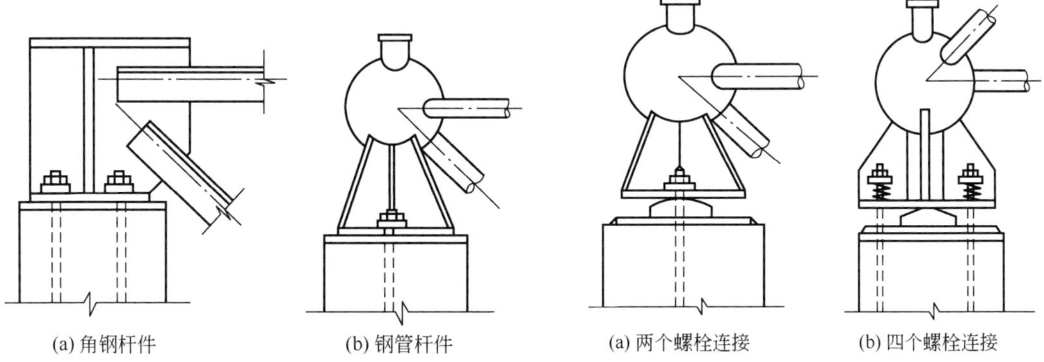

图 5.33 平板压力支座节点

图 5.34 单面弧形压力支座节点

③ 双面弧形压力支座节点。

双面弧形压力支座节点（图 5.35）又称摇摆支座节点，它是在支座板与柱顶板之间设一块上下均为弧形的铸钢件，它的特点是既能自由伸缩又能自由转动、构造较复杂、加工麻烦、造价较高。它的缺点是只能在一个方向转动，不利于结构的抗震。双面弧形压力支座节点适用于跨度大、下部支承结构刚度较大或温度变化较大、要求支座节点既能转动又有一定侧移的网架。

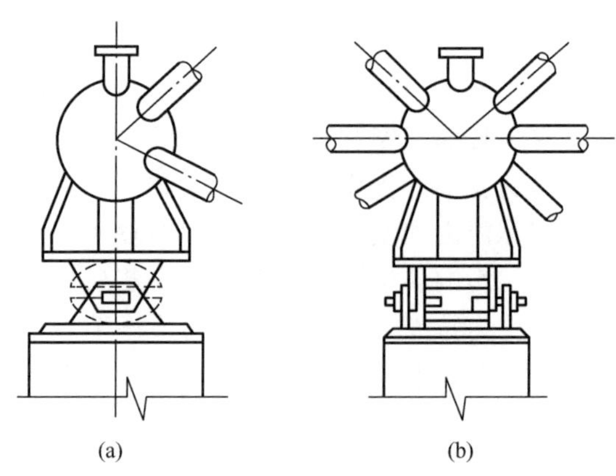

图 5.35　双面弧形压力支座节点

④ 球铰压力支座节点。

当采用球铰压力支座节点（图 5.36）时，网架结构在支承处能朝两个方向转动而不能产生线位移和弯矩。它由一半圆实心球与带有凹槽的底板下嵌合，再由四根带弹簧的螺栓连接而成，既能较好地承受水平力，又能自由转动。这种支座节点比较符合不动球铰支承的约束条件，对抗震有利，但构造较为复杂，适用于多支点的大跨度网架。

⑤ 板式橡胶支座节点。

板式橡胶支座节点的特点是不仅可以沿切向及法向产生位移，还可以绕两向转动。板式橡胶支座节点（图 5.37）是在平板压力支座的支承底板与支承面顶板间设置一块由多层橡胶片与薄钢板黏合、压制成的矩形橡胶垫块，并以螺栓连接而成。这种节点具有构造简单、安装方便、用材较省等优点，适用于支座反力较大、有抗震要求、受温度影响、水平位移较大及有转动要求的大、中跨度的网架结构，应用较广。

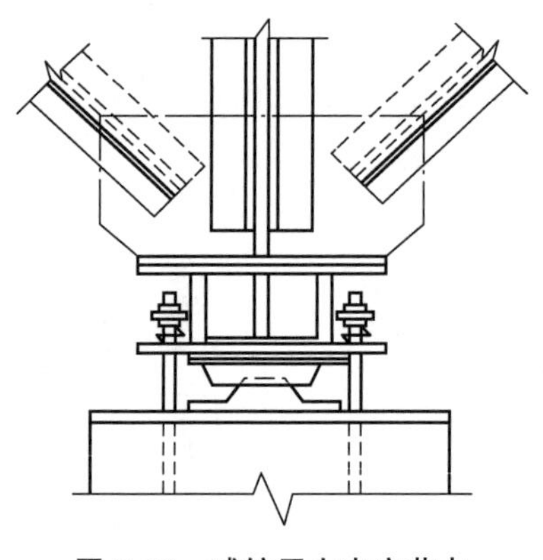

图 5.36　球铰压力支座节点

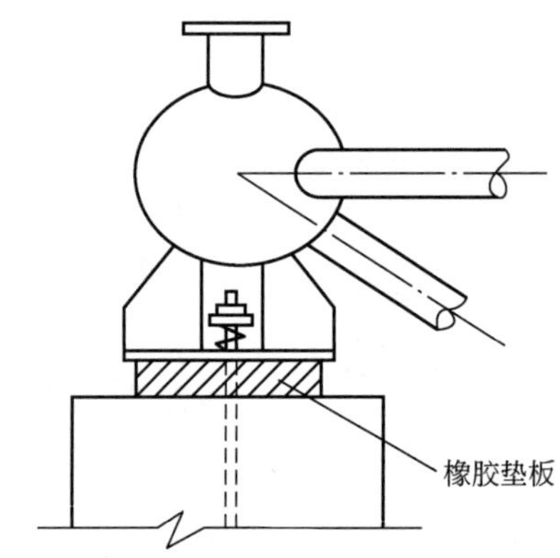

图 5.37　板式橡胶支座节点

(2) 拉力支座节点。

① 平板拉力支座节点。

当支座拉力较小时，可以采用与平板压力支座节点相同的构造。此种节点的螺栓承受拉力，螺栓的直径按计算确定，一般不小于 20mm。平板拉力支座节点适用于跨度较小的网架。

② 单面弧形拉力支座节点。

单面弧形拉力支座节点的构造与单面弧形压力支座节点相似（图 5.38）。当支座拉力较小且对支座的节点有转动要求时，可以采用单面弧形拉力支座节点，利用螺栓来承受拉力。为了更好地传递拉力，可在节点底板上加设肋板。单面弧形拉力支座节点主要适用于中、小跨度的网架。

③ 球铰拉力支座节点。

球铰拉力支座节点，如图 5.39 所示，可用于多点支承的大跨度网架结构，其做法类似于球铰压力支座节点。

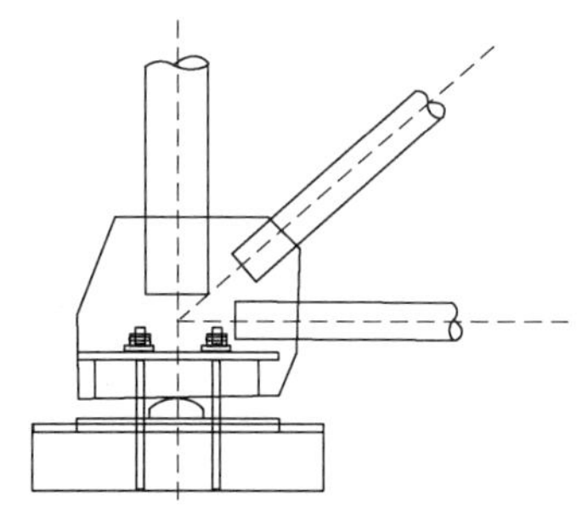

图 5.38 单面弧形拉力支座节点

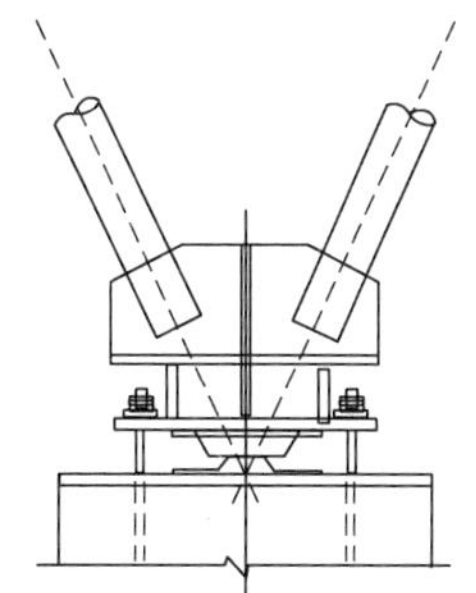

图 5.39 球铰拉力支座节点

5.5 空间钢网架结构设计软件应用

在进行网架结构设计时，工程中常用的软件有 SFCAD2000、MST、3D3S 等，这些软件各有特点。由于篇幅所限，本章主要介绍空间钢网架结构设计软件 SFCAD2000 的使用。

3D3S演示网架结构设计

5.5.1 参数限制

SFCAD2000 标准版适用于网架节点数不超过 3000 个、杆件数不超过 12000 根、支座数不超过 2000 个、荷载序号数不超过 256 种（一个工况最多有 *X*、*Y*、*Z* 三个序号）的工程结构设计。

5.5.2 使用说明

SFCAD2000 软件操作界面较为友好，主窗口的主菜单项中有“文件”“视图”“修改”“辅助工具”“节点”“杆件”“荷载”“分析设计”“数据”“制图”和“帮助”11 个菜单项，下面将有选择性地介绍常用项的使用方法。

1. 文件菜单

(1) 新建。

单击“新建”菜单，可以建立新的 SFCAD 数据文件。弹出“选择网架类型”对话框，包括“正放四角锥”“斜放四角锥”“棋盘形四角锥”“正交正放交叉梁”“斜放交叉梁”“星形四角锥”“蜂窝形三角锥”“筒壳（正放四角锥式圆筒壳）”“三角锥”“三叉”“联方”“人工生成”，共 12 种选项。选择网架类型后，根据窗口提示，输入相关工程数据和设计参数，如网架长度、跨度、长跨两向的格数、腹杆与水平面夹角、上弦静荷载标准值、下弦静荷载标准值、上弦活荷载标准值等。在荷载输入时，程序自动按网架规程中的公式估算网架自重，将其加到上面的静荷载中并折算成网架节点荷载。选择人工生成网架结构时，只生成 1 个节点。

以上各项中的工程名称即为生成网架数据的文件名称，单击“保存”按钮就生成了所需的网架图形和数据文件（后缀为 DAT）。

（2）插入。

当已经打开数据文件时，此功能才能使用。单击“插入”菜单，弹出“插入文件”对话框，在“要插入的文件名”处输入想要插入的数据文件全路径名称，或单击“浏览”菜单选择要插入的数据文件名；在“插入点坐标”处输入将要插入的数据的原点与已打开数据合并点的坐标；在“两节点最小合并距离”处输入合并重复节点的最小距离。输入完成后，单击“插入”按钮就可以将所选数据文件插入到当前的数据中。

（3）导入 DXF 文件。

单击“导入 DXF 文件”菜单，弹出“打开文件”对话框，选择要导入的后缀为 DXF 的文件，单击“打开”按钮，会出现“保存文件”对话框，输入将要生成的网架数据文件名并单击“保存”按钮。

注：DXF 文件是用 AutoCAD 生成的，在 AutoCAD 中用线段将网架的每根杆表示出来，输出为 DXF 文件。在 AutoCAD 中若以毫米做单位，转入 SFCAD2000 后，可将整个网架缩放 0.001 倍，使其转换为以米为单位。

（4）保存。

单击“保存”按钮，程序会保存当前编辑的数据文件，并且程序会自动判断数据是否需要优化，若数据需要优化，则会弹出对话框，单击“是”按钮将进行节点优化；若程序未算出网架面积，则会弹出对话框，要求输入网架面积。存盘后在状态栏中会显示出网架面积。

2. 视图菜单

（1）刷新R。

重新刷新当前显示的图形，并取消已绘制的辅助直线或辅助圆。“刷新”命令的快捷键为 R。

（2）设置层号。

图层层号有 0、1、2 三种，程序最初调入数据时默认节点 Z 坐标大于或等于 0 为 0 层，小于 0 为 1 层。选择此功能后，若有已选择的节点，便会弹出对话框，输入所要设置的层号即可。若无已选择的点，则进入选点状态，选择好要设层的点后，右击弹出对话框，输入所要设置的层号即可。

（3）显示图层0-2 层全部。

单击“图示图层”命令，可以输入所要显示的从第几层至第几层的层号。若只需显示某一层，则可将两个数值均输入此层号或在工具栏中单击相应的层号。

3. 修改菜单

（1）Undo。

当网架的图形数据被修改或运行了 Redo 后，才能使用 Undo，并对单击前的最后一次修改进行恢复。

注：本版本只设了一次 Undo 和 Redo。

（2）Redo。

运行了 Undo 后才能使用 Redo，用于重复 Undo 的操作。

（3）节点相对移动。

单击“节点相对移动”命令，可选中节点对其当前坐标进行移动或旋转一定的角度。在对话框中输入 X、Y、Z 三个方向相对移动增量，或单击下面的小方框，输入绕原点旋转的角度增量，完成后单击“OK”按钮。

（4）节点绝对移动。

单击“节点绝对移动”命令，可得选中的节点以原点为基点，绝对移动到所输入的坐标处。在对话框中输入选中节点移动后的相对于原点的 X、Y、Z 方向的坐标值。若目标处已有相同坐标节点，程序询问是否移动。

（5）节点水平移动到直线上。

将选中的节点沿屏幕的水平方向移动到一条辅助直线上，该操作只有作好一条辅助直线后才能使用。单击“节点水平移动到直线上”命令后，选择需要移动的节点，自动将选中节点沿水平方向移动到直线上，右击结束此操作。

（6）节点垂直移动到直线上。

将选中的节点沿屏幕的上下垂直方向移动到一条辅助直线上，该操作只有作好一条辅助直线后才能使用。具体操作同前。

（7）节点水平移动到圆上。

将选中的节点沿屏幕的水平方向移动到一个辅助圆上，该操作只有作好一个辅助圆后才能使用。具体操作同前。

（8）节点垂直移动到圆上。

将选中的节点沿屏幕的上下垂直方向移动到一个辅助圆上，该操作只有作好一个辅助圆后才能使用。具体操作同前。

（9）节点沿半径移动到圆上。

将选中的节点沿此点到圆心的半径方向移动到此辅助圆上，该操作只有作好一个辅助圆后才能使用。具体操作同前。

（10）旋转。

单击“旋转”命令后进入选点状态，选择的一个点或多个点的当前坐标系的坐标值相等时，程序会弹出对话框，输入旋转原点的坐标及旋转的角度，单击“OK”按钮后，将网架整体以旋转原点为基点旋转相应的角度。

（11）弯折。

弯折分为直线弯折和弧形弯折两种。直线弯折又分为整体弯折和垂直弯折。弯折时，可以将网架整体弯折，也可以选中节点进行弯折，以形成结构找坡。单击“直线弯折”命令后，进入选点状态，选择两个节点作为弯折脊线，弹出对话框，输入弯折坡度及选择如何弯折（整体或垂直），单击“OK”按钮即可。弧形弯折是以坐标原点为内圈半径中心，输入该半径，把网架在平面内按一定角度弯曲成为扇形；在 XY 平面内可处理形成扇形平面，在 XZ 或 YZ 侧面可处理形成筒壳。单击“弧形弯折”命令后，弹出对话框，输入半径和弯折后的圆心角，单击“OK”按钮即可。

（12）镜像。

单击“镜像”命令后，进入选点状态。选择两个节点作轴线，对网架进行镜像操作。

4. 辅助工具菜单

在“辅助工具”菜单下绘制辅助线、辅助圆时，辅助图形只能画一个，画某一个辅助图形则上一个辅助图形自动消除，且在坐标平面绘制的辅助图形只能在该平面使用。单击“刷新”命令可消除辅助图形。

（1）两节点直线。

单击“两节点直线”命令后，进入选点状态，选取两个节点直接绘制线段。

（2）任意坐标直线。

单击“任意坐标直线”命令后，弹出对话框，输入此坐标平面内两点的坐标，再单击“OK”按钮即可。

（3）两节点画圆。

单击“两节点画圆”命令后，进入选点状态，选取两个节点，第一个节点作为圆心，第二个节点确定圆的半径，画出一个圆。

（4）三节点画圆。

单击“三节点画圆”命令后，进入选点状态，选取三个节点绘制一个圆，此三点为圆上的点。

（5）任意坐标画圆。

单击“任意坐标画圆”命令后，弹出对话框，输入坐标平面内的圆心坐标和半径，单击“OK”按钮即可。

（6）查两节点间距离。

单击“查看两节点间距离”命令后，进入选点状态，选择两个节点后，弹出两点间距离信息。

（7）三节点计算面积 S。

单击“三节点计算面积”命令后，进入选点状态，选择三个节点后，可计算三节点组成的三角形的面积、周长、各边长度、各角角度等。

（8）网架计算温差。

单击“网架计算温差”命令后，可输入分析网架时的温差。

5. 节点菜单

（1）选择节点。

单击“选择节点”命令后进入选点状态，逐个选择节点，在状态栏中显示出节点信息，依次为节点号、所在层号、*XYZ* 坐标、选中节点个数。若节点为支座节点，则依次为支座条件、弹簧刚度系数。支座条件：−1 代表弹簧，0 代表固定，1 代表自由。

（2）赋支座条件。

单击“赋支座条件”命令后，若已有选中的节点，则直接弹出对话框；若没有选中的节点，则进入选点状态。选择完节点后，右击弹出对话框，在对话框中选择节点 *X*、*Y*、*Z* 三个方向的约束信息，单击“OK”按钮即可。完成此功能后仍处于选点状态。

（3）固定球直径。

单击“固定球直径”命令后，若已有选中的节点，则直接弹出对话框，选择好节点后右击弹出对话框，输入球直径，单击“OK”按钮即可。

（4）显示固定球直径。

若有固定球直径，单击“固定球直径”命令后可在图形上显示出球的直径。

（5）设（0，0）点。

当前坐标系的（0，0）点在屏幕上被显示为一个小红点。单击“设（0，0）点”命令后进入选点状态，选择节点，可以直接将此点设为（0，0）点。

（6）增加节点。

增加节点功能包括：增加一个节点、增加一片节点、在圆弧上增点、拷贝节点、两点间等分等。各种功能可通过相应操作实现，此处不再详细介绍。

（7）拖动节点。

单击“拖动节点”命令后，若已有选择的节点，单击选择一基准点，移动鼠标至目标位置，再单击，所选节点将按此方向和距离移动。

（8）删除节点。

单击“删除节点”命令后，若已有选中的节点，可直接删除这些节点。

6. 分析设计菜单

（1）材料表。

单击“材料表”命令，将会弹出一个对话框，可改变设计控制参数和钢管规格。设计控制参数：节点类型（螺栓球/焊接球）、钢材屈服强度（N/mm^2）和钢材设计强度（N/mm^2）、拉杆容许长细比和压杆容许长细比、钢管规格（可直接修改外径和壁厚，增加或删除钢管规格）等。

（2）内力分析。

运行“内力分析”，弹出对话框，可选择：自动全过程满应力优化设计，只需加大超应力的杆件截面，固定杆件截面即可计算。

① 输入。由分析程序自动计算网架自重时的节点系数，程序将杆件质量乘以该系数（螺栓球一般取 1.3），如数据文件中的荷载已包含有网架自重则输入 0。

② 提示。每次迭代的杆件质量，百分比，最大拉、压力杆件的编号及两端节点码。

③ 荷载组合。程序自动按下面原则进行荷载组合。

1.2×静荷载（1）＋1.4×活荷载（2）

1.2×静荷载（1）＋1.4×活荷载（2）＋1.4×附加活荷载（3）

1.2×静荷载（1）＋1.4×活荷载（2）＋1.4×附加活荷载（4）

……

1.0×静荷载（1）＋1.4×上吸风荷载（3）

1.0×静荷载（1）＋1.4×上吸风荷载（4）

……

当有工况 3 的荷载时，程序自动累计该工况 Z 方向的荷载，合力向下则认为该荷载是附加活荷载，合力向上则认为该荷载是上吸风荷载。

（3）节点详图零件设计。

运行“节点详图零件设计”命令，弹出对话框。根据材料表中设置的节点类型，自动判断且进入螺栓球或焊接球节点设计。根据提示完成螺栓选择、螺栓球选择、加工孔方向、屋面排水坡度和支座底板尺寸等设计环节。

SFCAD2000 软件还包含荷载菜单、杆件菜单、数据菜单和制图菜单等多个模块，由于篇幅所限，此处不再详细介绍，具体可参考软件使用说明。

5.6 工 程 应 用

某一在建建筑下部为钢筋混凝土结构，屋面采用钢网架结构，抗震设防烈度为 6 度，风荷载为0.35kN/m²，基本雪荷载为 0.5kN/m²，无积灰荷载。网架采用正放四角锥，平面尺寸为 30m×33m。根据建筑使用要求，网架右侧不能设置支座，采用周边支承。屋面板为夹芯板，采用檩条并用钢管小立柱找坡，排水坡度为 5%。钢网架结构设计步骤如下。

(1) 单击“新建”菜单，则出现“建建网架种类选择”选项框，选择“正放四角锥”选项（图 5.40）。

图5.40 “建建网架种类选择”选项框

(2) 新建四角锥网架，输入几何尺寸和网格数，确定网架高度，输入网架上弦荷载和下弦荷载，如图 5.41 所示。

(3) 单击“OK”按钮，保存工程数据文件，得到网架结构平面布置图，如图 5.42 所示。

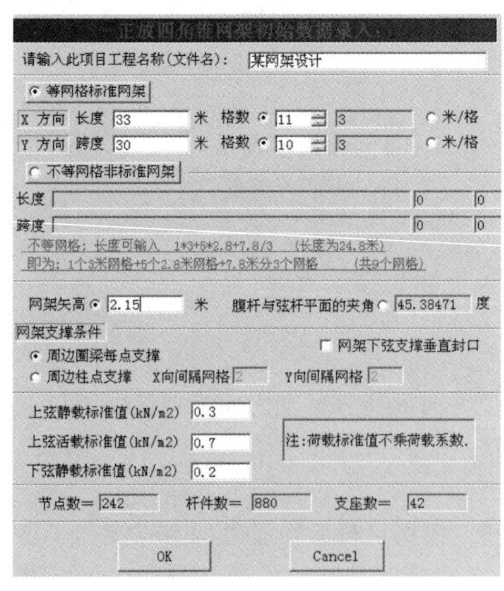

图 5.41 网架初始数据录入

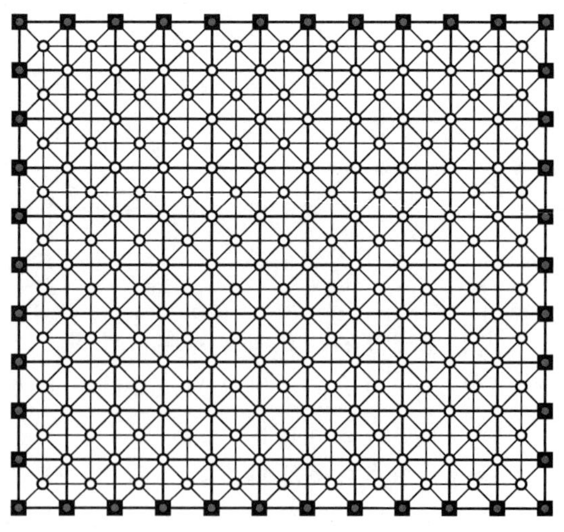

图 5.42 网架结构平面布置图

(4) 根据设计条件，修改支座布置，得到网架结构最终平面布置图，如图 5.43 所示。

(5) 单击“荷载”命令，查看节点荷载是否正确，图 5.44 所示为恒荷载作用下所转换的节点力。

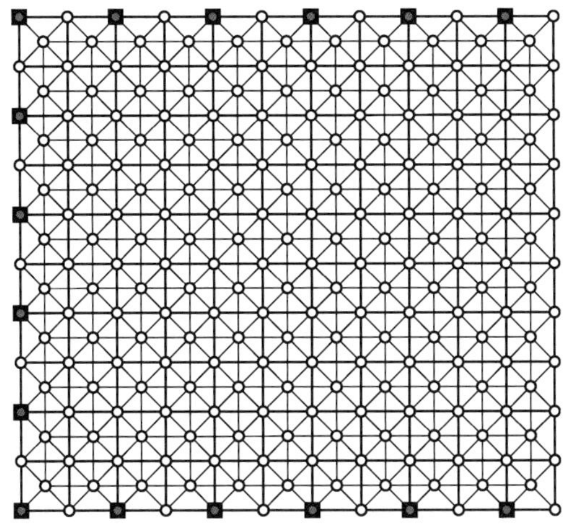

图 5.43　最终的网架结构平面布置图

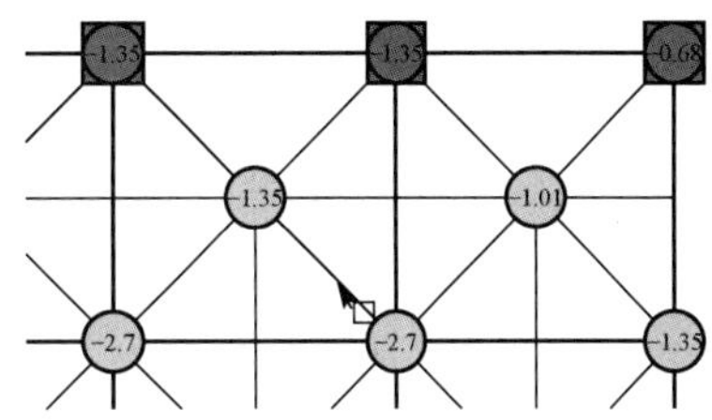

图 5.44　恒荷载作用下的节点力

(6) 单击“材料表”命令，选择节点类型、屈服强度、设计强度及拉压杆长细比等分析参数，确定钢管规格和型号，如图 5.45 所示。

(7) 内力分析。节点系数默认值为 1.3，根据具体情况选取合适的值，单击“开始分析”按钮后程序将自动进行内力分析，如图 5.46 所示。

序号	直径(mm)	壁厚(mm)	截面(cm2)	回转半径(cm)
1	48.00	3.50	4.893	1.578
2	60.00	3.50	6.212	2.001
3	75.50	3.75	8.453	2.540
4	88.50	4.00	10.619	2.991
5	114.00	4.00	13.823	3.892
6	140.00	4.00	17.090	4.810
7	159.00	6.00	28.840	5.414
8	159.00	8.00	37.950	5.346
9	159.00	10.00	46.810	5.280

图 5.45　“材料表”对话框

(8) 节点设计。设计过程包括：杆件碰撞检查、螺栓标准选择、底板支座尺寸选择、

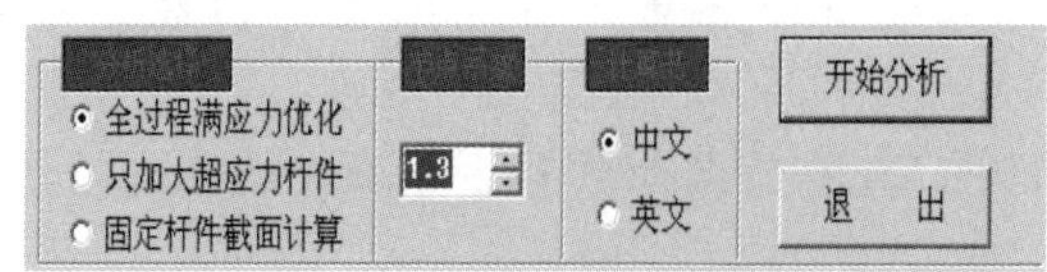

图 5.46　“内力分析”界面

输入支托找坡坡度、输入支托圆盘直径和厚度等。需要注意的是，选择螺栓直径和螺栓球直径时，通常软件计算得到的螺栓直径种类较多，需要根据具体情况进行选择，便于网架施工安装。

（9）出图。节点设计完成后，单击“制图”按钮，即可完成网架施工图的绘制。通常，一套完整的网架施工图至少应包含以下内容：钢网架结构平面布置图、网架结构布置及支座反力图、钢网架整体安装图、钢网架上弦安装图、钢网架腹杆安装图、钢网架下弦安装图、材料表、螺栓球下料图、支座大样图、檩条布置图等内容。本算例的部分施工图如附录E所示，仅供参考。

本章小结

本章主要介绍了空间钢网架结构的基本知识和设计方法。

空间钢网架结构有着优越的力学性能，在工程中得到了广泛应用。网架的结构形式及影响因素有许多种，掌握网架结构几何可变性的判别、各网架形式的适用范围、设计原则及设计要点，是学好本章的关键。

结合目前工程应用情况，较为全面地介绍了空间钢网架结构的专业设计软件SF-CAD2000的设计过程和钢网架结构施工图的表达方式。

习　题

1. 思考题

（1）钢网架结构一般可分为哪几类？分别包括哪几种形式？受力上各有什么特点？

（2）正放四角锥网架和斜放四角锥网架各有什么优点？各适合在什么条件下使用？

（3）网格大小及网架高度是如何选用的？有哪些影响因素？

2. 设计题

条件：檐口高10m，屋面板采用夹芯板，无吊顶荷载，建设地点为长沙市，基本风荷载0.35kN/m^2，基本雪荷载0.45kN/m^2，屋面活荷载0.5kN/m^2，抗震设防烈度为6度。

结构平面尺寸：边长为18m的正六边形平板网架结构，每边外挑3m，柱距6m。

要求：①完成结构计算书，包括网架和屋面檩条。

②绘制结构施工图，包括钢网架结构平面布置图、钢网架整体安装图、材料表和螺栓球下料图。

参 考 文 献

陈志华，2019. 钢结构［M］. 北京：机械工业出版社.
胡习兵，张再华，2022. 钢结构设计原理［M］. 2版. 北京：北京大学出版社.
李国强，2004. 多高层建筑钢结构设计［M］. 北京：中国建筑工业出版社.
沈祖炎，陈以一，童乐为，等，2020. 房屋钢结构设计［M］. 2版. 北京：中国建筑工业出版社.
姚谏，夏志斌，2011. 钢结构：原理与设计［M］. 2版. 北京：中国建筑工业出版社.
赵根田，赵东拂，2020. 钢结构设计原理［M］. 2版. 北京：机械工业出版社.